（2023年版）

U0831120

国网河南省电力公司35～220kV变电站
通用造价（概算分册）

国 网 河 南 省 电 力 公 司
国网河南省电力公司经济技术研究院
组编

中国电力出版社
CHINA ELECTRIC POWER PRESS

图书在版编目（CIP）数据

国网河南省电力公司35～220kV变电站通用造价．概算分册：2023年版 / 国网河南省电力公司，国网河南省电力公司经济技术研究院组编．—北京：中国电力出版社，2023.12

ISBN 978-7-5198-8469-7

Ⅰ．①国…　Ⅱ．①国…　②国…　Ⅲ．①变电所－电力工程－工程造价－概算－河南　Ⅳ．①TM63

中国国家版本馆CIP数据核字（2023）第251976号

出版发行：中国电力出版社
地　　址：北京市东城区北京站西街19号（邮政编码100005）
网　　址：http://www.cepp.sgcc.com.cn
责任编辑：周秋慧（010-63412627）
责任校对：黄　蓓　朱丽芳
装帧设计：张俊霞
责任印制：石　雷

印　　刷：中国电力出版社有限公司
版　　次：2023年12月第一版
印　　次：2023年12月北京第一次印刷
开　　本：880毫米×1230毫米　16开本
印　　张：12.5
字　　数：461千字
定　　价：468.00元（含1DVD）

《国网河南省电力公司35～220kV变电站通用造价（概算分册）（2023年版）》

《国网河南省电力公司35～220kV变电站通用造价（概算分册）（2023年版）》

编 写 人 员

第一篇　总论

审　　　定：周　怡

审　　　核：李大鹏

编　　　写：李凌云　李旭阳　李勇杰　甘景双　牛　鑫　康艳芳
郭晓菡　卫　璞　徐焓娱　武东亚　徐　扬　程佳璐
王　晶　胡　鑫

第二篇　国网河南省电力公司35～220kV变电站通用方案、子模块说明及通用造价指标

审　　　定：徐京哲

审　　　核：李大鹏

编　　　写：李旭阳　李凌云　路晓军　郭　雷　周铁军　尚永常
付瑞芝　康礼彦　张俊波　王文峰　高纪云　王　岩
杨　敏　任宗强　邵亚南

第三篇　国网河南省电力公司35～220kV变电站通用方案、子模块通用造价

第8章　220kV变电站通用方案HA-220-A2-10通用造价

编 写 单 位：国网河南能源互联网电力设计院有限公司

审　　　定：王红训

设计总工程师：张正华

校　　　　核：逄云峰　牛庆亮　杨建华
编　　　　写：李　伦　金　蕊　董立淑　窦新燕　张林涛　顾晓伟
肖巍巍　王　晓　杨　博　张子璇

第9章　220kV 变电站通用方案 HA-220-A3-2 通用造价

编 写 单 位：国网河南能源互联网电力设计院有限公司
审　　　　定：王　璐
设计总工程师：张正华
校　　　　核：李　伦　逄云峰　李　化
编　　　　写：陈凯凯　董立淑　金　蕊　程　健　石国良　赵继彤
都全红　后　鹏　张　瑾　秦子暄

第10章　220kV 变电站通用方案 HA-220-B-1 通用造价

编 写 单 位：河南经纬电力设计咨询有限公司
审　　　　定：陈　晨
设计总工程师：宋晓帆
校　　　　核：殷　毅　董平先　周　正
编　　　　写：翟育新　薛文杰　姚　晗　齐桓若　张金凤　康祎龙
李　凯　郭夫然　汪　赟　韩慧娜

第11章　110kV 变电站通用方案 HA-110-A2-3 通用造价

编 写 单 位：郑州祥和电力设计有限公司
审　　　　定：朱　勇
设计总工程师：白由柯
校　　　　核：叶　华
编　　　　写：王乐怡　王　丹　王桐桐　彭新惠　樊鑫鑫　陈天元
刘雅馨

第 12 章　110kV 变电站通用方案 HA-110-A3-3 通用造价

编 写 单 位：漯河汇力电力勘察设计有限公司

审　　　　定：樊贺伟

设计总工程师：杨红涛

校　　　　核：郑沛豪　赵晓慧　刘炳辉

编　　　　写：赵　胜　王占京　刘　斌　程爱萍　李春风　赵蕊蕊
肖　燕　沈明辉　马润植

第 13 章　110kV 变电站通用方案 HA-110-B-1 通用造价

编 写 单 位：许昌鲲鹏电力设计咨询有限公司

审　　　　定：张少辉

设计总工程师：孙　嘉

校　　　　核：郭少林　李德峰　郝占宾

编　　　　写：田玉龙　张莎莎　孙晓辉　李旭阳　杨玉珍　朱占坡
王建立

第 14 章　110kV 变电站通用方案 HA-110-B-3 通用造价

编 写 单 位：新乡华源电力勘察设计有限公司

审　　　　定：杨增涛

设计总工程师：焦　坦

校　　　　核：高　倩　尚怡轩

编　　　　写：王湘晖　李　怡　任友新　赵　军　杨雅慧

第 15 章　35kV 变电站通用方案 HA-35-E3-1 通用造价

编 写 单 位：洛阳电力勘察设计有限公司

审　　　　定：李　建

设计总工程师：王绍辉

校　　　　核：刘丽平　薛　隆　相　力

编　　　　写：侯玉红　李　雯　刘晓楠　李宾卓　王莹莹　姚　辉
周雪霏　郭艳玲　岳浩然

前　言

为全面推进河南电网工程造价标准化，深化应用国家电网有限公司输变电工程通用造价成果，国网河南省电力公司组织国网河南省电力公司 35～220kV 变电站通用造价修编，实现造价标准一致、深度统一，提升造价管理水平，从源头推进电网高质量建设和精益管控。

国网河南省电力公司 35～220kV 变电站通用造价的修编是落实国家电网有限公司“六精四化”要求和坚持“合理造价、合理依据、合理程序、精准高效控制”原则的具体体现，保证通用造价作为电网项目可行性研究、工程初步设计、集中规模招标和工程竣工结算等工作支撑标准的时效性、权威性。

本版通用造价是在国网河南省电力公司 2020 年版通用造价和最新版通用设计实施方案的基础上，优化完善典型方案，按照新的设计规程规范、建设标准和现行的概预算编制依据编制完成。

本书是《国网河南省电力公司 35～220kV 变电站通用造价（概算分册）（2023 年版）》，共分为三篇，第一篇为总论，包括通用造价的目的和意义、总体原则、工作方式和过程、编制依据、编制范围等内容；第二篇为国网河南省电力公司 35～220kV 变电站通用方案、子模块说明及通用造价指标；第三篇为国网河南省电力公司 35～220kV 变电站通用方案、子模块通用造价，包括各通用方案、子模块的技术条件，主要设备材料表，建筑工程量表，概算书。

由于编者水平有限，不妥之处在所难免，敬请各位读者批评指正。

编　者

2023 年 7 月

目　　录

第一篇 总 论

第1章 概 述

1.1 目的和意义

为深入推进河南电网工程造价管理标准化，用造价高质量管理保障电网高质量发展，国网河南省电力公司坚持“合理造价、合理依据、合理程序、精准高效控制”原则，深化应用国家电网有限公司输变电工程通用造价成果，在国网河南省电力公司 2020 年版通用造价和最新版通用设计施工图实施方案的基础上修编完成了 2023 年版国网河南省电力公司 35～220kV 变电站通用造价。

通用造价是通用设计、通用设备、通用造价、标准化工艺（“三通一标”）的重要组成部分。国网河南省电力公司 35～220kV 变电站通用造价对促进国网河南省电力公司造价标准化、合理控制造价水平、提高投资效益具有重要作用。修编通用造价是贯彻落实国家电网有限公司“精打细算控造价”的重要举措，有利于提高通用造价的时效性、权威性，提高工程造价精益化管理水平。

（1） 修编通用造价是国网河南省电力公司对国家电网有限公司输变电工程通用造价的深化应用，是精准管控造价、践行“六精四化”的具体体现。

（2） 修编通用造价是为了适应电网高质量建设需求，实现工程造价可控、在控的具体举措。

（3） 修编通用造价是国网河南省电力公司基建标准化管理体系的重要建设内容，也是实现造价标准统一、内容深度统一的基础支撑。

（4） 通用造价为河南电网项目可行性研究、工程初步设计等工作的开展创造有利条件。

修编国网河南省电力公司 35～220kV 变电站通用造价的目的是：

（1）统一工程造价标准，控制工程投资，降低电网工程建设和运行成本，合理评价工程的技术经济指标水平。

（2）方便设备材料招标，加快设计、评审的进度，提高电网工程建设效率。

（3）为电网高质量建设创造有利条件。

1.2 工作思路

修编国网河南省电力公司 35～220kV 变电站通用造价的基本思路是：全面贯彻国家电网有限公司变电站模块化建设要求，以国网河南省电力公司通用方案设计为基础，通过分析原有典型方案适应性，结合国网河南省电力公司实际工程建设管理需要，优化提出既能满足当前建设要求又具有一定超前性的典型方案，按照新设计规程规范、新建设标准和现行的概算编制依据，统筹考虑安全、技术、经济、社会、环境效益等因素，制定国网河南省电力公司通用造价标准，实现变电站造价标准化，为工程建设管理提供决策依据。

（1） 根据国网河南省电力公司 35～220kV 变电站通用设计施工图实施方案，确定通用造价方案和子模块。

（2） 研究确定国网河南省电力公司变电站通用造价方案、子模块的边界条件和通用造价的编制依据等。

（3） 研究确定用于国网河南省电力公司变电站通用造价编制的主设备、主材料价格。

（4） 对确定后的 35～220kV 变电站通用造价方案、子模块编制概算。

1.3 主要变化

本次通用造价修编较 2020 年版通用造价的主要变化如下：

（1） 增加方案类型。本次通用造价较 2020 年版新增了 220、110kV 半户内方案，即 HA-220-A3-2、HA-110-A3-3，并将 2020 年版 110kV HGIS 方案拆分为 2 个方案，即 HA-110-B-1、HA-110-B-3，方案更具普遍性和指导意义。

（2）优化技术条件。本次通用造价按照《国网河南省电力公司 35～220kV 变电站通用设计施工图实施方案》最新版技术条件编制，充分考虑了绿色建造、防洪涝设计提升、智能辅助控制系统等新技术要求，更加适应电网技术进步、政策调整和市场变化。

（3）更新计价依据。本次通用造价根据最新的设备材料价格、人材机调整系数等计价依据进行编制，反映了当前的价格水平，更具时效性。

1.4 适用范围

本次修编的国网河南省电力公司 35～220kV 变电站通用造价适用于国网河南省电力公司 35～220kV 变电站 8 个通用方案，具有较好的实用性和指导性。

第 2 章 通用造价编制与应用总体原则

2.1 编制总体原则

国网河南省电力公司 35～220kV 变电站通用造价修编按照“方案典型、结合实际，标准统一、造价合理，边界清晰、模块全面，使用灵活、简洁适用”的总体原则开展。

修编通用造价认真贯彻落实国家电网有限公司“安全可靠、优质适用、性价合理”电网工程建设的总体标准，设备为国内或合资厂家技术先进、质量优良、性能价格比优的标准设备；结合河南实际情况选择通用设计方案，更新最新设计标准；按照现行的概算编制依据重新编制通用造价。

（1）方案典型，结合实际。以国网河南省电力公司通用设计方案为基础，结合国网河南省电力公司实际工程建设管理需要，优化提出既能满足当前建设要求又具有一定超前性的典型方案，最终确定 8 个常用的通用设计方案编制通用造价，较 2020 年版通用造价新增 3 个方案。

（2）标准统一，造价合理。统一国网河南省电力公司变电站通用造价的编制原则、编制深度和编制依据，按照国家电网有限公司总体建设标准，综合考虑工程建设实际情况，实现合理造价。

（3）边界清晰，模块全面。国网河南省电力公司变电站通用造价明确界定各通用方案和子模块的边界条件，编制了通用方案和子模块的造价，最大限度满足变电站工程设计方案需要，增强通用造价的适应性和灵活性。

（4）使用灵活，简洁适用。国网河南省电力公司变电站通用造价包括通用方案和子模块造价。通过灵活组合，计算出实际工程边界条件范围内相对应的通用造价水平，有助于实现工程造价可控、在控。

2.2 应用总体原则

国网河南省电力公司 35～220kV 变电站通用造价在推广应用中应与通用设计方案相协调，从工程实际出发，充分考虑电网工程技术进步、国家政策等影响工程造价的各类因素，有效控制工程造价。

（1）处理好与通用设计方案的关系。国网河南省电力公司变电站通用造价是在通用设计方案的基础上，按照工程造价管理的要求，根据现行的概算编制依据进行编制。同时增加了子模块造价，实际工程规模变化时可灵活调整。通用造价与通用设计方案的侧重点不同，但编制原则、技术条件一致，因此，在应用中可根据两者的特点，相互补充利用。

（2）因地制宜，全面加强造价管控。国网河南省电力公司变电站通用造价按照国网河南省电力公司通用设计施工图实施方案界定的边界条件，并按照《电网工程建设预算编制与计算规定（2018 年版）》确定了每个方案及模块的各类费用的具体造价，对于该部分费用，在实际工程设计、评审、管理中必须严格把关；对于建设场地征用及清理费等未计列的费用，应结合工程实际情况进行合理的计列和控制。

（3）滚动发展，与时俱进。本次通用造价修编是根据国网河南省电力公司通用设计施工图实施方案，综合考虑国家有关工程建设标准和造价编制依据编制的。国网河南省电力公司将按照新的设计规程规范、建设标准和概预算编制依据，定期对通用造价成果进行滚动修编，使通用造价及时适应电网技术进步、政策调整、市场变化，不断满足工程建设实际工作需要，助力造价精准高效管控。

第 3 章　通用造价编制工作过程

3.1　工作方式

国网河南省电力公司 35～220kV 变电站通用造价修编按照"统一组织、分工明确、定期协调、严格把关"的总体工作方式开展。

（1） 统一组织。为加强编制工作的组织协调，确保工作质量和进度，2023 年 1 月成立国网河南省电力公司 35～220kV 变电站通用造价编制工作组。

归口管理：国网河南省电力公司建设部。

牵头单位：国网河南省电力公司经济技术研究院。

成员单位：河南九域博慧方舟咨询发展有限公司、河南经纬电力设计咨询有限公司、郑州祥和电力设计有限公司、国网河南能源互联网电力设计院有限公司、新乡华源电力勘察设计有限公司、许昌鲲鹏电力设计咨询有限公司、漯河汇力电力勘察设计有限公司、洛阳电力勘察设计有限公司。

（2） 分工明确。对通用造价编制工作进行了明确的分工。

国网河南省电力公司建设部统一组织，协调并督导各参与单位按照分工开展工作，总体把握工作要求及进度，负责总体协调。

国网河南省电力公司经济技术研究院负责通用造价编制总体工作，具体负责 110～220kV 变电站通用造价推进实施。

河南九域博慧方舟咨询发展有限公司负责 35kV 变电站通用造价推进实施。

各电力设计院负责各通用造价的具体编制工作，按照确定的深度和计划，保质保量完成各阶段成果；按照工作计划承办集中工作及评审会议，并按照反馈的审查意见开展修订工作。

（3） 定期协调。为了保证通用造价的进度安排，多次召开协调会和评审会，通过定期召开协调会，检查工作进展，推进整个工作的顺利开展，确保在统一的技术原则下编制工作按期完成。

（4） 严格把关。为保证通用造价编制工作的质量，对技术边界条件、编制依据等关键环节进行严格把关，对每个关键环节组织研讨与评审，通过每一步工作质量的把关，确保最终成果的科学性、合理性。

3.2　工作过程

国网河南省电力公司 35～220kV 变电站通用造价编制工作分为确定技术方案组合、编制完善设计技术导则和通用造价编制依据、编制通用设计方案通用造价、中间审查及征求意见、形成并完善设计和造价成果等阶段。

（1） 确定技术方案组合，明确工作分工。2023 年 1 月，根据国网河南省电力公司历年通用设计方案、通用造价使用需求，并结合国网河南省电力公司未来 5 年发展情况确定了国网河南省电力公司 35～220kV 新建变电站 8 个常用的通用设计方案（3 个 220kV 方案、4 个 110kV 方案、1 个 35kV 方案）。经讨论、评审后确定各模块主要建设规模、接线形式、布置方式等主要技术条件。

（2） 编制技术导则，确定通用造价编制依据。参考国家电网有限公司通用设计方案技术导则，结合国网河南省电力公司 35～220kV 变电站建设特点，并经各专业讨论深化、细化设计后，经专家组评审后修改完善形成技术导则。结合以往概预算编制依据的各类原则，进行整合及更新，确定通用造价编制依据。

（3） 编制通用设计方案通用造价。2023 年 2～4 月，选取 HA-220-A2-10、HA-220-A3-2、HA-220-B-1、HA-110-A2-3、HA-110-A3-3、HA-110-B-1、HA-110-B-3、HA-35-E3-1 共 8 个通用设计方案作为国网河南省电力公司常用设计方案（涵盖全户内、半户内、户外 HGIS）。在全省范围内筛选每个方案的依托工程，并结合工程实际情况编制通用造价。

（4） 审查通用造价及统稿。2023 年 5～6 月，先后召开 3 次评审会，经编制单位内部校核、交叉互查、省内广泛征求意见后，修改、完善并形成适用于国网河南省电力公司的通用造价。2023 年 7 月，召开统稿会，统一专业划分、技术方案和条件、出版格式等，形成通用造价成果。

第4章　通用造价编制依据及说明

国网河南省电力公司35～220kV变电站通用造价编制严格执行国家有关法律法规、电力行业基本建设概算管理制度、规定和计价依据，以2023年为价格水平基准年，结合实际工程情况，确定通用造价编制依据。概算书的编制深度和内容符合《电网工程建设预算编制与计算规定（2018年版）》要求，表现形式遵循规定的项目划分、费用性质划分原则及表格形式。

4.1　通用造价编制依据

（1）工程量根据《国网河南省电力公司35～220kV变电站通用设计施工图实施方案》最新版设计说明、施工图纸及设备材料清册，按照概算工程量计算规则进行计算。

（2）项目划分及取费标准执行《电网工程建设预算编制与计算规定（2018年版）》（国能发电力〔2019〕81号）。

（3）定额使用《电力建设工程概算定额（2018年版）第一册　建筑工程》《电力建设工程概算定额（2018年版）第三册　电气设备安装工程》《电力建设工程预算定额（2018年版）第六册　调试工程》《电力建设工程预算定额（2018年版）第七册　通信工程》。

（4）装置性材料价格执行《电力建设工程装置性材料预算价格（2018年）》及《电力建设工程装置性材料综合预算价格（2018年）》（中电联定额〔2020〕44号），并根据《电力工程造价与定额管理总站关于发布2021年电力建设工程装置性材料综合信息价的通知》（定额〔2022〕16号）进行调整。

（5）定额人工费、材料和施工机械费价差调整执行《国家电网有限公司电力建设定额站转发电力工程造价与定额管理总站关于发布2018版电力建设工程概预算定额2022年度价格水平调整的通知等六个文件》（国家电网电定〔2023〕3号）。

（6）设备价格参照国家电网有限公司2022年第四季度电网工程设备材料信息价计列，不足部分参照近期同类工程设备、材料招标价计列。

（7）社会保险费和住房公积金缴费费率执行《关于河南省电网工程建设预算社会保险费和住房公积金缴费费率计列的规定》（豫电定〔2021〕1号），社会保险费费率按26.80%计取，住房公积金缴费费率按12%计取。

（8）安全文明施工费执行《电力工程造价与定额管理总站关于调整安全文明施工费的通知》（定额〔2023〕9号）。

（9）项目后评价费、管理车辆购置费计列原则执行《国家电网公司关于印发加强输变电工程其他费用管理意见的通知》（国家电网基建〔2013〕1434号）。

（10）建筑材料市场价按郑州地区2022年第四季度信息价计列。

（11）增值税税率执行《国家电网有限公司电力建设定额站转发电力工程造价与定额管理总站关于调整电力工程计价依据增值税税率的通知》（国家电网电定〔2019〕17号），按9%计取。

（12）工程造价为静态投资。

4.2　编制依据的相关说明

国网河南省电力公司35～220kV变电站通用造价编制工作通过广泛调研，结合河南地区实际，明确了变电站技术条件，确定了编制原则和依据、费用设定，并进行了必要、适当的条件假定和取费标准（费率）设定、费用范围设定。具体如下：

（1）各基本方案的技术条件同《国网河南省电力公司35～220kV变电站通用设计施工图实施方案》最新版保持一致，主接线型式、配电装置型式、出线规模、二次保护配置等条件参见各通用方案的技术条件一览表。

（2）站址条件的假定及设计预定条件。

1）工程地质和水文地质：站区设计动峰值加速度为0.15*g*，按7度抗震设防烈度设计，地基承载力特征值f_{ak}=150kPa，地下水对混凝土没有腐蚀性，对钢结构有弱腐蚀性。

2）其他条件：设计风速27m/s，海拔1000m以下，国标d级污秽区。

3）假定场地统一标高。

（3）取费标准（费率）设定。

1）项目的取费原则上依据现行规定，如前编制原则和依据所述。

2）建筑、安装工程费取费基数及费率按河南地区计列。

3）主要设备运杂费率按 0.5%，普通设备运杂费率按 0.7%。

（4）费用范围设定。费用范围仅包含变电站零米以上、围墙以内有标准化技术方案部分的费用。未计列的费用主要如下：

1）建筑工程费：未计列建筑物土方开挖及基础费用（HA-220-A2-10、HA-220-A3-2、HA-110-A2-3、HA-35-E3-1方案计列建筑物土方开挖及基础费用），未计列深井费用、场地平整费用、挡土墙等特殊构筑物费用、地基处理费用以及站外道路、站外排水、站外水源、站外电源等与站址有关的费用。

2）安装工程费：通信部分考虑预留机房屏位、进站光缆通道，未计列光通信设备及进站光缆费用。

3）其他费用：未计列建设场地征用及清理费、项目前期工作费、知识产权转让与研究试验费、勘察设计费、环境监测及环境保护验收费、水土保持监测及验收费、特种设备安全监测费、桩基检测费、生产职工培训及提前进场费。

具体概算书详见光盘。

第5章　通用造价编制内容

国网河南省电力公司35～220kV变电站通用造价是在《国网河南省电力公司35～220kV变电站通用设计施工图实施方案》最新版基础上，结合现行的概算编制依据进行编制的。编制内容如下：

（1）确定通用方案。根据《国网河南省电力公司35～220kV变电站通用设计施工图实施方案》最新版中选定的8个方案为通用方案，分别为220kV变电站HA-220-A2-10方案、HA-220-A3-2方案和HA-220-B-1方案，110kV变电站HA-110-A2-3方案、HA-110-A3-3方案、HA-110-B-1方案和HA-110-B-3方案，35kV变电站HA-35-E3-1方案。

（2）确定子模块。贯彻模块化设计思想，制定各模块的边界条件和划分原则，形成增加一台主变压器子模块、各电压等级增减一回出线子模块、增减一组电容器子模块等15个子模块。

（3）明确技术条件。明确通用方案和子模块的技术条件，规定技术条件表现形式及技术条件组合方案。

（4）统一设备材料表、工程量表的深度和格式。明确通用方案、子模块设计深度，规定设备材料和建筑工程量表内容深度及格式。

（5）统一通用造价编制依据。根据国家法律、法规、现行概预算管理制度研究统一通用造价编制依据，并结合技术边界条件和划分原则确定工程费用。

（6）编制通用造价。根据各通用方案、子模块的设计和通用造价编制依据，编制概算书（静态投资）。

第二篇　国网河南省电力公司 35～220kV 变电站通用方案、子模块说明及通用造价指标

第 6 章　35～220kV 变电站通用方案及模块划分说明

6.1　通用方案划分

国网河南省电力公司 35～220kV 变电站通用造价中通用方案以《国网河南省电力公司 35～220kV 变电站通用设计施工图实施方案》最新版为基础，重点突出影响变电工程造价水平的技术条件。

国网河南省电力公司 35～220kV 变电站通用方案主要技术条件见表 6-1。

表 6-1　　35～220kV 变电站通用方案主要技术条件汇总表

序号	方案编号	建设规模（本期/终期）	接线形式	总布置及配电装置	围墙内占地面积（hm^2）/总建筑面积（m^2）
1	HA-220-A2-10	主变压器：2/3×240MVA； 220kV 出线：4/6 回； 110kV 出线：8/14 回； 10kV 出线：28/42 回； 10kV 电容器：每台主变压器 3/3 组； 10kV 电抗器：每台主变压器 2/2 组	220kV：本期及终期双母线接线； 110kV：本期及终期双母线接线； 10kV：本期单母线三分段接线，终期单母线四分段接线	全户内一幢楼布置，主变压器户内布置； 一层布置主变压器、220kV GIS、110kV GIS、10kV 开关柜（双列布置）及并联电抗器、二次设备；二层布置接地变压器及消弧线圈成套装置、10kV 电容器； 220kV 全电缆出线；110kV 全电缆出线； 各电压等级间隔层设备下放布置，公用及主变压器二次设备布置在二次设备室	0.6332/4996
2	HA-220-A3-2	主变压器：1/3×180MVA； 220kV 出线：4/6 回； 110kV 出线：6/12 回； 10kV 出线：12/36 回； 10kV 电容器：每台主变压器 4/4 组	220kV：本期及终期双母线接线； 110kV：本期及终期双母线接线； 10kV：本期单母线接线，终期单母线三分段接线	两幢楼平行布置，主变压器户外布置； 220kV 配电装置楼：一层布置 GIS（4 回架空、2 回电缆）、电容器，局部二层布置电容器； 110kV 配电装置楼：一层布置开关柜、接地变压器及消弧线圈成套装置，二层布置 GIS（4 回架空、8 回电缆）及二次设备室	0.7353/2787.65
3	HA-220-B-1	主变压器：1/3×180MVA； 220kV 出线：4/6 回； 110kV 出线：4/12 回； 10kV 出线：8/24 回； 10kV 电容器：每台主变压器 4/4 组	220kV：本期及终期双母线接线； 110kV：本期及终期双母线接线； 10kV：本期单母线接线，终期单母线三分段接线	220、110kV 及主变压器场地平行布置； 220kV 户外悬吊管型母线、HGIS 设备单列布置； 110kV 户外悬吊管型母线、HGIS 设备单列布置； 10kV 户内开关柜双列布置； 10kV 电容器户外双列布置； 接地变消弧线圈成套装置户内布置； 站控层设备、间隔层设备、交直流一体化电源柜、通信柜等均集中布置于二次设备室	1.5052/839.21
4	HA-110-A2-3	主变压器：1/3×63MVA； 110kV 出线：2/4 回； 10kV 出线：14/42 回； 10kV 电容器：每台主变压器 2/2 组	110kV：本期及终期单母线分段接线； 10kV：本期单母线接线，终期单母线四分段接线	全户内一幢楼双层布置，主变压器户内布置； 一层布置主变压器、110kV GIS、10kV 开关柜（双列布置）、接地变压器及消弧线圈成套装置；二层布置二次设备、蓄电池、10kV 电容器； 110kV 全电缆出线； 各电压等级间隔层设备下放布置，公用及主变压器二次设备布置在二次设备室	

续表 6-1

序号	方案编号	建设规模（本期/终期）	接线形式	总布置及配电装置	围墙内占地面积（hm^2）/总建筑面积（m^2）
5	HA-110-A3-3	主变压器：1/3×50MVA； 110kV 出线：2/4 回； 10kV 出线：10/30 回； 10kV 电容器：每台主变压器 2/2 组	110kV：本期及终期单母线分段接线； 10kV：本期单母线接线，终期单母线三分段接线	半户内一幢楼布置，主变压器户外布置； 110kV：户内 GIS，架空+电缆出线； 10kV：户内开关柜	0.369/906.6
6	HA-110-B-1	主变压器：1/3×50MVA； 110kV 出线：2/4 回； 35kV 出线：3/6 回； 10kV 出线：8/26 回； 10kV 电容器：每台主变压器 2/2 组	110kV：本期单母线接线，终期单母线分段接线； 35kV：本期单母线接线，终期单母线分段接线； 10kV：本期单母线接线，终期单母线三分段接线	主变压器户外布置； 110kV 及主变压器场地平行布置； 110kV 户外 HGIS，架空出线，设置 1 个Ⅱ型预制舱； 35kV 户内开关柜单列布置，全电缆出线； 10kV 户内开关柜双列布置，全电缆出线； 10kV 电容器一列式户外布置； 站用变压器、消弧线圈户外布置	0.4521/636.82
7	HA-110-B-3	主变压器：1/3×50MVA； 110kV 出线：2/4 回； 10kV 出线：10/30 回； 10kV 电容器：每台主变压器 2/2 组	110kV：本期单母线接线，终期单母线分段接线； 10kV：本期单母线接线，终期单母线三分段接线	主变压器户外布置； 110、10kV 及主变压器场地平行布置； 110kV 户外 HGIS，架空出线，设置 1 个Ⅱ型预制舱； 10kV 户内开关柜双列布置，全电缆出线； 10kV 电容器一列式户外布置； 站用变压器、消弧线圈户外布置	0.4131/475.91
8	HA-35-E3-1	主变压器：1×10/2×20 MVA； 35kV 出线：2/4 回； 10kV 出线：6/16 回； 10kV 电容器：每台主变压器 2/2 组	35kV：本期及终期单母线分段接线； 10kV：本期单母线接线，终期单母线分段接线	主变压器户外布置； 35kV 户内开关柜单列布置，全电缆出线； 10kV 开关柜户内双列布置，全电缆出线； 10kV 电容器一列式户外布置； 站用变压器、消弧线圈户外布置	0.1938/448

6.2 子模块划分

本次变电站通用造价中的子模块按增加一台主变压器（HA-220-A2-10 为增减一台主变压器）、各电压等级增减一回出线、增减一组电容器、增减一组 10kV 电抗器原则划分。

子模块边界按包含相关的电气一次、二次控制、保护设备、土建（设备支架、绝缘地坪、相间电缆沟、相间内道路等）原则确定。同等型式的配电装置子模块可以根据具体情况相互调用。具体子模块汇总表见表 6-2。

表 6-2　　35～220kV 变电站工程子模块汇总表

序号	方案编号	子模块编号	子模块内容	适用范围
1	HA-220-A2-10	HA-220-A2-10-ZB	增减一台主变压器（240MVA 主变压器）	HA-220-A2-10
2		HA-220-A2-10-220	增减一回 220kV 电缆出线	HA-220-A2-10、HA-220-A3-2
3		HA-220-A2-10-10C	增减一组 10kV 电容器	HA-220-A2-10、HA-220-A3-2、HA-220-B-1
4		HA-220-A2-10-10L	增减一组 10kV 电抗器	HA-220-A2-10、HA-220-A3-2、HA-220-B-1
5	HA-220-B-1	HA-220-B-1-ZB	增加一台主变压器（180MVA 主变压器）	HA-220-B-1、HA-220-A3-2
6		HA-220-B-1-220	增减一回 220kV 架空出线	HA-220-B-1、HA-220-A3-2
7		HA-220-B-1-110	增减一回 110kV 架空出线	HA-220-B-1、HA-220-A3-2
8	HA-110-A2-3	HA-110-A2-3-ZB	增加一台主变压器（63MVA 主变压器）	HA-110-A2-3
9		HA-110-A2-3-110	增减一回 110kV 电缆出线	HA-110-A2-3、HA-220-A2-10、HA-220-A3-2、HA-110-A3-3
10		HA-110-A2-3-10	增减一回 10kV 电缆出线	所有方案
11		HA-110-A2-3-10C	增减一组 10kV 电容器	HA-110-A2-3、HA-110-A3-3、HA-110-B-1、HA-110-B-3

续表 6-2

序号	方案编号	子模块编号	子模块内容	适用范围
12	HA-110-B-1	HA-110-B-1-ZB	增加一台主变压器（50MVA 主变压器），三绕组变压器	HA-110-B-1
13		HA-110-B-1-110	增减一回 110kV 架空出线	HA-110-B-1、HA-110-B-3
14		HA-110-B-1-35	增减一回 35kV 电缆出线	HA-110-B-1
15	HA-110-B-3	HA-110-B-3-ZB	增加一台主变压器（50MVA 主变压器），双绕组变压器	HA-110-B-3、HA-110-A3-3
16	HA-35-E3-1	HA-35-E3-1-ZB	增加一台主变压器（10MVA 主变压器）	HA-35-E3-1

第7章 通用造价指标

根据变电站工程通用造价编制依据，分别对每个通用方案和子模块，编制完整的初步设计概算，并计算单位容量造价。各通用方案和子模块通用造价指标分别见表 7-1 和表 7-2。

表 7-1　　35～220kV 变电站工程通用方案造价指标一览表　　金额单位：万元

序号	方案编号	建设规模	建筑工程费	设备购置费	安装工程费	其他费用	静态投资	单位投资（元/kVA）
1	HA-220-A2-10	户内 GIS 变电站，2/3×240MVA； 220kV：GIS 配电装置，4/6 回； 110kV：GIS 配电装置，8/14 回； 10kV：户内开关柜，28/42 回	3727	6239	1622	874	12462	260
2	HA-220-A3-2	半户内 GIS 变电站，1/3×180MVA； 220kV：GIS 配电装置，4/6 回； 110kV：GIS 配电装置，6/12 回； 10kV：户内开关柜，12/36 回	2350	4278	1208	582	8418	468
3	HA-220-B-1	户外 HGIS 变电站：1/3×180MVA； 220kV：HGIS 配电装置，4/6 回； 110kV：HGIS 配电装置，4/12 回； 10kV：户内开关柜，8/24 回	1778	3600	1159	495	7032	391
4	HA-110-A2-3	户内 GIS 变电站，1/3×63MVA； 110kV：GIS 配电装置，2/4 回； 10kV：户内开关柜，14/42 回	1313	1329	411	308	3361	533
5	HA-110-A3-3	半户内 GIS 变电站，1/3×50MVA； 110kV：GIS 配电装置，2/4 回； 10kV：户内开关柜，10/30 回	737	1370	339	211	2657	531
6	HA-110-B-1	户外 HGIS 变电站，1/3×50MVA； 110kV：HGIS 配电装置，2/4 回； 35kV：户内开关柜，3/6 回； 10kV：户内开关柜，8/26 回	579	1395	343	187	2504	501
7	HA-110-B-3	户外 HGIS 变电站：1/3×50MVA； 110kV：HGIS 配电装置，2/4 回； 10kV：户内开关柜，10/30 回	515	1277	304	169	2265	453
8	HA-35-E3-1	半户内变电站：1×10/2×20 MVA； 35kV：户内开关柜，2/4 回； 10kV：户内开关柜，6/16 回	340	524	138	96	1098	1098

表 7-2　　35～220kV 变电站工程子模块造价指标一览表　　金额单位：万元

序号	方案编号	子模块编号	子模块内容	建筑工程费	设备购置费	安装工程费	其他费用	静态投资
1		HA-220-A2-10-ZB	增减一台主变压器（240MVA 主变压器）	169	1356	300	100	1925
2	HA-220-A2-10	HA-220-A2-10-220	增减一回 220kV 电缆出线		209	30	13	252
3		HA-220-A2-10-10C	增减一组 10kV 电容器		26	14	7	47
4		HA-220-A2-10-10L	增减一组 10kV 电抗器		85	16	8	109
5		HA-220-B-1-ZB	增加一台主变压器（180MVA 主变压器）	99	1182	188	73	1542
6	HA-220-B-1	HA-220-B-1-220	增减一回 220kV 架空出线	16	229	61	19	325
7		HA-220-B-1-110	增减一回 110kV 架空出线	8	97	36	12	153

续表 7-2

序号	方案编号	子模块编号	子模块内容	建筑工程费	设备购置费	安装工程费	其他费用	静态投资
8	HA-110-A2-3	HA-110-A2-3-ZB	增加一台主变压器（63MVA 主变压器）	15	448	135	37	635
9		HA-110-A2-3-110	增减一回 110kV 电缆出线		85	23	8	116
10		HA-110-A2-3-10	增减一回 10kV 电缆出线		10	3		13
11		HA-110-A2-3-10C	增减一组 10kV 电容器		26	12	2	40
12	HA-110-B-1	HA-110-B-1-ZB	增加一台主变压器（50MVA 主变压器），三绕组变压器	26	483	105	36	650
13		HA-110-B-1-110	增减一回 110kV 架空出线	6	102	20	8	136
14		HA-110-B-1-35	增减一回 35kV 电缆出线		23	5	2	30
15	HA-110-B-3	HA-110-B-3-ZB	增加一台主变压器（50MVA 主变压器），双绕组变压器	26	430	82	31	569
16	HA-35-E3-1	HA-35-E3-1-ZB	增加一台主变压器（10MVA 主变压器）	7	138	56	17	218

第三篇 国网河南省电力公司 35～220kV 变电站通用方案、子模块通用造价

第 8 章 220kV 变电站通用方案 HA-220-A2-10 通用造价

8.1 通用方案

本通用方案技术条件，根据《国网河南省电力公司 35～220kV 变电站通用设计施工图实施方案》最新版中方案 HA-220-A2-10 确定，即主变压器采用 2×240MVA 三相三绕组有载调压变压器，电压等级采用 220/110/10kV，220、110kV 均采用户内 GIS 设备，10kV 为户内开关柜。

本方案技术条件组合在本文件中列表表示，变电站具体设计内容可参见已出版的通用设计配套文件。

8.1.1 主要技术条件

本方案主要技术条件包括变电站电气部分、土建部分等内容，具体见表 8-1。

表 8-1　　通用方案 HA-220-A2-10 技术条件

序号	项目名称	工程技术条件
一	电气部分	
1	主变压器	220/110/10kV 三相三绕组有载调压变压器，本期 2 台 240MVA 变压器，终期 3 台 240MVA 变压器
2	出线回路数	
2.1	220kV	本期 4 回，终期 6 回，电缆出线
2.2	110kV	本期 8 回，终期 14 回，电缆出线
2.3	10kV	本期 28 回，终期 42 回，电缆出线
3	无功补偿装置	10kV 并联电容器，本期配置 6 组 8000kvar，终期配置 9 组 8000kvar 10kV 并联电抗器，本期配置 4 组 10000kvar，终期配置 6 组 10000kvar
4	电气主接线	
4.1	220kV	本期双母线接线，终期双母线接线
4.2	110kV	本期双母线接线，终期双母线接线
4.3	10kV	本期单母线三分段接线，终期单母线四分段接线
5	短路电流水平	220、110、10kV 短路电流水平分别为 50、40、40/31.5kA
6	主要设备选型	
6.1	主变压器	户内、油浸、低损耗、自然油循环风冷型三相三绕组有载调压变压器
6.2	断路器	220kV 采用户内 GIS 设备，110kV 采用户内 GIS 设备
6.3	隔离开关	220kV 采用户内 GIS 设备，110kV 采用户内 GIS 设备
6.4	互感器	220kV 电流互感器采用电磁式，内置于 GIS 中；110kV 电流互感器采用电磁式，内置于 GIS 中；220kV 母线采用三相电磁式电压互感器；220kV 出线采用单相电磁式电压互感器，内置于 GIS 中；110kV 母线采用三相电磁式电压互感器，内置于 GIS 中；110kV 出线采用单相电磁式电压互感器，内置于 GIS 中
6.5	避雷器	220、110、10kV 避雷器采用氧化锌避雷器
6.6	10kV 开关柜	10kV 采用户内配电装置成套开关柜，真空或 SF_6 断路器

续表 8-1

序号	项目名称	工程技术条件
6.7	站用变压器	10kV 采用消弧线圈接地变压器成套装置
6.8	无功补偿装置	10kV 电容器采用户内框架式电容器补偿装置，串联电抗器电抗率按 5%考虑；10kV 电抗器采用户内干式铁芯电抗器
7	配电装置	
7.1	220kV 配电装置	220kV 采用户内 GIS 布置，采用全电缆出线和主变压器电缆进线方式
7.2	110kV 配电装置	110kV 采用户内 GIS 布置，采用全电缆出线和主变压器电缆进线方式
7.3	10kV 配电装置	10kV 采用中置式开关柜，户内双列布置，电容器组、电抗器采用户内布置
8	控制及远动	
8.1	计算机监控系统	一套：完成全站监控及远传，实现无人值班
		主机/操作员站 2 套
		Ⅰ区数据通信网关机柜：2 台通信网关机兼图形网关机，组一面柜
		Ⅱ区数据通信网关机柜：2 台Ⅱ区通信网关机
		Ⅳ区数据通信网关机柜：1 台Ⅳ区通信网关机
		综合应用服务器柜：含 1 台综合应用服务器
		智能防误主机 1 台，组 1 面柜
		公用测控柜：含 2 台公用测控装置
		10kV 公用测控柜：含 2 台公用测控装置，组柜布置于 10kV 配电小室
		主变压器测控柜：1 号主变压器含 4 台主变压器测控装置，2 号主变压器含 5 台主变压器测控装置，2 台主变压器共计 2 面柜
		母线测控装置：220、110kV 测控装置各 2 台；10kV 母线测控装置 2 台
		测控装置：220kV 测控装置 5 台、110kV 测控装置 9 台；10kV 保护测控集成装置 40 台，10kV TV 并列装置 3 台
		微机五防操作闭锁 1 套，含电脑钥匙、就地锁具、验电器等
		站控层交换机：Ⅰ区站控层中心交换机 2 台，Ⅱ区站控层中心交换机 2 台，Ⅳ区站控层中心交换机 1 台，安装于各通信网关机柜
		间隔层交换机：12 台，分散安装于 220、110kV 公用测控柜、智能控制柜及 10kV TV 开关柜内
		过程层交换机：27 台，分散安装于各保护柜及智能控制柜内
		网络分析记录装置柜：每面含分析采集单元 2 台，管理单元 1 台，共 2 面柜
		网络安全在线监测装置：1 台
		网络打印机：2 台
		铠装光缆、尾缆、铠装超五类以太网线、铠装屏蔽双绞线 1 套
		高级应用软件：实现一键顺序控制功能、顺序控制、智能告警及分析决策等高级功能
8.2	时间同步系统	含同步时钟主机（双机）、接受天线、光纤、光电转换器、配套机柜 2 面等
8.3	变电站智能辅助监控系统	1 套，含火灾消防子系统、安全防卫子系统、动环子系统、智能锁控子系统及智能巡视子系统等
8.4	状态监测系统	1 套，含报警控制器、传感器、声光报警器等
8.5	调度专用网络接入设备	2 面柜，包括调度数据网络设备 2 套、安全防护设备 1 套
8.6	电量计费系统	含电能量采集终端 1 套，0.2S 级关口表 2 块，0.5S 级数字电能表 17 块，多功能电能表 40 块
9	交直流一体化电源系统	直流系统为单母线分段接线，采用辐射方式供电。蓄电池布置在主控楼内
10	继电保护	各类保护盘柜，不包括安全自动装置
11	过程层设备	合并单元 18 台；智能终端 20 台；合并单元/智能终端一体化装置 19 台
12	故障录波柜	主变故障录波装置柜、 220kV 故障录波装置柜 、110kV 故障录波装置柜各 1 面
13	电缆	

续表 8-1

序号	项目名称	工程技术条件
13.1	220kV 电力电缆	ZR-YJLW02-127/220kV-1×1000，共 0.47km
13.2	110kV 电力电缆	ZR-YJLW02-64/110kV-1×1600，共 0.45km
13.3	10kV 电力电缆	ZR-YJV22-8.7/10-3×240，共 1.05km
13.4	1kV 及以下电力电缆	4.2km
13.5	控制电缆	30km，1kV、屏蔽、铜芯
13.6	低压电力电缆	NH-YJV-22-1×185，共 100m
14	接地	铜排 4950m，热镀锌扁钢 5600m，垂直接地极 70 根
二	土建部分	
1	基本技术数据	
1.1	地震基本烈度	7 度，按设计基本地震加速度值 0.15g
1.2	设计风速	27m/s
1.3	地基承载力特征值	f_{ak}=150kPa
1.4	海拔	1000m 以下，场地同一标高
1.5	污秽等级	e 级
1.6	采暖	非采暖区
1.7	地下水	无影响
2	总平面布置	
2.1	站外道路	本次未涉及
2.2	站内道路	主变压器运输道路宽取 4.5m，其余道路为 4.0m，采用城市型道路，有路缘石，路面为混凝土
2.3	电缆隧道	总长度 62.5m；采用钢筋混凝土结构
2.4	排水方式	站内排水采用有组织集中排放方式
2.5	站区占地	围墙东西长 100.5m，南北长 63m，围墙内占地 0.6332hm^2
2.6	站区围墙	装配式围墙
3	建筑物	配电装置楼 1 座；辅助用房 1 座，消防泵房 1 座，全站总建筑面积为 4996m^2
3.1	配电装置楼	
3.1.1	建筑面积与体积	地上两层，地下一层（电缆层），建筑面积 4866m^2，建筑体积 28220m^3
3.1.2	建筑结构	采用装配式钢框架结构，地上两层钢结构，地下一层为电缆层，钢筋混凝土结构
3.1.3	建筑物基础	采用钢筋混凝土筏板基础
3.1.4	建筑装修	（1）外墙：采用铝镁锰复合板+纤维水泥饰面板；用于防火墙时，外墙内侧为一体化水泥纤维集成墙板。 （2）门窗：除部分选用木门外，其余门均采用成品防盗钢门，窗采用断桥铝合金三层中空夹胶玻璃窗。 （3）屋面：防水等级一级，设置两道设防的防水保温屋面。 （4）楼地面：二次设备室采用地砖，楼梯间采用防滑地砖，附属用房地砖地面，电缆层混凝土地面，其余电气房间自流平地面。 （5）内墙：采用一体化纤维水泥集成墙板，除卫生间和备餐间为瓷砖以外，其他均为纤维水泥饰面板
3.2	辅助用房	
3.2.1	建筑面积与体积	一层建筑面积 44.5m^2，建筑体积为 160.3m^3
3.2.2	建筑结构	钢框架结构，净高 3.6m
3.2.3	建筑物基础	采用钢筋混凝土独立基础
3.2.4	建筑装修	地面为地砖地面。内墙采用乳胶漆涂料，卫生间及备餐间设置吊顶。外面装饰材料及风格、色调同配电装置楼。门采用木门，窗采用断桥铝合金三层中空夹胶玻璃窗
4	构筑物	
4.1	构、支架基础及主变压器基础	无构架，设备支架基础均采用地脚螺栓重力式基础，主变压器基础采用钢筋混凝土整板式基础

续表 8-1

序号	项目名称	工程技术条件
5	其他构筑物	事故油池、消防水池等地下构筑物均采用现浇钢筋混凝土结构，抗渗等级 P6
6	供水	本次不涉及
7	采暖通风	在配电装置楼内资料室、10kV 配电装置室、二次设备室及蓄电池室等房间采用分体空调，在电缆层、10kV 配电装置室、电抗器室、接地变压器室、电容器室及蓄电池室、GIS 室设通风设备
8	消防	站内设置水消防系统，并设置不同类型的移动式灭火器，主变压器采用水喷雾灭火系统

8.1.2 主要电气设备材料表

电气一次部分设备包括主变压器系统、各电压等级装置、无功补偿装置、站用电部分、防火材料及其他、接地等部分。其中，主变压器系统包括与主变压器连接到 10kV 配电装置的铜排；站用电部分包括 1kV 电力电缆；防火材料及其他包括电缆支架、防火材料、二次控制电缆等；接地部分包含主接地网、接地引下线、垂直接地极等。电气二次设备包括计算机监控系统、继电保护、直流系统、通信电源、电能计费等部分。220kV 变电站通用方案 HA-220-A2-10 主要电气设备材料表见表 8-2。

表 8-2　　通用方案 HA-220-A2-10 主要电气设备材料表

序号	设备名称	规格	单位	数量	备注
一	主变压器系统				
1	主变压器	三相三绕组油浸风冷式有载调压变压器 SFSZ11-240000/220	台	2	分体式
2	220kV 中性点成套装置		套	2	
3	110kV 中性点成套装置		套	2	
4	220kV 复合式电缆终端	1×1000	只	6	
5	220kV GIS 电缆终端	1×1000	只	6	
6	110kV 复合式电缆终端	1×1600	只	6	
7	110kV GIS 电缆终端	1×1600	只	6	
8	氧化锌避雷器	HY5WZ-17/45，配在线监测仪	台	6	
9	钢芯铝绞线	JL/G1A-300/40 中性点连线，单导线，0.66 跨	m	24	
10	钢芯铝绞线	JL/G1A-630/45 主变压器与 220kV 电缆头连线，单导线，1 组	m	40	
11	钢芯铝绞线	2×（JL/G1A-630/45） 主变压器与 110kV 电缆头连线，双导线，1 组	m	80	
12	220kV 电力电缆	ZR-YJLW02-127/220kV-1×1000	m	470	
13	110kV 电力电缆	ZR-YJLW02-64/110kV-1×1600	m	450	
14	电缆接地箱	带护层保护器	只	2	
15	电缆接地箱	三相直接接地	只	2	
16	接地电缆	ZC-YJV-6/10kV-1×300	m	360	
17	铜排	TMY-125×10	m	120	三片立放
18	支柱绝缘子	ZSW-20/16	只	24	
19	矩形母线固定金具	MNL-304	套	24	
20	穿墙套管	CWW-24/4000	个	6	
21	封闭母线桥	I_e=4000A，三相共箱	m	32	
22	风冷控制箱		个	2	
23	智能控制柜		个	2	
24	动力检修箱		个	2	
25	铜排	TMY-40×5	m	240	
26	智能控制柜		个	2	

续表 8-2

序号	设备名称	规格	单位	数量	备注
二	220kV 户内配电装置部分				
1	220kV 主变压器进线间隔	单断路器，4000A，50kA	个	2	
2	220kV 电缆出线间隔	单断路器，4000A，50kA	个	4	
3	220kV 母联间隔	单断路器，4000A，50kA	个	1	
4	220kV 母线设备间隔	4000A，50kA	个	2	
5	220kV 备用主变压器进线间隔	4000A，50kA	个	1	
6	220kV 备用出线间隔	4000A，50kA	个	2	
7	220kV GIS 主母线		m	6.9	三相共箱
三	110kV 户内配电装置部分				
1	110kV 主变压器进线间隔	单断路器，3150A，40kA	个	2	
2	110kV 电缆出线间隔	单断路器，3150A，40kA	个	8	
3	110kV 母联间隔	单断路器，3150A，40kA	个	1	
4	110kV 母线设备间隔	3150A，40kA	个	2	
5	110kV 备用主变压器进线间隔	3150A，40kA	个	1	
6	110kV 备用出线间隔	3150A，40kA	个	6	
7	110kV GIS 主母线		m	7.2	三相共箱
四	10kV 配电装置				
1	高压开关柜	KYN-12kV，4000A～40kA	面	3	主进
2	高压开关柜	KYN-12kV，4000A～40kA	面	3	分段隔离
3	高压开关柜	KYN-12kV，4000A～40kA	面	1	分段断路器
4	高压开关柜	KYN-12kV，1250A～31.5kA	面	3	TV
5	高压开关柜	KYN-12kV，1250A～31.5kA	面	2	接地变压器
6	高压开关柜	KYN-12kV，1250A～31.5kA	面	6	电容器
7	高压开关柜	KYN-12kV，1250A～31.5kA	面	4	电抗器
8	高压开关柜	KYN-12kV，1250A～31.5kA	面	28	馈线
五	无功补偿				
1	无功补偿电容器成套装置	TBB11/$\sqrt{3}$ -8000-3W，每套包括电容器组、5%串联电抗器、熔断器、放电线圈、隔离开关、避雷器、支持绝缘子等	套	6	
2	10kV 三相铁芯并联电抗器	10kV，10000kvar	台	4	
3	电抗器网栏	不锈钢，带网门	套	4	
4	支柱绝缘子	10kV	只	12	
5	避雷器	YH5WZ-17/45	只	12	
6	避雷器监测器	JCQ	只	12	
7	10kV 电力电缆	2×（ZC-YJV22-8.7/10-3×240）	m	1050	
8	10kV 户内冷缩电缆头	配 ZC-YJV22-8.7/10-3×240 电缆用	套	40	
六	站用电部分				
1	接地变压器及消弧线圈成套装置	DKSC-1500/10.5-500/0.4	台	2	
2	低压交流屏		面	6	
3	零序电流互感器	LMZJ1-0.5 500/1A	只	2	
4	10kV 电力电缆	ZC-YJV22-8.7/10-3×185	m	100	
5	10kV 户内冷缩电缆头	配 ZC-YJV22-8.7/10-3×185 电缆用	只	4	

续表 8-2

序号	设备名称	规格	单位	数量	备注
6	低压电力电缆				
6.1	低压电力电缆	ZR-YJV22-1kV-3×185+1×95	m	620	
6.2	低压电力电缆	ZR-YJV22-1kV-3×120+1×70	m	140	
6.3	低压电力电缆	NH-YJV22-1kV-3×120+1×70	m	680	
6.4	低压电力电缆	ZC-YJV22-0.6/1kV-3×50+1×25	m	330	
6.5	低压电力电缆	NH-YJV22-0.6/1kV-4×35	m	90	
6.6	低压电力电缆	ZC-YJV22-0.6/1kV-4×35	m	160	
6.7	低压电力电缆	NH-YJV22-0.6/1kV-4×25	m	40	
6.8	低压电力电缆	NH-YJV22-0.6/1kV-2×25	m	40	
6.9	低压电力电缆	ZC-YJV22-0.6/1kV-3×16+1×10	m	720	
6.10	低压电力电缆	ZC-YJV22-0.6/1kV-3×10+1×6	m	300	
6.11	低压电力电缆	NH-VV22-0.6/1kV-3×10+1×6	m	230	
6.12	低压电力电缆	ZC-YJV22-0.6/1kV-2×10	m	410	
6.13	低压电力电缆	ZC-YJV22-0.6/1kV-2×4	m	70	
6.14	低压电力电缆	NH-YJV22-0.6/1kV-2×4	m	135	
七	照明部分				
1	照明配电箱		个	2	
2	备用照明配电箱		个	1	
3	插座配电箱		个	2	
4	暖通配电箱		个	3	
5	户内检修配电箱		个	3	
6	行灯变压器	2000kVA	台	1	
7	LED 投光灯	AC 220V，200W	套	16	
8	LED 低顶灯	AC 220V，30W	套	2	
9	断路器	C65N-D10A/4P VE 30mA	个	1	
10	低压电力电缆	ZC-YJV22-1-5×4	m	100	
11	塑料绝缘铜线	BVV-750-2×4	m	900	
12	塑料绝缘铜线	BVV-750-2×2.5	m	200	
13	热镀锌扁钢	25mm×4mm	m	150	
14	热镀锌钢管	ϕ40	m	100	
15	热镀锌钢管	ϕ25	m	400	
16	热镀锌钢管	ϕ20	m	150	
八	防雷接地				
1	接地铜排	—40mm×5mm	m	2300	主地网
2	接地铜排	—40mm×5mm	m	1800	接地引上线
3	热镀锌扁钢	—70mm×8mm	m	4670	户内水平接地
4	镀锌圆钢	ϕ12	m	400	屋顶避雷带
5	热镀锌扁钢	—60mm×6mm	m	400	
6	热镀锌扁钢	—40mm×4mm	m	450	楼梯、灯具等
7	镀铜钢棒	ϕ17.3×2.5	根	70	
8	铜排	—25mm×4mm	m	800	二次等电位网
9	铜电缆	1kV，型号：YJV-0.6/1-1×50mm^2	m	100	

续表 8-2

序号	设备名称	规格	单位	数量	备注
10	低压支柱绝缘子		只	450	
11	临时接地端子		个	46	
12	断线盒	300mm×210mm×120mm	个	15	
13	放热熔焊焊点		个	550	
14	放热熔焊模具		套	50	
九	防火材料及其他				
1	无机防火堵料		t	8.8	
2	有机防火堵料		t	9.8	
3	防火涂料		t	1.19	
4	阻燃无机耐火隔板		m^2	685	
5	阻火包		t	15	
6	角钢	∠40mm×40mm×4mm	m	1420	
7	膨胀螺栓	M8×80	套	3820	
8	钢板	厚 8mm	m^2	120	
9	甲级防火门	900mm×2100mm	个	16	
10	层间防火隔板	1600mm（长）×500mm（宽）×10mm（厚），高 80mm（翻边）	套	490	
11	电缆支架	#8 号槽钢	t	19	
12	电缆支架	∠70×6	t	16	
13	不锈钢电缆支架		t	3	
14	电缆槽盒	200mm×100mm	m	300	
15	电缆槽盒	100mm×60mm	m	400	
16	成品电缆竖井	700mm×300mm，高 5000mm	套	8	电容器6套+消弧线圈接地变压器成套装置2套
17	控制电缆	ZC-KVVP2-22-14×2.5	km	2	
18	控制电缆	ZC-KVVP2-22-7×2.5	km	4	
19	控制电缆	ZC-KVVP2-22-4×2.5	km	8	
20	控制电缆	ZC-KVVP2-22-4×4	km	11	
21	控制电缆	ZC-KVVP2-22-7×4	km	5	
22	控制电缆	ZC-KVVP2-22-14×2.5	km	2	
23	低压电力电缆	NH-YJV-22-1×185	m	80	
24	厂供线缆	含超五类以太网线 3km，屏蔽双绞线 4km	km	7	
十	状态监测系统				
1	主变压器状态监测装置	变压器检测终端、油温、油位远传表计、油色谱在线监测单元、铁芯接地电流在线监测传感器、中性点避雷器在线监测传感器等。每台主变压器配置 2 台监测终端，集线器 12 口 2 只，6 只远传表计	套	1	
2	220kV GIS 监测系统	220kV 配置 1 台 GIS 监测终端，用于接入 GIS 绝缘气体密度远传表计及 GIS 内置避雷器泄漏电流表计。配置集线器 24 口 3 只，按间隔气室配置绝缘气体密度远传表计、避雷器泄漏电流表计	套	1	
3	110kVGIS 监测系统	110kV 配置 1 台 GIS 监测终端，用于接入 GIS 绝缘气体密度远传表计及 GIS 内置避雷器泄漏电流表计。配置集线器 24 口 3 只，按间隔气室配置绝缘气体密度远传表计、避雷器泄漏电流表计	套	1	
4	10kV 开关柜监测系统	10kV 开关柜配置 2 台监测终端分别用于主变进线柜出头测温监测及 SF_6 气体绝缘密度监测，配置集线器 8 口 2 只，按每面开关柜断路器动静触头共配置 6 只触头测温传感器，按每个绝缘气室配置 1 台远传表计	套	1	

续表 8-2

序号	设备名称	规格	单位	数量	备注
5	独立避雷器监测终端	每个电压等级配置1台监测终端，共2台	套	2	
十一	计算机监控系统	完成全站监控或远传、实现无人值班，实现顺序控制、智能告警及分析决策等高级功能	套	1	
1	监控主机柜	含2套主机/操作员站，集成工程师站、保信子站、五防工作站、一键顺控功能。2260mm×600mm×900mm	面	2	
2	Ⅰ区数据通信网关机柜	含2台通信网关机兼图形网关机	面	1	
3	Ⅱ区数据通信网关机柜	含2台Ⅱ区通信网关机	面	1	
4	Ⅳ区数据通信网关机柜	含1台Ⅳ区通信网关机	面	1	
5	综合应用服务器柜	含1台综合应用服务器	面	1	
6	站控层交换机	含站控层交换机5台	台	5	
7	主变压器测控柜	1号主变压器含4台主变压器测控装置，2号主变压器含5台主变压器测控装置	面	2	
8	220kV线路、母联测控装置		台	5	
9	220kV母线测控装置		台	2	
10	110kV母线测控装置		台	2	
11	10kV母线测控装置		台	3	
12	公用测控柜	公用测控装置2台	面	1	
13	10kV间隔层交换机	24电口，2光口	台	4	
14	时间同步系统	主时钟冗余配置，支持北斗和GPS授时信号，包括主时钟柜1面，扩展柜1面	面	2	
15	微机五防操作闭锁装置	含电脑钥匙、就地锁具、验电器等	套	1	
16	10kV保护测控一体化装置	保护测控计量一体化装置，按单元配置，分散安装于10kV开关柜	套	40	
17	10kV分段保护测控一体化装置	含备自投功能	套	3	
18	打印机	网络打印机2台	台	2	
19	10kV母线电压并列装置		套	3	
20	铠装光缆、尾缆、网线	铠装光缆、尾缆21000m，铠装超五类以太网线3000m，铠装屏蔽双绞线4000m	套	1	
十二	继电保护	不包括自动装置			
1	220kV线路保护装置	1套独立主保护，均具有完整后备保护	台	8	
2	220kV母线保护柜（含失灵保护功能）	每面含220kV母线及失灵保护装置1套	面	2	
3	220kV微机线路保护接口柜	每面含数字接口装置4台	面	2	
4	220kV母联保护装置		台	2	
5	110kV线路保护测控装置		台	8	
6	110kV母线保护柜	含母线保护装置1台	面	1	
7	110kV母联保护测控装置		台	1	
8	主变压器保护柜	每面含主变压器保护装置1台	面	2	
9	主变压器故障录波器柜	含主变压器故障录波装置2台	面	1	
10	220kV故障录波器柜	含220kV故障录波装置2台	面	1	
11	110kV故障录波器柜	含110kV故障录波装置1台	面	1	
12	网络分析柜	每面含分析一体化装置2台	面	2	
13	调度专用网络接入柜	每套含路由器1台，交换机2台，纵向加密认证2台	面	2	
14	安全防护装置	防火墙2台，正向隔离装置1台，反向隔离装置1台	套	1	

续表 8-2

序号	设备名称	规格	单位	数量	备注
15	网络安全检测装置		台	1	
十三	交直流一体化电源系统				
1	阀控密封铅酸蓄电池	800Ah，2V	只	208	
2	380V 配电柜	含 2 面交流进线柜、6 面交流馈线柜	面	8	
3	直流柜	2 面充电机柜，6 面馈线柜，1 面联络柜	面	9	
4	UPS 主机柜	柜内含 10kVA UPS 电源 1 台	面	2	
5	48V 通信电源柜	每面含 DC/DC 转换装置 1 台	面	2	
6	事故照明逆变电源柜	3kVA，1 台	面	1	
十四	电能计费				
1	关口计量柜	含电能量采集终端 1 套、主变压器 0.2S 级关口表 2 块	面	1	
2	电能表柜	含 0.5S 主变压器 110kV 数字输入式电能表 2 块	面	2	
3	220kV 线路电能表	0.5S 级数字式电能表	块	4	
4	110kV 线路电能表	0.5S 级数字式电能表	块	8	
5	主变压器 10kV 电能表	0.5S 级数字式电能表	块	3	
6	10kV 电能表	0.5S 级全电子式电能表	块	40	
十五	变电站智能辅助监控系统	应具有对其所含各子系统信息的分类存储、智能联动及综合展示及信息远传等功能；应能接收来自主站的控制指令，实现对受控设备进行远程控制的功能；各子系统应能够脱网运行，在站控层主机故障的情况下，仍能够继续正常工作并实现报警、记录及存储等功能	套	1	
1	边缘巡视子系统	边缘巡视主机 1 台，46 套户内网络摄像机，6 套户外网络摄像机、1 台网络全景摄像机、2 台室外高清红外枪机、4 台红外热成像摄像机、显示器、硬盘录像机等	套	1	
2	火灾消防子系统	消防信息传输控制单元、火灾报警控制器、感温感烟探测器、感温电缆、导线、声光报警装置等	套	1	
3	安全防卫子系统	安防监控终端、门禁控制器、电子围栏、红外双鉴探测器、红外对射探测器、声光报警器、紧急报警按钮等	套	1	
4	动环子系统	动环监控终端、空调控制器、照明控制器、风机控制器、水泵控制器、温湿度传感器、微气象传感器、水浸传感器、绝缘气体监测传感器等	套	1	
5	智能锁控子系统	锁控监控终端、锁具、电子钥匙等	套	1	
6	一次设备在线监测子系统	由传感器、监测终端构成，利用后台主机实现一次设备状态监测数据的汇总分析，合计配置 8 台监测终端，14 只集线器	套	1	
十六	火灾探测报警系统	含报警控制器、传感器、声光报警器等	套	1	
十七	主变压器消防系统	控制屏、控制箱等	套	1	
十八	过程层设备				
1	主变压器 220kV 合并单元		台	4	
2	220kV 线路合并单元		台	8	
3	220kV 母联合并单元		台	2	
4	220kV TV 合并单元	具备电气量电压并列功能	台	2	
5	主变压器 220kV 智能终端		台	4	
6	主变压器本体智能终端	具备非电量保护功能	台	2	
7	220kV 线路智能终端		台	8	
8	220kV 母联智能终端		台	2	
9	220kV TV 智能终端		台	2	

续表 8-2

序号	设备名称	规格	单位	数量	备注
10	主变压器 10kV 合并单元/智能终端一体化装置		台	6	
11	主变压器 110kV 合并单元/智能终端一体化装置		台	4	
12	110kV 线路合并单元/智能终端一体化装置		台	8	
13	110kV 母联合并单元/智能终端一体化装置		台	1	
14	110kV TV 合并单元	具备电气量电压并列功能	台	2	
15	110kV TV 智能终端		台	2	
16	220kV 过程层交换机	12 光口	台	10	
17	主变压器高压侧过程层交换机	12 光口	台	4	
18	主变压器中压侧过程层交换机	16 光口	台	4	
19	220kV 过程层中心交换机	16 光口	台	4	
20	110kV 过程层中心交换机	16 光口	台	5	
十九	站内通信				
1	语音插座	含模块及底盒	个	11	
2	信息插座	含模块及底盒	个	4	
3	穿线盒		个	6	
4	超五类屏蔽双绞线	HSYVP-5e 4×2×0.5	m	720	
5	阻燃 PVC 管	ϕ25	m	300	
6	镀锌钢管	ϕ32	m	30	

8.1.3 建筑工程量表

建筑工程量表包括总图、建筑物、构筑物、水工和暖通共五部分。

总图部分包括站区占地面积、站区道路面积、站区围墙长度、站区内建筑物面积、站区电缆隧道长度和特殊构筑物。其中站区占地面积边界以围墙中心线外 1m 为界。

建筑物部分包括配电装置楼、辅助用房和消防泵房共三项。各建筑物分为建筑专业和结构专业两部分。

220kV 变电站通用方案 HA-220-A2-10 建筑工程量表见表 8-3。

表 8-3　　通用方案 HA-220-A2-10 建筑工程量表

序号	名称	规格	单位	数量	备　注
一	总图部分				
1	站区总占地面积				
1.1	站区围墙内占地面积		hm^2	0.6332	以围墙中心线计
1.2	其他占地面积		hm^2	0.0331	以围墙中心线外 1m 计
1.3	进站道路占地面积		hm^2	—	本次不涉及
1.4	合计		hm^2	0.6663	
2	站区道路面积	厚度 0.67m，混凝土路面	m^2	1166	
3	站区围墙长度	围墙高 2.3m，装配式围墙	m	327	
4	建筑物				
4.1	配电装置楼、辅助用房、消防泵房	67.0m×37.0m；12.0m×3.0m；12.0m×6.0m	m^2	4996	钢框架结构（按轴线计算）
5	站区电缆隧道	2.5m×2.5m（最小净空容积）	m	38.5	过道路段 12m
		2.5m×2.0m（最小净空容积）	m	24	过道路段 8m

续表 8-3

序号	名称	规格	单位	数量	备　注
6	特殊构筑物				
6.1	总事故油池	最小净空容积	m^3	90	钢筋混凝土结构
6.2	化粪池		座	1	成品
6.3	深井		座	—	本次不涉及
6.4	消防水池	结构容积 750m^3	座	1	钢筋混凝土结构
6.5	大门	4.5m×2.1m	樘	1	实体电动平开大门
二	建筑物部分				
1	配电装置楼				
1.1	建筑部分				
1.1.1	建筑面积	67.0m×37.0m	m^2	4866	以轴线计
1.1.2	建筑体积		m^3	28220	以轴线计
1.1.3	地面工程				
1.1.3.1	混凝土地面		m^2	1574	电缆层
1.1.4	楼面工程				
1.1.4.1	地砖面层	普通地砖	m^2	310	
1.1.4.2	水泥基面层		m^2	2090	
1.1.5	屋面保温防水	挤塑聚苯板保温、2 层 3mm 厚 SBS 改性沥青防水、1 层 2mm 厚聚氨酯防水涂料	m^2	2387	一级防水
1.1.6	墙体工程				
1.1.6.1	外墙	铝镁锰复合板	m^2	4399	
1.1.6.2	外墙勒脚装饰	真石漆	m^2	315	
1.1.6.3	外墙内侧	一体化纤维水泥集成墙板	m^2	1176	用于防火墙
		纤维水泥饰面板	m^2	948	
1.1.6.4	内墙	一体化纤维水泥集成墙板	m^2	2334	
1.1.6.5	钢柱外包防火板	纤维水泥饰面板	m^2	900	
1.2	结构部分				
1.2.1	屋面板面积	150mm 厚钢筋桁架楼承板，压型钢板底膜	m^2	2280	以建筑面积为准
1.2.2	楼面板面积	150mm 厚钢筋桁架楼承板，压型钢板底膜	m^2	808	以建筑面积为准
1.2.3	楼面板面积	120mm 厚 C30 钢筋混凝土板	m^2	1785	以建筑面积为准
1.2.4	框架柱	C30 钢筋混凝土	m^3	345	
1.2.5	框架梁	C30 钢筋混凝土	m^3	250	
1.2.6	钢柱	Q355B 型钢	t	198	
1.2.7	钢梁	Q355B 型钢	t	394	
1.2.8	钢梯	Q235B 型钢	t	7.5	
1.2.9	墙檩	Q235B 型钢	t	34	
1.2.10	检修钢轨	Q355B 型钢	t	26	
1.2.11	筏板基础	C30 钢筋混凝土	m^3	2184	
1.2.12	砖基础	MU15 实心砖	m^3	60	
1.2.13	大开挖		m^3	10240	
1.2.14	沉降观测点		个	8	

续表 8-3

序号	名称	规格	单位	数量	备　注
2	辅助用房				
2.1	建筑部分				
2.1.1	建筑面积	12.0m×3.0m	m^2	44.5	
2.1.2	建筑体积		m^3	160.3	
2.1.3	地面工程				
2.1.3.1	普通地砖地面		m^2	36	
2.1.4	屋面保温防水	挤塑聚苯板保温、2层3mm厚SBS改性沥青防水、1层2mm厚聚氨酯防水涂料	m^2	45	一级防水
2.1.5	墙体工程				
2.1.5.1	外墙	铝镁锰复合板	m^2	130	
2.1.5.2	外墙勒脚装饰	真石漆	m^2	15	
2.1.5.3	外墙内侧	纤维水泥饰面板	m^2	105	
2.1.5.4	内墙	一体化纤维水泥集成墙板	m^2	15	
2.1.5.5	内墙装饰	防水瓷砖	m^2	10	
2.1.5.6	金属吊顶		m^2	36	
2.2	结构部分				
2.2.1	屋面板面积	150mm 厚钢筋桁架楼承板，压型钢板底膜	m^2	39.6	以轴线计
2.2.2	钢柱	Q235B H 型钢	t	3.8	
2.2.3	钢梁	Q235B H 型钢	t	3.3	
2.2.4	墙檩	Q235B 型钢	t	2.4	
3	消防泵房				
3.1	建筑部分				
3.1.1	建筑面积	12.0m × 6.0m	m^2	85.1	
3.1.2	建筑体积		m^3	527.9	
3.1.3	地面工程				
3.1.3.1	普通地砖地面		m^2	72	
3.1.4	屋面保温防水	挤塑聚苯板保温、2层3mm厚SBS改性沥青防水、1层2mm厚聚氨酯防水涂料	m^2	82	
3.1.5	墙体工程				
3.1.5.1	外墙	铝镁锰复合板	m^2	266.4	
3.1.5.2	外墙勒脚装饰	真石漆	m^2	22	
3.1.5.3	外墙内侧	纤维水泥饰面板	m^2	202	
3.2	结构部分				
3.2.1	屋面板面积	120mm 厚 C30 钢筋混凝土楼板	m^2	85.1	
3.2.2	框架柱	C30 钢筋混凝土	m^3	5.06	
3.2.3	框架梁	C30 钢筋混凝土	m^3	5.63	
三	构筑物部分				
1	主变压器基础及油坑				
1.1	主变压器基础	钢筋混凝土整板式基础（8.2m×5.32m×2.95m），C30	m^3	70	
1.2	主变压器油坑	最小净空容积	m^3	135	
1.3	沉降观测点		个	4	
1.4	散热器基础	钢筋混凝土整板式基础（5.15m×8.2m×2.95m），C30	m^3	112	

续表 8-3

序号	名称	规格	单位	数量	备　注
1.5	散热器油池	最小净空容积	m^3	52.5	
2	主变压器构支架				
2.1	支架				
2.1.1	母线桥支架	Φ 273×6 钢管杆，5.0m 高	t/组	0.42	
2.1.2	110kV 中性点支架基础	C30 混凝土	m^3/组	1.2	
2.1.3	220kV 中性点支架基础	C30 混凝土	m^3/组	1.2	
2.1.4	220kV 电缆支架	3.45m 高，ϕ 300×8 圆形直缝钢管	t/组	0.626	
2.1.5	110kV 电缆支架	3.25m 高，ϕ 300×8 圆形直缝钢管	t/组	0.59	
2.2	箱体				
2.2.1	油色谱箱	C30 混凝土	m^3	1.2	
2.2.2	动力箱	C30 混凝土	m^3	1.2	
2.2.3	智能柜	C30 混凝土	m^3	1.2	
2.2.4	主变压器室电缆隧道	C30 钢筋混凝土	m	75	1.8m（宽）×3.0m（深），壁厚 0.25m
四	水工部分				
1	钢塑复合管	DN150	m	150	
2	钢塑复合管	DN250	m	350	
3	HDPE 双壁波纹管	DN300	m	150	
4	HDPE 双壁波纹管	DN400	m	150	
5	HDPE 双壁波纹管	DN500	m	80	
6	HDPE 双壁波纹管	DN600	m	60	
7	热镀锌钢管	DN350	m	120	
8	室外地上消火栓	SSF100/65-1.0 型室外消火栓	座	4	
9	消火栓井	圆形立式阀门井	座	4	
10	阀门井	ϕ 1200mm	座	8	深度 1.0m
11	雨水检查井	ϕ 1000mm	座	20	
12	污水检查井	ϕ 1000mm	座	4	深度 1.2m
13	消火栓水泵	流量 Q=120m^3/h，H=80m，功率 P=130kW	台	3	
14	消防稳压设备	水泵 2 台，ϕ 1000×1800-0.60 气压罐 1 个	套	1	
15	排水泵	流量 Q=2m^3/h，H=15m，功率 P=1.5kW	台	4	
16	水喷雾灭火设备		套	1	包括相应阀件及管道
17	成品消防小间	消防斧 2 把、消防铁锹 5 把、消防沙桶 5 个	套	1	
18	推车式干粉灭火器	MF/ABC50 型	台	2	只上本期
19	手提式干粉灭火器	MF/ABC4 型	只	90	带配套灭火器箱
五	暖通部分				
1	低噪声轴流风机	DWT-I-8，风量 22392m^3/h，风压 139Pa，功率 1.5kW	台	2	电缆层
2	消音轴流式屋顶风机	DWT-I-9，风量 25000m^3/h，风压 156Pa，功率 2.2kW	台	3	主变压器室
3	低噪声屋顶风机	DWT-I-7，风量 12000m^3/h，风压 141Pa，功率 0.75kW	台	9	并联电抗器室、接地变压器小室
4	防腐防爆型轴流风机	BT35-F-2.8，风量 1650m^3/h，风压 85Pa，功率 0.06kW	台	2	蓄电池室

续表 8-3

序号	名称	规格	单位	数量	备注
5	低噪声屋顶风机	DWT-I-5，风量 4100m³/h，风压 96Pa，功率 0.25kW	台	4	110、220kV GIS 室
6	低噪声屋顶风机	DWT-I-7，风量 12500m³/h，风压 141Pa，功率 1.5kW	台	1	10kV 配电装置室
7	低噪声轴流风机	DZ-3.5，风量 4100m³/h，风压 96Pa，功率 0.25kW	台	4	110、220kV GIS 室
8	低噪声屋顶风机	DWT-I-7，风量 12500m³/h，风压 121Pa，功率 1.5kW	台	6	电容器室
9	分体式单冷壁挂空调	制冷量 5.0kW，制热量 6.0kW，最大电功率 2.53kW，～380V	台	3	蓄电池室、资料室
10	风管式空调器	制冷量 16kW，制热量 17kW，最大电功率 6.05kW，～380V	台	8	二次设备间、10kV 配电装置室
11	分体壁挂式单冷空调器	制冷量 5.0kW，制热量 1.9kW，最大电功率 2.0kW，～220V	台	2	警卫室、值班室
12	换气扇	X-FJ/A#2.8，1224m³/h，128Pa，0.75kW	台	3	卫生间、备餐间
13	百叶窗		m²	75	

8.1.4 概算书

概算投资为静态投资，编制依据详见第 4 章 通用造价编制依据章节内容，概算书附总概算表、安装工程部分汇总概算表、建筑工程部分汇总概算表、其他费用概算表，分别见表 8-4～表 8-7。

表 8-4　　通用方案 HA-220-A2-10 总概算表　　金额单位：万元

序号	工程或费用名称	建筑工程费	设备购置费	安装工程费	其他费用	合计	各项占静态投资（%）	单位投资（元/kVA）
一	主辅生产工程	3727	6239	1622		11588	92.99	241.42
1	主要生产工程	3535	6239	1622		11396	91.45	237.42
2	辅助生产工程	192				192	1.54	4
二	与站址有关的单项工程							
	小计	3727	6239	1622		11588	92.99	241.42
三	其中：编制期价差	358		63		421	3.38	8.77
四	其他费用				690	690	5.54	14.38
	其中：建设场地征用及清理费							
五	基本预备费				184	184	1.48	3.83
六	特殊项目							
	工程静态投资	3727	6239	1622	874	12462	100	259.63
	各类费用占静态投资的比例（%）	30	50	13	7	100		

表 8-5　　通用方案 HA-220-A2-10 安装工程部分汇总概算表　　金额单位：元

序号	工程或费用名称	设备购置费	安装工程费			合计	技术经济指标		
			装置性材料	安装	小计		单位	数量	指标
	安装工程	62389211	6395341	9827416	16222757	78611968			
一	主要生产工程	62389211	6395341	9827416	16222757	78611968			
1	主变压器系统	18875258	625804	566440	1192243	20067502	元/kVA	480000	41.807
1.1	220kV 主变压器	18875258	625804	566440	1192243	20067502			
2	配电装置	28952682		1267556	1267556	30220238	元/kVA	480000	62.959
2.1	户内配电装置	28952682		1267556	1267556	30220238			
2.1.1	220kV 配电装置	13593098		505196	505196	14098294			
2.1.2	110kV 配电装置	10467377		598708	598708	11066084			
2.1.3	10kV 配电装置	4892207		163652	163652	5055859			

续表 8-5

序号	工程或费用名称	设备购置费	安装工程费			合计	技术经济指标		
			装置性材料	安装	小计		单位	数量	指标
3	无功补偿	4486185	33960	236217	270177	4756362			
3.1	低压电容器	1307489		140262	140262	1447751	元/kvar	48000	30.161
3.1.1	10kV 低压电容器	1307489		140262	140262	1447751			
3.2	低压电抗器	3178696	33960	95955	129915	3308612	元/kvar	40000	82.715
3.2.1	10kV 低压电抗器	3178696	33960	95955	129915	3308612			
4	控制及直流系统	8744486		1030523	1030523	9775008	元/kVA	480000	20.365
4.1	计算机监控系统	2487290		491298	491298	2978588			
4.1.1	计算机监控系统	2336240		179210	179210	2515450			
4.1.2	智能设备			300794	300794	300794			
4.1.3	同步时钟	151050		11293	11293	162343			
4.2	继电保护	3833951		251830	251830	4085781			
4.3	直流系统及 UPS	704900		122524	122524	827424			
4.4	智能辅助控制系统	1510500		141202	141202	1651702			
4.5	在线监测系统	207845		23669	23669	231514			
5	站用电系统	839032	37102	67153	104255	943287	元/kVA	1500	628.858
5.1	站用变压器	776598		11490	11490	788089			
5.2	站用配电装置	62434		19778	19778	82212			
5.3	站区照明		37102	35885	72987	72987			
6	电缆及接地		5682739	4059614	9742354	9742354			
6.1	全站电缆		5030271	3375222	8405494	8405494			
6.1.1	电力电缆		3558181	944081	4502262	4502262	元/m	9115	493.94
6.1.2	控制电缆		371061	780956	1152018	1152018	元/m	30000	38.401
6.1.3	电缆辅助设施		359811	586459	946270	946270			
6.1.4	电缆防火		741218	1063726	1804944	1804944			
6.2	全站接地		652468	684392	1336860	1336860	元/m	7000	190.98
7	通信及远动系统	491567	15736	95521	111256	602823	元/kVA	480000	1.256
7.1	通信系统	2165	15736	10301	26036	28201			
7.2	远动及计费系统	489402		85220	85220	574622			
8	全站调试			2504393	2504393	2504393	元/kVA	480000	5.217
8.1	分系统调试			415053	415053	415053			
8.2	整套启动调试			42950	42950	42950			
8.3	特殊调试			2046391	2046391	2046391			
	合计	62389211	6395341	9827416	16222757	78611968			

表 8-6　　通用方案 HA-220-A2-10 建筑工程部分汇总概算表　　金额单位：万元

序号	工程或费用名称	建筑费	设备费	建筑工程费合计	技术经济指标		
					单位	数量	指标
	建筑工程	36251162	1017393	37268555			
一	主要生产工程	34340333	1007393	35347727			
1	主要生产建筑	29277296	248000	29525296			
1.1	主控通信楼	29277296	248000	29525296	元/m²	4866.1	6067.548
1.1.1	一般土建	27254767		27254767			

续表 8-6

序号	工程或费用名称	建筑费	设备费	建筑工程费合计	技术经济指标		
					单位	数量	指标
1.1.2	给排水	298405		298405			
1.1.3	采暖、通风及空调	1034324	219500	1253824			
1.1.4	照明	689801	28500	718301			
2	配电装置建筑	2816971		2816971			
2.1	主变压器系统	1183139		1183139	元/台	2	591569.535
2.1.1	构支架及基础	16809		16809			
2.1.2	主变压器设备基础	411987		411987	元/m³	364	1131.834
2.1.3	主变压器油坑及卵石	466315		466315	元/m³	375	1243.505
2.1.4	110m³事故油池	288028		288028	元/座	1	288027.601
2.2	电缆沟道	1262652		1262652	元/m	147	8589.471
2.3	栏栅及地坪	255861		255861	元/m²	1197	213.752
2.4	配电装置区域地面封闭	115318		115318	元/m²	1862	61.933
3	供水系统	82016		82016			
3.1	站区供水管道	82016		82016	元/m	350	234.332
4	消防系统	2164051	759393	2923444			
4.1	消防水泵房	612175	103000	715175	元/m²		
4.1.1	一般土建	589654		589654		85.1	6928.949
4.1.2	设备及管道	12636	90000	102636			
4.1.3	采暖及通风	5097	13000	18097			
4.1.4	照明	4788		4788			
4.2	站区消防管路	546960		546960	元/m		
4.3	消防器材	33175	146393	179569			
4.4	特殊消防系统	205947	510000	715947	元/台	1	715947.188
4.5	消防水池	765793		765793	元/座		
二	辅助生产工程	1910828	10000	1920828			
1	辅助生产建筑	315247	10000	325247			
1.1	辅助用房	315247	10000	325247	元/m²	44.5	7308.918
1.1.1	一般土建	302839		302839			
1.1.2	给排水	4337		4337			
1.1.3	采暖、通风及空调	2385	10000	12385			
1.1.4	照明	5685		5685			
2	站区性建筑	1585657		1585657			
2.1	站区道路及广场	422130		422130	元/m²	1175	359.26
2.2	站区排水	414045		414045			
2.2.1	排水管道	314422		314422	元/m	480	655.045
2.2.2	排水设施	85079		85079			
2.2.3	污水调节水池	14544		14544			
2.3	围墙及大门	749481		749481	元/m	327	2291.992
3	全站沉降观测点	9925		9925	元/个		
	合计	36251162	1017393	37268555			

表 8-7　　**通用方案 HA-220-A2-10 其他费用概算表**　　金额单位：元

序号	工程或费用名称	编制依据及计算说明	合价
2	项目建设管理费		5763431
2.1	项目法人管理费	（建筑工程费+安装工程费）×3.36%	1797308
2.2	招标费	（建筑工程费+安装工程费）×1.37%	732831
2.3	工程监理费	（建筑工程费+安装工程费）×4.46%	2385713
2.4	设备材料监造费	监造设备费×0.87%	350110
2.5	施工过程造价咨询及竣工结算审核费	（建筑工程费+安装工程费）×0.88%	470724
2.6	工程保险费	（建筑工程费+安装工程费）×0.05%	26746
3	项目建设技术服务费		619667
3.4	设计文件评审费		416400
3.4.1	可行性研究文件评审费	可行性研究评审费	80400
3.4.2	初步设计文件评审费	初步设计评审费	144000
3.4.3	施工图文件评审费	施工图评审费	192000
3.6	工程建设检测费		149776
3.6.1	电力工程质量检测费	（建筑工程费+安装工程费）×0.28%	149776
3.7	电力工程技术经济标准编制费	（建筑工程费+安装工程费）×0.1%	53491
4	生产准备费		513517
4.2	工器具及办公家具购置费	（建筑工程费+安装工程费）×0.96%	513517
	小计		6896614

8.2 子模块

8.2.1 主要技术条件

220kV 变电站通用方案 HA-220-A2-10 有 4 个子模块，分别为增减一台主变压器 240MVA（HA-220-A2-10-ZB）、增减一回 220kV 电缆出线（HA-220-A2-10-220）、增减一组 10kV 电容器（HA-220-A2-10-10C）、增减一组 10kV 电抗器（HA-220-A2-10-10L），技术条件见表 8-8。

表 8-8　　**通用方案 HA-220-A2-10 子模块技术条件**

序号	子模块名称	子模块技术条件
一	增减一台主变压器 240MVA（HA-220-A2-10-ZB）	
1	规模	主变压器 1×240MVA，终期 3×240MVA； 主变压器间隔 220、110、10kV 三侧进线间隔
2	接线	220kV 双母线，110kV 双母线，10kV 单母三分段
3	短路电流水平	220、110、10kV 短路电流水平分别为 50、40、40/31.5kA
4	主要设备型式	主变压器：220/110/10kV 三相三绕组变压器，有载调压，油浸式，自然油循环自冷； 断路器：220kV 户内 GIS，110kV 户内 GIS，10kV 采用户内配电装置成套开关柜，真空或 SF_6 断路器
5	配电装置型式	主变压器：户内布置；220/110kV 配电装置采用户内全封闭组合电器布置，10kV 配电装置采用户内中置式开关柜
6	计算机监控	计算机监控系统软件扩容 1 套，五防扩容； 主变压器测控柜 1 面，含测控装置 5 台； 保护及故障信息管理系统软件升级 1 套
7	电能计量	0.2S 级数字式电能表 1 块，0.5S 数字式电能表 3 块
8	继电保护	变压器保护柜 2 面
9	过程层设备	合并单元 2 台，智能终端 3 台，合并单元/智能终端一体化装置 6 台
10	土建设施	构、支架基础均为地脚螺栓重力式基础，主变压器基础为钢筋混凝土整板式基础
11	其他	含控制、电力电缆、电缆管沟配套

续表 8-8

序号	子模块名称	子模块技术条件
12	主变设备在线监测装置	含变压器监测终端、油温、油位远传表计、油色谱在线监测单元、铁芯接地电流在线监测传感器、中性点避雷器在线监测传感器 1 套，配置监测终端 2 台、集线器 2 只，6 只远传表计
二	增减一回 220kV 电缆出线（HA-220-A2-10-220）	
1	规模	220kV 出线 1 回
2	接线	220kV 双母线，出线侧 B 相配置单相 TV
3	短路电流水平	50kA
4	主要设备型式	断路器：220kV 户内 GIS
5	配电装置型式	采用户内 GIS 布置
6	计算机监控	计算机监控系统软件扩容 1 套，五防扩容； 220kV 线路测控装置 1 台； 保护及故障信息管理系统软件升级 1 套
7	电能计量	0.5S 级数字式电能表 1 块
8	继电保护	光纤差动保护装置 2 台
9	过程层设备	合并单元 2 台，智能终端 2 台
10	其他	含控制、电力电缆、电缆管、接地
11	土建设施	设备基础前期已上
三	增减一组 10kV 电容器（HA-220-A2-10-10C）	
1	规模	10kV 并联电容器
2	接线	
3	短路电流水平	31.5kA
4	主要设备型式	10kV 电容器采用户内框架式电容器补偿装置，串联电抗器电抗率按 5%考虑
5	配电装置型式	全户内布置
6	计算机监控	计算机监控系统软件扩容 1 套； 保护及故障信息管理系统软件升级 1 套
7	电能计量	0.5S 级电子式多功能电能表 1 块
8	继电保护	10kV 电容器保护测控一体化装置 1 台
9	土建设施	设备基础前期已上
10	其他	含控制、电力电缆，电缆管沟、接地
四	增减一组 10kV 电抗器（HA-220-A2-10-10L）	
1	规模	10kV 并联电抗器
2	接线	
3	短路电流水平	31.5kA
4	主要设备型式	10kV 电抗器采用户内干式铁芯电抗器
5	配电装置型式	全户内布置
6	计算机监控	计算机监控系统软件扩容 1 套； 保护及故障信息管理系统软件升级 1 套
7	电能计量	0.5S 级电子式多功能电能表 1 块
8	继电保护	10kV 电抗器保护测控一体化装置 1 台
9	土建设施	设备基础前期已上
10	其他	含控制、电力电缆，电缆管、接地

8.2.2 主要电气设备材料表

220kV 变电站通用方案 HA-220-A2-10 子模块主要电气设备材料表见表 8-9。

表 8-9　　通用方案 **HA-220-A2-10** 子模块主要电气设备材料表

序号	设备名称	规格	单位	数量	备注
一	增减一台主变压器 240MVA（HA-220-A2-10-ZB）				
（一）	主变压器部分				
1	主变压器	三相三绕组油浸风冷式有载调压变压器 SFSZ11-240000/220	台	1	分体式
2	220kV 中性点成套装置		套	1	
3	110kV 中性点成套装置		套	1	
4	220kV 复合式电缆终端	1×1000	只	3	
5	220kV GIS 电缆终端	1×1000	只	3	
6	110kV 复合式电缆终端	1×1600	只	3	
7	110kV GIS 电缆终端	1×1600	只	3	
8	氧化锌避雷器	HY5WZ-17/45 配在线监测仪	台	3	
9	钢芯铝绞线	LGJ-300/40，中性点连线，单导线，0.66 跨	m	30	
10	钢芯铝绞线	LGJ-630/45，主变压器与 220kV 电缆头连线，单导线，1 组	m	20	
11	钢芯铝绞线	LGJ-630/45，主变压器与 110kV 电缆头连线，双导线，1 组	m	40	
12	220kV 电力电缆	ZR-YJLW02-127/220kV-1×1000	m	230	
13	110kV 电力电缆	ZR-YJLW02-64/110kV-1×1600	m	180	
14	电缆接地箱	带护层保护器	只	2	
15	电缆接地箱	三相直接接地	只	2	
16	接地电缆	ZC-YJV-6/10kV-1×300	m	100	
17	10kV 绝缘铜管母	4000A	m	70	含安装附件
18	智能控制柜		个	1	
19	检修电源箱	ZXW-2/3	个	1	
（二）	220kV 户内配电装置部分				
1	220kV 主变压器进线间隔	单断路器，4000A，50kA	个	1	
（三）	110kV 户内配电装置部分				
1	110kV 主变压器进线间隔	单断路器，3150A，40kA	个	1	
（四）	10kV 配电装置				
1	高压开关柜	KYN-12kV，4000A，40kA/3s	面	2	主进
2	高压开关柜	KYN-12kV，4000A，40kA/3s	面	2	主进隔离
（五）	站用电部分				
1	零序电流互感器	LMZJ1-0.5　500/1A	只	1	
2	低压电力电缆	4×（ZR-YJV22-1kV-3×185+1×95）	m	120	
3	低压电力电缆	ZR-YJV22-1kV-3×120+1×70	m	100	
4	低压电力电缆	ZC-YJV22-0.6/1kV-3×16+1×10	m	320	
5	低压电力电缆	ZC-YJV22-0.6/1kV-3×10+1×6	m	200	
（六）	防雷接地				
1	接地铜排	—40mm×5mm	m	300	
2	热镀锌扁钢	—70mm×8mm	m	100	
（七）	防火材料及其他				
1	无机防火堵料		t	1	
2	有机防火堵料		t	0.5	
3	防火涂料		t	0.3	
4	防火包		m^3	5	

续表 8-9

序号	设备名称	规格	单位	数量	备注
5	阻燃无机耐火隔板		m^2	50	
6	角钢	∟40mm×40mm×4mm	m	100	
7	膨胀螺栓	M8×80	套	100	
8	控制电缆	ZR-KVVP22-	km	8	
9	厂供电缆		km	1	
（八）	状态监测系统				
1	主变压器状态监测装置	含变压器监测终端、油温、油位远传表计、油色谱在线监测单元、铁芯接地电流在线监测传感器、中性点避雷器在线监测传感器1套，配置监测终端2台、集线器2只，6只远传表计	套	1	
（九）	计算机监控系统	完成全站监控或远传、实现无人值班			
1	计算机监控系统扩容		套	1	
2	主变压器测控柜	含5台测控装置	面	1	
（十）	继电保护	不包括自动装置			
1	主变压器保护屏	含主变压器保护装置1台	面	2	
（十一）	电能计费				
1	数字式电能表	0.2S级关口表	块	1	
2	数字式多功能电能表	0.5S级电能表	块	3	
（十二）	过程层设备	合并单元、智能终端、交换机等	套	1	
二	增减一回220kV电缆出线（HA-220-A2-10-220）				
（一）	220kV配电装置部分				
1	220kV电缆出线间隔	单断路器，4000A，50kA	个	1	
（二）	站用电部分				
1	低压电力电缆	ZC-YJV22-0.6/1kV-3×16+1×10	m	100	
（三）	防雷接地				
1	接地扁钢	—70mm×8mm	m	50	
（四）	防火材料				
1	无机防火堵料		t	0.5	
2	有机防火堵料		t	0.2	
3	防火涂料		t	0.05	
4	无机耐火隔板		m^3	5	
5	角钢		m	50	
6	电缆槽盒		m	10	
7	控制电缆		km	0.5	
8	厂供电缆		km	0.5	
（五）	计算机监控系统	完成全站监控或远传、实现无人值班	套	1	
1	计算机监控系统扩容		套	1	
2	铠装光缆、尾缆	铠装光缆1600m	套	1	
（六）	继电保护	不包括自动装置			
1	220kV光纤差动保护装置		台	2	
（七）	电能计费				
1	数字式多功能电能表	0.5S级电能表	块	1	
（八）	过程层设备	合并单元、智能终端、交换机等	套	1	
三	增减一组10kV电容器（HA-220-A2-10-10C）				
（一）	10kV无功补偿部分				

续表 8-9

序号	设备名称	规格	单位	数量	备注
1	无功补偿电容器成套装置	户内框架组合式额定电压 12kV，额定容量 8000kvar。每套包括电容器组、5%串联电抗器、熔断器、放电线圈、隔离开关、避雷器、支持绝缘子等	套	1	
2	10kV 电力电缆	2×（ZC-YJV22-8.7/10-3×240）	m	70	
3	10kV 户内冷缩电缆头	配 ZC-YJV22-8.7/10-3×240 电缆用	套	4	
（二）	防雷接地				
1	接地扁钢	—70mm×8mm	m	50	
（三）	防火材料				
1	无机防火堵料		t	0.3	
2	有机防火堵料		t	0.1	
3	防火涂料		t	0.05	
4	无机耐火隔板		m^3	5	
5	角钢	∠40mm×40mm×4mm	m	50	
（四）	计算机监控系统	完成全站监控或远传、实现无人值班	套	1	
1	计算机监控系统扩容		套	1	
（五）	继电保护	不包括自动装置			
1	10kV 电容器保护测控装置		台	1	
（六）	电能计费				
1	多功能电能表	0.5S 级电能表	块	1	
（七）	控制电缆	ZR-KVVP2-22	m	1000	
四	增减一组 10kV 电抗器（HA-220-A2-10-10L）				
（一）	10kV 无功补偿部分				
1	10kV 三相铁芯并联电抗器	10kV，10000kvar	台	1	
2	隔离开关	12kV，1250A	组	1	
3	避雷器	HY5WZ-17/45kV	只	3	
4	10kV 电力电缆	2×（ZC-YJV22-8.7/10-3×240）	m	160	
5	10kV 户内冷缩电缆头	配 ZC-YJV22-8.7/10-3×240 电缆用	套	4	
（二）	防雷接地				
1	接地扁钢	—70mm×8mm	m	50	
（三）	防火材料				
1	无机防火堵料		t	0.3	
2	有机防火堵料		t	0.1	
3	防火涂料		t	0.05	
4	无机耐火隔板		m^3	5	
5	角钢	∠40mm×40mm×4mm	m	50	
（四）	计算机监控系统	完成全站监控或远传、实现无人值班	套	1	
1	计算机监控系统扩容		套	1	
（五）	继电保护	不包括自动装置			
1	10kV 电抗器保护测控装置		台	1	
（六）	电能计费				
1	电子式多功能电能表	0.5S 级电能表	块	1	
（七）	控制电缆	ZC-KVVP2-22	m	100	
（八）	计算机监控系统	完成全站监控或远传、实现无人值班	套	1	

8.2.3 建筑工程量表

220kV 变电站通用方案 HA-220-A2-10 子模块建筑工程量表 8-10。

表 8-10 通用方案 HA-220-A2-10 子模块建筑工程量表

序号	名称	规格	单位	数量	备注
一	增减一台 240MVA 主变压器（HA-220-A2-10-ZB）				
（一）	主变压器部分				
1	主变压器基础及油坑				
1.1	主变压器基础	钢筋混凝土整板式基础（8.2m×5.32m×2.95m），C30	m^3	70	共 1 组
1.2	主变压器油坑	最小净空容积	m^3	135	
1.3	散热器基础	钢筋混凝土整板式基础（5.15m×8.2m×2.95m），C30	m^3	112	共 1 组
1.4	散热器油池	最小净空容积	m^3	52.5	
2	主变压器构支架				
2.1	母线桥支架	ϕ273×6 钢管杆，5.0m 高	t/组	0.25	
2.1.1	110kV 中性点支架基础	C30 混凝土	m^3/组	1.2	
2.1.2	220kV 中性点支架基础	C30 混凝土	m^3/组	1.2	
2.1.3	110kV 电缆支架	ϕ273×6 钢管杆，5.0m 高	t/组	0.25	
3	主变压器水喷雾消防				
3.1	内外热镀锌钢管	DN25	m	220	
3.2	内外热镀锌钢管	DN80	m	90	
3.3	内外热镀锌钢管	DN150	m	200	
3.4	内外热镀锌钢管	DN200	m	90	
3.5	内外热镀锌钢管	DN250	m	300	
3.6	镀锌角钢管道支架		t	8.5	
3.7	弧形托架		套	4	
3.8	法兰盘	DN60，P=1.6MPa	对	2	
3.9	法兰封堵	DN60，P=1.6MPa	片	2	
3.10	泄水阀门井	ϕ1200，深度 1.5m	座	1	
3.11	放空阀	DN25	个	3	
3.12	推车式干粉灭火器	MF/ABC50 型	台	2	
3.13	手提式干粉灭火器	MF/ABC5 型	只	90	带配套灭火器箱
3.14	雨淋阀组	DN250	套	1	
3.15	高速水雾喷头	ZSTWB-33.7-120，K=34	套	100	
3.16	Y 型过滤器	DN250	个	2	
3.17	Y 型拉杆伸缩过滤器	YSTF，DN250，1.6MPa	个	2	
3.18	蜗轮杆对夹式蝶阀	WBGX，DN250，1.6MPa	个	2	
3.19	信号蝶阀	ZSXF-250D，DN250，1.6MPa	个	4	
3.20	弧形托架		套	4	
3.21	法兰盘	DN60，P=1.6MPa	对	2	
二	增减一回 220kV 电缆出线（HA-220-A2-10-220）				
	无土建工程量				
三	增减一组 10kV 电容器（HA-220-A2-10-10C）				
	无土建工程量				
四	增减一组 10kV 电抗器（HA-220-A2-10-10L）				
	无土建工程量				

8.2.4　概算书

220kV 变电站通用方案 HA-220-A2-10 子模块总概算表、安装工程部分汇总概算表、建筑工程部分汇总概算表、其他费用概算表分别见表 8-11～表 8-23。

表 8-11　　**子模块 HA-220-A2-10-ZB 总概算表**　　金额单位：万元

序号	工程或费用名称	建筑工程费	设备购置费	安装工程费	其他费用	合计	各项占静态投资（%）	单位投资（元/kVA）
一	主辅生产工程	169	1356	300		1825	94.81	76.04
（一）	主要生产工程	169	1356	300		1825	94.81	76.04
（二）	辅助生产工程							
二	与站址有关的单项工程							
	小计	169	1356	300		1825	94.81	76.04
三	其中：编制期价差	10		7		17	0.88	0.71
四	其他费用				72	72	3.74	3
	其中：建设场地征用及清理费							
五	基本预备费				28	28	1.45	1.17
六	特殊项目							
	工程静态投资	169	1356	300	100	1925	100	80.21
	各类费用占静态投资的比例（%）	9	70	16	5	100		

表 8-12　　**子模块 HA-220-A2-10-ZB 安装工程部分汇总概算表**　　金额单位：元

序号	工程或费用名称	设备购置费	安装工程费			合计	技术经济指标		
			装置性材料	安装	小计		单位	数量	指标
	安装工程	13564967	1445125	1552798	2997923	16562890			
一	主要生产工程	13564967	1445125	1552798	2997923	16562890			
1	主变压器系统	9803472	1838	287695	289533	10093005	元/kVA	240000	42.054
1.1	220kV 主变压器	9803472	1838	287695	289533	10093005			
2	配电装置	2970218		110749	110749	3080967			
2.1	户内配电装置	2970218		110749	110749	3080967			
2.1.1	220kV 配电装置	1644180		56256	56256	1700436			
2.1.2	110kV 配电装置	748826		41311	41311	790137			
2.1.3	10kV 配电装置	577212		13181	13181	590393			
3	控制及直流系统	774157		174163	174163	948320	元/kVA	240000	3.951
3.1	计算机监控系统	216908		134255	134255	351163			
3.1.1	计算机监控系统	216908		64886	64886	281794			
3.1.2	智能设备			69369	69369	69369			
3.2	继电保护	350839		24710	24710	375548			
3.3	智能辅助控制系统	120840		15198	15198	136038			
3.4	在线监测系统	85571				85571			
4	站用电系统	1007		901	901	1908	元/kVA		
4.1	站用配电装置	1007		901	901	1908			
5	电缆及接地		1443288	576304	2019592	2019592			
5.1	全站电缆		1392136	559779	1951914	1951914			
5.1.1	电力电缆		1311067	434150	1745217	1745217	元/m	1250	1396.174

续表 8-12

序号	工程或费用名称	设备购置费	安装工程费			合计	技术经济指标		
			装置性材料	安装	小计		单位	数量	指标
5.1.2	控制电缆		59484	86485	145969	145969	元/m	4000	36.492
5.1.3	电缆辅助设施		1497	313	1810	1810			
5.1.4	电缆防火		20088	38830	58918	58918			
5.2	全站接地		51152	16526	67678	67678	元/m	100	676.778
6	通信及远动系统	16112				16112	元/kVA		
6.1	远动及计费系统	16112				16112			
7	全站调试			402985	402985	402985	元/kVA		
7.1	分系统调试			66405	66405	66405			
7.2	整套启动调试			22024	22024	22024			
7.3	特殊调试			314557	314557	314557			
	合计	13564967	1445125	1552798	2997923	16562890			

表 8-13　　子模块 HA-220-A2-10-ZB 建筑工程部分汇总概算表　　金额单位：元

序号	工程或费用名称	建筑费	设备费	建筑工程费合计	技术经济指标		
					单位	数量	指标
	建筑工程	1555516	138482	1693998			
一	主要生产工程	1552647	138482	1691128			
1	配电装置建筑	1124096		1124096			
1.1	主变压器系统	473418		473418	元/台	1	473418.001
1.1.1	构支架及基础	11285		11285			
1.1.2	主变压器设备基础	215070		215070	元/m³	182	1181.703
1.1.3	主变压器油坑及卵石	247063		247063	元/m³	187	1321.193
2.1	电缆沟道	650678		650678	元/m	75	8675.709
3	消防系统	428551	138482	567032			
3.1	站区消防管路	416087		416087	元/m		
3.2	消防器材	1645	18282	19927			
3.3	特殊消防系统	10818	120200	131018	元/台		
二	辅助生产工程	2870		2870			
1	站区性建筑	2870		2870			
1.1	站区排水	2870		2870			
1.1.1	排水设施	2870		2870			
	合计	1555516	138482	1693998			

表 8-14　　子模块 HA-220-A2-10-ZB 其他费用概算表　　金额单位：元

序号	工程或费用名称	编制依据及计算说明	合价
2	项目建设管理费		560990
2.1	项目法人管理费	（建筑工程费+安装工程费）×3.36%×0.9	141884
2.2	招标费	（建筑工程费+安装工程费）×2.29%	64279
2.3	工程监理费	（建筑工程费+安装工程费）×4.46%	209260
2.4	设备材料监造费	监造设备费×0.87%	101933
2.5	施工过程造价咨询及竣工结算审核费	（建筑工程费+安装工程费）×0.88%	41289
2.6	工程保险费	（建筑工程费+安装工程费）×0.05%	2346

续表 8-14

序号	工程或费用名称	编制依据及计算说明	合价
3	项目建设技术服务费		114829
3.4	设计文件评审费		97000
3.4.1	可行性研究文件评审费	可行性研究评审费	20000
3.4.2	初步设计文件评审费	初步设计评审费	35000
3.4.3	施工图文件评审费	施工图评审费	42000
3.6	工程建设检测费		13137
3.6.1	电力工程质量检测费	（建筑工程费+安装工程费）×0.28%	13137
3.7	电力工程技术经济标准编制费	（建筑工程费+安装工程费）×0.1%	4692
4	生产准备费		47858
4.1	工器具及办公家具购置费	（建筑工程费+安装工程费）×1.02%	47858
	小计		723677

表 8-15　　子模块 HA-220-A2-10-220 总概算表　　金额单位：万元

序号	工程或费用名称	建筑工程费	设备购置费	安装工程费	其他费用	合计	各项占静态投资（%）	单位投资（元/kVA）
一	主辅生产工程		209	30		239	94.84	
（一）	主要生产工程		209	30		239	94.84	
（二）	辅助生产工程							
二	与站址有关的单项工程							
	小计		209	30		239	94.84	
三	其中：编制期价差			1		1	0.4	
四	其他费用				9	9	3.57	
	其中：建设场地征用及清理费							
五	基本预备费				4	4	1.59	
六	特殊项目							
	工程静态投资		209	30	13	252	100	
	各类费用占静态投资的比例（%）		83	12	5	100		

表 8-16　　子模块 HA-220-A2-10-220 安装工程部分汇总概算表　　金额单位：元

序号	工程或费用名称	设备购置费	安装工程费			合计	技术经济指标		
			装置性材料	安装	小计		单位	数量	指标
	安装工程	2085214	21722	281120	302842	2388056			
一	主要生产工程	2085214	21722	281120	302842	2388056			
1	配电装置	1660260		58721	58721	1718981			
1.1	户内配电装置	1660260		58721	58721	1718981			
1.1.1	220kV 配电装置	1660260		58721	58721	1718981			
2	控制及直流系统	422940		62772	62772	485712	元/kVA		
2.1	计算机监控系统	70691		37308	37308	108000			
2.1.1	计算机监控系统	70691		16764	16764	87455			
2.1.2	智能设备			20545	20545	20545			
2.2	继电保护	342179		25463	25463	367642			
2.3	在线监测系统	10070				10070			
3	电缆及接地		21722	44254	65976	65976			

续表 8-16

序号	工程或费用名称	设备购置费	安装工程费			合计	技术经济指标		
			装置性材料	安装	小计		单位	数量	指标
3.1	全站电缆		20604	40065	60669	60669			
3.1.1	电力电缆		3815	4475	8290	8290	元/m		
3.1.2	控制电缆		12640	26745	39385	39385	元/m		
3.1.3	电缆防火		4148	8846	12994	12994			
3.2	全站接地		1118	4189	5307	5307	元/m		
4	通信及远动系统	2014				2014	元/kVA		
4.1	远动及计费系统	2014				2014			
5	全站调试			115372	115372	115372	元/kVA		
5.1	分系统调试			18252	18252	18252			
5.2	整套启动调试			13908	13908	13908			
5.3	特殊调试			83212	83212	83212			
	合计	2085214	21722	281120	302842	2388056			

表 8-17　子模块 HA-220-A2-10-220 其他费用概算表　金额单位：元

序号	工程或费用名称	编制依据及计算说明	合价
2	项目建设管理费		44409
2.1	项目法人管理费	（建筑工程费+安装工程费）×3.36%×0.9	9158
2.2	招标费	（建筑工程费+安装工程费）×2.29%	4149
2.3	工程监理费	（建筑工程费+安装工程费）×4.46%	13507
2.4	设备材料监造费	监造设备费×0.87%	14444
2.5	施工过程造价咨询及竣工结算审核费	（建筑工程费+安装工程费）×0.88%	3000
2.6	工程保险费	（建筑工程费+安装工程费）×0.05%	151
3	项目建设技术服务费		44151
3.4	设计文件评审费		43000
3.4.1	可行性研究文件评审费		10000
3.4.2	初步设计文件评审费		15000
3.4.3	施工图文件评审费		18000
3.6	工程建设检测费		848
3.6.1	电力工程质量检测费	（建筑工程费+安装工程费）×0.28%	848
3.7	电力工程技术经济标准编制费	（建筑工程费+安装工程费）×0.1%	303
4	生产准备费		3089
4.1	工器具及办公家具购置费	（建筑工程费+安装工程费）×1.02%	3089
	小计		91649

表 8-18　子模块 HA-220-A2-10-10C 总概算表　金额单位：万元

序号	工程或费用名称	建筑工程费	设备购置费	安装工程费	其他费用	合计	各项占静态投资（%）	单位投资（元/kVA）
一	主辅生产工程		26	14		40	85.11	
（一）	主要生产工程		26	14		40	85.11	
（二）	辅助生产工程							
二	与站址有关的单项工程							
	小计		26	14		40	85.11	

续表 8-18

序号	工程或费用名称	建筑工程费	设备购置费	安装工程费	其他费用	合计	各项占静态投资（%）	单位投资（元/kVA）
三	其中：编制期价差							
四	其他费用				6	6	12.77	
	其中：建设场地征用及清理费							
五	基本预备费				1	1	2.13	
六	特殊项目							
	工程静态投资		26	14	7	47	100	
	各类费用占静态投资的比例（%）		55	30	15	100		

表 8-19　　子模块 HA-220-A2-10-10C 安装工程部分汇总概算表　　金额单位：元

序号	工程或费用名称	设备购置费	安装工程费			合计	技术经济指标		
			装置性材料	安装	小计		单位	数量	指标
	安装工程	260209	57769	86452	144221	404430			
一	主要生产工程	260209	57769	86452	144221	404430			
1	无功补偿	222950		28975	28975	251925			
1.1	低压电容器	222950		28975	28975	251925	元/kvar		
1.1.1	10kV 低压电容器	222950		28975	28975	251925			
2	控制及直流系统	35245		1614	1614	36859	元/kVA		
2.1	计算机监控系统	35245		1614	1614	36859			
2.1.1	计算机监控系统	35245		1614	1614	36859			
3	电缆及接地		57769	30932	88700	88700			
3.1	全站电缆		57611	30425	88036	88036			
3.1.1	电力电缆		37254	6192	43446	43446	元/m		
3.1.2	控制电缆		15614	16613	32227	32227	元/m		
3.1.3	电缆辅助设施		1080	248	1328	1328			
3.1.4	电缆防火		3663	7373	11036	11036			
3.2	全站接地		157	507	664	664	元/m		
4	通信及远动系统	2014				2014	元/kVA		
4.1	远动及计费系统	2014				2014			
5	全站调试			24931	24931	24931	元/kVA		
5.1	分系统调试			11390	11390	11390			
5.2	特殊调试			13542	13542	13542			
	合计	260209	57769	86452	144221	404430			

表 8-20　　子模块 HA-220-A2-10-10C 其他费用概算表　　金额单位：元

序号	工程或费用名称	编制依据及计算说明	合价
2	项目建设管理费		15841
2.1	项目法人管理费	（建筑工程费+安装工程费）×3.36%×0.9	4361
2.2	招标费	（建筑工程费+安装工程费）×2.29%	1976
2.3	工程监理费	（建筑工程费+安装工程费）×4.46%	6432
2.5	施工过程造价咨询及竣工结算审核费	（建筑工程费+安装工程费）×0.88%	3000
2.6	工程保险费	（建筑工程费+安装工程费）×0.05%	72
3	项目建设技术服务费		43548

续表 8-20

序号	工程或费用名称	编制依据及计算说明	合价
3.4	设计文件评审费		43000
3.4.1	可行性研究文件评审费	可行性研究评审费	10000
3.4.2	初步设计文件评审费	初步设计评审费	15000
3.4.3	施工图文件评审费	施工图评审费	18000
3.6	工程建设检测费		404
3.6.1	电力工程质量检测费	（建筑工程费+安装工程费）×0.28%	404
3.7	电力工程技术经济标准编制费	（建筑工程费+安装工程费）×0.1%	144
4	生产准备费		1471
4.1	工器具及办公家具购置费	（建筑工程费+安装工程费）×1.2%	1471
	小计		60861

表 8-21 子模块 HA-220-A2-10-10L 总概算表 金额单位：万元

序号	工程或费用名称	建筑工程费	设备购置费	安装工程费	其他费用	合计	各项占静态投资（%）	单位投资（元/kVA）
一	主辅生产工程		85	16		101	92.66	
（一）	主要生产工程		85	16		101	92.66	
（二）	辅助生产工程							
二	与站址有关的单项工程							
	小计		85	16		101	92.66	
三	其中：编制期价差							
四	其他费用				6	6	5.5	
	其中：建设场地征用及清理费							
五	基本预备费				2	2	1.83	
六	特殊项目							
	工程静态投资		85	16	8	109	100	
	各类费用占静态投资的比例（%）		78	15	7	100		

表 8-22 子模块 HA-220-A2-10-10L 安装工程部分汇总概算表 金额单位：元

序号	工程或费用名称	设备购置费	安装工程费			合计	技术经济指标		
			装置性材料	安装	小计		单位	数量	指标
	安装工程	845024	96341	66709	163049	1008074			
一	主要生产工程	845024	96341	66709	163049	1008074			
1	无功补偿	804744	3009	32816	35825	840569			
1.1	低压电抗器	804744	3009	32816	35825	840569	元/kvar		
1.1.2	10kV 低压电抗器	804744	3009	32816	35825	840569			
2	控制及直流系统	38266		1614	1614	39880	元/kVA		
2.1	计算机监控系统	35245		1614	1614	36859			
2.1.1	计算机监控系统	35245		1614	1614	36859			
2.2	在线监测系统	3021				3021			
3	电缆及接地		93332	23909	117241	117241			
3.1	全站电缆		92708	22729	115437	115437			
3.1.1	电力电缆		83336	13500	96836	96836	元/m		

续表 8-22

序号	工程或费用名称	设备购置费	合计			合计	技术经济指标		
			装置性材料	安装	小计		单位	数量	指标
3.1.2	控制电缆		8179	8702	16881	16881	元/m		
3.1.3	电缆辅助设施		1080	248	1328	1328			
3.1.4	电缆防火		114	279	393	393			
3.2	全站接地		623	1180	1804	1804	元/m		
4	通信及远动系统	2014				2014	元/kVA		
4.1	远动及计费系统	2014				2014			
5	全站调试			8369	8369	8369	元/kVA		
5.1	分系统调试			7654	7654	7654			
5.2	特殊调试			716	716	716			
	合计	845024	96341	66709	163049	1008074			

表 8-23　子模块 HA-220-A2-10-10L 其他费用概算表　金额单位：元

序号	工程或费用名称	编制依据及计算说明	合价
2	项目建设管理费		17518
2.1	项目法人管理费	（建筑工程费+安装工程费）×3.36%×0.9	4931
2.2	招标费	（建筑工程费+安装工程费）×2.29%	2234
2.3	工程监理费	（建筑工程费+安装工程费）×4.46%	7272
2.4	施工过程造价咨询及竣工结算审核费	（建筑工程费+安装工程费）×0.88%	3000
2.5	工程保险费	（建筑工程费+安装工程费）×0.05%	82
3	项目建设技术服务费		43620
3.4	设计文件评审费		43000
3.4.1	可行性研究文件评审费	可行性研究评审费	10000
3.4.2	初步设计文件评审费	初步设计评审费	15000
3.4.3	施工图文件评审费	施工图评审费	18000
3.6	工程建设检测费		457
3.6.1	电力工程质量检测费	（建筑工程费+安装工程费）×0.28%	457
3.7	电力工程技术经济标准编制费	（建筑工程费+安装工程费）×0.1%	163
4	生产准备费		1663
4.1	工器具及办公家具购置费	（建筑工程费+安装工程费）×1.02%	1663
	小计		62801

第 9 章　220kV 变电站通用方案 HA-220-A3-2 通用造价

本通用方案技术条件，根据《国网河南省电力公司 35～220kV 变电站通用设计施工图实施方案》最新版中方案 HA-220-A3-2 确定，即主变压器采用 1×180MVA 三相三绕组有载调压变压器，电压等级采用 220/110/10kV，采用半户内布置方案，主变压器布置于户外，其余设备布置在两座配电装置楼内，220、110kV 均采用户内 GIS 设备，10kV 为户内开关柜。

本方案技术条件组合在本文件中列表表示，变电站具体设计内容可参见出版的通用设计配套文件。

9.1　主要技术条件

本方案主要技术条件包括变电站电气部分、土建部分等内容，具体见表 9-1。

表 9-1　　通用方案 HA-220-A3-2 技术条件

序号	项目名称	工程技术条件
一	电气部分	
1	主变压器	220/110/10kV 三相三绕组有载调压变压器，本期 1 台 180MVA 变压器，终期 3 台 180MVA 变压器
2	出线回路数	
2.1	220kV	本期 4 回，架空出线；终期 6 回，其中 4 回架空出线、2 回电缆出线
2.2	110kV	本期 6 回，其中架空出线 4 回，电缆出线 2 回；终期 12 回，其中架空出线 4 回，电缆出线 8 回
2.3	10kV	本期 12 回，终期 36 回，电缆出线
3	无功补偿装置	10kV 并联电容器，本期 4 组 8000kvar，终期 12 组 8000kvar
4	电气主接线	
4.1	220kV	本期双母线接线，终期双母线接线
4.2	110kV	本期双母线接线，终期双母线接线
4.3	10kV	本期单母线接线，终期单母线三分段接线
5	短路电流水平	220、110、10kV 短路电流水平分别为 50、40、40/31.5kA
6	主要设备选型	
6.1	主变压器	户外、油浸、低损耗、自然油循环自冷型三相三绕组有载调压变压器
6.2	断路器	220kV 采用户内 GIS 设备，110kV 采用户内 GIS 设备，架空出线套管布置于户外
6.3	隔离开关	220kV 采用户内 GIS 设备，110kV 采用户内 GIS 设备，架空出线套管布置于户外
6.4	互感器	220kV 电流互感器采用电磁式，内置于 GIS 中；110kV 电流互感器采用电磁式，内置于 GIS 中；220kV 母线采用三相电磁式电压互感器；220kV 出线采用三相电磁式电压互感器，内置于 GIS 中；110kV 母线采用三相电磁式电压互感器，内置于 GIS 中；110kV 出线采用三相电磁式电压互感器，内置于 GIS 中
6.5	避雷器	220、110、10kV 避雷器采用氧化锌避雷器
6.6	10kV 开关柜	10kV 采用户内配电装置成套开关柜，真空或 SF_6 断路器
6.7	站用变压器	10kV 采用消弧线圈接地变压器成套装置
6.8	无功补偿装置	10kV 电容器采用户内框架式电容器补偿装置，串联电抗器电抗率按 5%/12%考虑
7	配电装置	
7.1	220kV 配电装置	220kV 采用户内 GIS 布置，采用架空、电缆混合出线和主变压器架空进线方式
7.2	110kV 配电装置	110kV 采用户内 GIS 布置，采用架空、电缆混合出线和主变压器架空进线方式
7.3	10kV 配电装置	10kV 采用中置式开关柜，户内双列布置，电容器组采用户内布置
8	控制及远动	

续表 9-1

序号	项目名称	工程技术条件
8.1	计算机监控系统	一套：完成全站监控及远传，实现无人值班
		主机/操作员站 2 套，集成集成工程师站、保信子站、五防工作站功能
		Ⅰ区数据通信网关机柜：2 台通信网关机兼图形网关机，防火墙 2 台，组一面柜
		Ⅱ区数据通信网关机柜：2 台Ⅱ区通信网关机
		Ⅳ区数据通信网关机柜：1 台Ⅳ区通信网关机
		综合应用服务器柜：含 1 台综合应用服务器
		公用测控柜 1：含 2 台公用测控装置；公用测控柜 2：含 1 台公用测控装置
		主变压器测控柜：含 4 台主变压器测控装置
		母线测控装置：220、110kV 测控装置各 2 台；10kV 母线测控 1 台
		测控装置：220kV 测控装置 5 台、110kV 保护测控装置 7 台；10kV 保护测控集成装置 17 台，10kV TV 并列装置 1 台
		微机五防操作闭锁 1 套，含电脑钥匙、就地锁具、验电器等
		间隔层交换机：10 台，分散安装于 220、110kV 公用测控柜、智能柜及 10kV TV 开关柜内
		过程层交换机：19 台，分散安装于各保护柜内
		铠装光缆、尾缆、铠装超五类以太网线、铠装屏蔽双绞线 1 套
		高级应用软件：实现顺序控制、智能告警及分析决策等高级功能
		一键顺控功能模块：集成于监控主机和智能防误主机
		网络安全在线监测装置：安装于调度数据专网柜 2
		站控层交换机：Ⅰ区站控层交换机 2 台，Ⅱ区站控层交换机 2 台，Ⅳ区站控层中心交换机 1 台
		网络打印机：布置在监控主机柜；A3 激光网络打印机（可打 A4 幅面）
		网络分析记录装置柜：2 面；每面含分析一体化装置 2 台
8.2	时间同步系统	含同步时钟主机柜（双机）、接受天线、光纤、光电转换器、配套机柜 2 面
8.3	智能辅助监控系统	1 面，含火灾消防子系统、安全防卫子系统、动环子系统、智能锁控子系统及智能巡视子系统等
8.4	调度专用网络接入设备	2 面，包括调度数据网路由器 2 套、调度数据网交换机 4 套、纵向加密认证装置 4 套
8.5	电量计费系统	含电能量采集终端 1 套，0.2S 级关口表 1 块，0.5S 级电能表 29 块
9	交直流一体化电源系统	直流系统为单母线分段接线，采用辐射方式供电，蓄电池布置在配电装置楼内
10	继电保护	各类保护盘柜，不包括安全自动装置
11	过程层设备	合并单元 16 台；智能终端 17 台；合并单元/智能终端一体化装置 11 台
12	故障录波装置	3 面
12.1	主变压器故障录波装置柜	含主变压器故障录波装置 2 台；管理机 1 台
12.2	220kV 故障录波装置柜	含 220kV 故障录波装置 2 台；管理机 1 台
12.3	110kV 故障录波装置柜	含 110kV 故障录波装置 1 台；管理机 1 台
13	电缆	
13.1	10kV 电力电缆	ZR-YJV22-8.7/10-3×240，共 1km
13.2	10kV 电力电缆	ZC-YJV22-8.7/10-3×185，共 0.024km
13.3	1kV 及以下电力电缆	6.32km
13.4	控制电缆	15km，1kV、屏蔽、铜芯
13.5	电力电缆	蓄电池用 NH-YJV22-1X185 共 100m
14	接地	铜排 5000m，热镀锌扁钢 6200m，垂直接地极 100 根
二	土建部分	
1	基本技术数据	
1.1	地震基本烈度	7 度，按设计基本地震加速度值 0.10*g*

续表 9-1

序号	项目名称	工程技术条件
1.2	设计风速	30m/s
1.3	地基承载力特征值	f_{ak}=150kPa
1.4	海拔	1000m 以下，场地同一标高
1.5	污秽等级	e 级
1.6	采暖	非采暖区
1.7	地下水	无影响
2	总平面布置	
2.1	站外道路	本次未涉及
2.2	站内道路	主变压器运输道路宽取 4.5m，其余道路为 4.0m，采用城市型道路，有路缘石，路面为混凝土
2.3	电缆隧道	总长度 105m；采用钢筋混凝土结构
2.4	电缆沟道	总长度 142m；采用钢筋混凝土结构
2.5	排水方式	站内排水采用有组织集中排放方式
2.6	站区占地	站区东西方向长 86m，南北方向长 85.5m，围墙内占地 0.7353hm^2
2.7	站区围墙	采用装配式围墙
3	建筑物	配电装置楼 2 座；辅助用房 1 座，消防泵房 1 座，全站总建筑面积为 2787.65m^2
3.1	220kV 配电装置楼	
3.1.1	建筑面积与体积	地上两层，建筑面积 862.4m^2，建筑体积 4133m^3
3.1.2	建筑结构	采用装配式钢框架结构，地上两层钢结构
3.1.3	建筑物基础	采用钢筋混凝土条形基础
3.1.4	建筑装修	（1）外墙：采用铝镁锰复合板+纤维水泥饰面板。 （2）门窗：除部分选用木门外，其余门均采用成品防盗钢门，窗采用断桥铝合金三层中空夹胶玻璃窗。 （3）屋面：防水等级 I 级，设置两道设防的防水保温屋面。 （4）楼地面：楼梯间、卫生间防滑地砖，附属用房地砖地面，电缆层混凝土地面，其余电气房间自流平地面。 （5）内墙：采用一体化纤维水泥集成墙板，除卫生间和备餐间为瓷砖以外，其他均为纤维水泥饰面板
3.2	110kV 配电装置楼	
3.2.1	建筑面积与体积	地上两层，地下一层（电缆层），建筑面积 1797m^2，建筑体积 7598m^3
3.2.2	建筑结构	采用装配式钢框架结构，地上两层钢结构，地下一层为电缆夹层，钢筋混凝土结构
3.2.3	建筑物基础	采用钢筋混凝土筏板基础
3.2.4	建筑装修	（1）外墙：采用铝镁锰复合板+纤维水泥饰面板。 （2）门窗：除部分选用木门外，其余门均采用成品防盗钢门，窗采用断桥铝合金三层中空夹胶玻璃窗。 （3）屋面：防水等级 I 级，设置两道设防的防水保温屋面。 （4）楼地面：楼梯间、卫生间防滑地砖，附属用房地砖地面，电缆层混凝土地面，其余电气房间自流平地面。 （5）内墙：采用一体化纤维水泥集成墙板，除卫生间和备餐间为瓷砖以外，其他均为纤维水泥饰面板
3.3	辅助用房	
3.3.1	建筑面积与体积	一层建筑面积 47.00m^2，建筑体积为 183m^3
3.3.2	建筑结构	钢框架结构，净高 3.2m
3.3.3	建筑物基础	采用钢筋混凝土独立基础
3.3.4	建筑装修	地面为地砖地面。内墙采用纤维水泥饰面板，卫生间及备餐间设置吊顶。外面装饰材料及风格、色调同配电装置楼。门采用木门，窗采用断桥铝合金三层中空夹胶玻璃窗
4	构筑物	
4.1	构、支架基础及主变压器基础	220kV 出线构架 2 跨，跨度 24m，构架高度为 14m，地线支架高度为 7m，避雷针高度 30m，构支架基础均采用地脚螺栓重力式基础，主变压器基础采用钢筋混凝土整板式基础

续表 9-1

序号	项目名称	工程技术条件
5	其他构筑物	事故油池、消防水池等地下构筑物均采用现浇钢筋混凝土结构，抗渗等级 P6
6	供水	本次不涉及
7	采暖通风	在配电装置楼内资料室、10kV 配电装置室、二次设备室及蓄电池室等房间采用分体空调，在电缆层、10kV 配电装置室、电容器室及蓄电池室、GIS 室设通风设备
8	消防	站内设置水消防系统，并设置不同类型的移动式灭火器，主变压器采用水喷雾灭火系统

9.2　主要电气设备材料表

电气一次部分设备包括主变压器系统、各电压等级装置、无功补偿装置、站用电部分、防火材料及其他、接地等部分。其中，主变压器系统包括与主变压器连接到 10kV 配电装置的铜排母线桥；站用电部分包括 1kV 电力电缆；防火材料及其他包括电缆支架、防火材料、二次控制电缆等；接地部分包含主接地网、接地引下线、垂直接地极等。电气二次设备包括计算机监控系统、继电保护、直流系统、通信电源、电能计费等部分。220kV 变电站通用方案 HA-220-A3-2 主要电气设备材料表见表 9-2。

表 9-2　　通用方案 HA-220-A3-2 主要电气设备材料表

序号	设备名称	规格	单位	数量	备注
一	主变压器系统				
1	主变压器	三相三绕组油浸自冷式有载调压变压器 SSZ11-180000/220	台	1	一体式
2	220kV 中性点成套装置		套	1	
3	110kV 中性点成套装置		套	1	
4	氧化锌避雷器	HY5WZ-17/45，配在线监测仪	台	3	
5	钢芯铝绞线	JL/G1A-630/55，跨距 22.5m 220kV 主变压器进线间隔跨线，单导线，1 跨	m	60	
6	钢芯铝绞线	2×JL/G1A-630/55，跨距 10m 110kV 主变压器进线间隔跨线，双导线，1 跨	m	36	已折算成单根导线总长
7	钢芯铝绞线	JL/G1A-630/55，设备引下线 220kV 主变压器进线间隔，主变压器侧，单导线，1 组	m	24	
8	钢芯铝绞线	JL/G1A-630/55，设备引下线 220kV 主变压器进线间隔，GIS 侧，单导线，1 组	m	15	
9	钢芯铝绞线	2×JL/G1A-630/55，设备引下线 110kV 主变压器进线间隔，主变压器侧，双导线，1 组	m	60	已折算成单根导线总长
10	钢芯铝绞线	2×JL/G1A-630/55，设备引下线 110kV 主变压器进线间隔，GIS 侧，双导线，1 组	m	30	已折算成单根导线总长
11	钢芯铝绞线	JL/G1A-400/35，220kV、110kV 中性点成套设备连线 单导线，0.66 组	m	8	已折算成单根导线总长
12	耐张绝缘子串	20（XWP2-120）（单片爬电距离 450mm，高度 146mm）	串	6	220kV 主变压器进线间隔跨线用
13	耐张绝缘子串	11（XWP2-120）（单片爬电距离 450mm，高度 146mm）	串	6	110kV 主变压器进线间隔跨线用
14	铜排	3×TMY-125×10	m	140	10kV 进线，长度按单根计
15	交流穿墙套管	AC 20kV，瓷，4000A，无 TA，铜	只	3	
16	铜母线热缩护套	热缩	m	140	
17	交流支柱绝缘子	ZSW-20/16	只	25	
18	矩形母线固定金具	MWP-304	套	25	
19	母线铜伸缩节	MTS-125×10	套	18	
20	智能控制柜		个	1	

续表 9-2

序号	设备名称	规格	单位	数量	备注
21	检修电源箱	ZXW-2/3	个	1	
二	220kV 配电装置部分				
1	220kV 主变压器进线间隔	单断路器，4000A，50kA	个	1	架空进线，进线套管布置于户外
2	220kV 架空出线间隔	单断路器，4000A，50kA	个	4	架空出线，出线套管布置于户外
3	220kV 母联间隔	单断路器，4000A，50kA	个	1	
4	220kV 母线设备间隔	4000A，50kA	个	2	
5	220kV 备用主变压器进线间隔	4000A，50kA	个	2	
6	220kV 备用出线间隔	4000A，50kA	个	2	
7	220kV GIS 主母线	4000A，三相共箱	m	6.4	双母线、三相共箱
8	220kV GIS 分支母线	4000A，分相	m	75	
9	220kV 氧化锌避雷器	Y10W-204/532W，附在线监测仪	台	12	
10	悬垂绝缘子串	20（XWP2-120）（单片爬电距离 450mm，高度 146mm）	串	12	
11	钢芯铝绞线	2×JL/G1A-630/55，半跳线 220kV 架空出线间隔，双导线，4 组	m	168	已折算成单根导线总长
12	钢芯铝绞线	2×JL/G1A-630/55，设备引下线 220kV 架空出线间隔，GIS 套管引线，双导线，4 组	m	168	已折算成单根导线总长
13	钢芯铝绞线	JL/G1A-630/55，设备引下线 220kV 架空出线间隔，避雷器引线，单导线，4 组	m	60	已折算成单根导线总长
三	110kV 户内配电装置部分				
1	110kV 主变压器进线间隔	单断路器，3150A，40kA	个	1	架空进线，进线套管布置于户外
2	110kV 架空出线间隔	单断路器，3150A，40kA	个	4	架空出线，出线套管布置于户外
3	110kV 电缆出线间隔	单断路器，3150A，40kA	个	2	
4	110kV 母联间隔	单断路器，3150A，40kA	个	1	
5	110kV 母线设备间隔	3150A，40kA	个	2	
6	110kV 备用主变压器进线间隔	3150A，40kA	个	2	
7	110kV 备用出线间隔	3150A，40kA	个	6	
8	110kV GIS 主母线	3150A，三相共箱	m	6.5	双母线、三相共箱
9	110kV GIS 分支母线	3150A，三相共箱	m	10	三相共箱
10	110kV 氧化锌避雷器	Y10W-102/266W，附在线监测仪	只	12	
11	钢芯铝绞线	2×JL/G1A-240/30，设备引下线 110kV 架空出线间隔，GIS 套管引线，双导线，4 组	m	120	已折算成单根导线总长
四	10kV 配电装置				
1	高压开关柜	KYN-12kV，4000A～40kA	面	1	主进
2	高压开关柜	KYN-12kV，4000A～40kA	面	1	分段隔离
3	高压开关柜	KYN-12kV，1250A～31.5kA	面	1	TV
4	高压开关柜	KYN-12kV，1250A～31.5kA	面	1	接地变压器
5	高压开关柜	KYN-12kV，1250A～31.5kA	面	4	电容器
6	高压开关柜	KYN-12kV，1250A～31.5kA	面	12	馈线
7	10kV 封闭母线桥	10kV，4000A	m	14	

续表 9-2

序号	设备名称	规格	单位	数量	备注
五	无功补偿				
1	无功补偿电容器成套装置	TBB11/ $\sqrt{3}$ -8000-3W，每套包括电容器组、5%串联电抗器、熔断器、放电线圈、隔离开关、避雷器、支持绝缘子等	套	2	
2	无功补偿电容器成套装置	TBB11/ $\sqrt{3}$ -8000-3W，每套包括电容器组、12%串联电抗器、熔断器、放电线圈、隔离开关、避雷器、支持绝缘子等	套	2	
3	10kV 电力电缆	2×（ZC-YJV22-8.7/10-3×240）	m	1000	
4	10kV 户内冷缩电缆头	配 ZC-YJV22-8.7/10-3×240 电缆用	套	16	
六	380/220V 站用电部分				
1	接地变压器及消弧线圈成套装置	DKSC-1500/10.5-500/0.4	台	1	
2	零序电流互感器	LMZJ1-0.5 500/1A	只	2	
3	10kV 电力电缆	ZC-YJV22-8.7/10-3×185	m	24	
4	10kV 户内冷缩电缆头	配 ZC-YJV22-8.7/10-3×185 电缆用	只	2	
5	低压电力电缆				
5.1	低压电力电缆	ZR-YJV22-1kV-3×185+1×95	m	1020	
5.2	低压电力电缆	ZC-YJV22-0.6/1kV-4×120	m	150	
5.3	低压电力电缆	ZC-YJV22-0.6/1kV-4×70	m	650	
5.4	低压电力电缆	ZC-YJV22-0.6/1kV-4×35	m	900	
5.5	低压电力电缆	ZC-YJV22-0.6/1kV-4×25	m	300	
5.6	低压电力电缆	ZC-YJV22-0.6/1kV-4×16	m	1000	
5.7	低压电力电缆	ZC-YJV22-0.6/1kV-2×16	m	300	
5.8	低压电力电缆	ZC-YJV22-0.6/1kV-2×10	m	100	
5.9	低压电力电缆	ZC-YJV22-0.6/1kV-2×6	m	100	
5.10	低压电力电缆	NH-YJV22-0.6/1kV-4×120	m	750	
5.11	低压电力电缆	NH-YJV22-0.6/1kV-3×50+1×25	m	100	
5.12	低压电力电缆	NH-YJV22-0.6/1kV-4×35	m	100	
5.13	低压电力电缆	NH-YJV22-0.6/1kV-4×25	m	100	
5.14	低压电力电缆	NH-YJV22-0.6/1kV-2×25	m	100	
5.15	低压电力电缆	NH-YJV22-0.6/1kV-3×16+1×10	m	300	
5.16	低压电力电缆	NH-YJV22-0.6/1kV-2×16	m	150	
5.17	低压电力电缆	NH-YJV22-0.6/1kV-3×10+1×6	m	100	
5.18	低压电力电缆	NH-YJV22-0.6/1kV-2×4	m	100	
七	照明部分				
1	照明配电箱		个	4	
2	备用照明配电箱		个	2	
3	插座配电箱		个	2	
4	暖通配电箱		个	2	
5	户内检修配电箱		个	2	
6	消防泵房配电箱		个	1	
7	辅助用房配电箱		个	1	
8	行灯变压器	1000VA	台	1	
9	行灯变压器	500VA	台	1	
10	LED 投光灯	AC 220V，200W	套	10	
11	LED 投光灯	AC 220V，2×200W	套	4	

续表 9-2

序号	设备名称	规格	单位	数量	备注
12	LED 投光壁灯	AC 220V，200W	套	3	
13	低压电力电缆	ZC-YJV22-1-5×4	m	160	户外照明用
14	低压电力电缆	ZC-YJV22-1-3×4	m	1400	户外照明用
15	塑料绝缘铜线	2×BV-750-2.5	m	350	户外照明用
16	热镀锌钢管	ϕ40	m	120	户外照明用
17	热镀锌钢管	ϕ25	m	900	户外照明用
18	热镀锌钢管	ϕ20	m	250	户外照明用
八	防雷接地				
1	接地铜排	— 40mm×5mm	m	3000	水平接地体
2	接地铜排	— 40mm×5mm	m	1700	接地引上线
3	接地铜排	— 40mm×5mm	m	300	设备接地
4	热镀锌扁钢	— 70mm×8mm	m	5400	户内水平接地
5	镀锌圆钢	ϕ12	m	400	屋顶避雷带
6	热镀锌扁钢	— 60mm×8mm	m	400	
7	热镀锌扁钢	— 40mm×4mm	m	800	楼梯、灯具等
8	镀铜钢棒	ϕ17.3×2.5	根	100	
9	铜排	— 25mm×4mm	m	300	二次等电位网
10	铜电缆	1kV，型号：YJV-0.6/1-1×120mm^2	m	300	二次等电位网
11	铜电缆	1kV，型号：YJV-0.6/1-1×50mm^2	m	100	
12	低压支柱绝缘子		只	200	
13	临时接地端子		个	50	
14	放热熔焊焊点		个	600	
15	放热熔焊模具		套	100	
九	防火材料及其他				
1	无机防火堵料		t	8	
2	有机防火堵料		t	7	
3	防火涂料		t	1.5	
4	阻燃无机耐火隔板		m^2	800	
5	阻火包		t	11	
6	角钢	L40mm×40mm×4mm	m	1400	
7	L 型层间防火隔板	δ=10mm，底边宽度 300mm，翻边高度 80mm	套	280	
8	L 型层间防火隔板	δ=10mm，底边宽度 300mm，翻边高度 50mm	套	100	
9	膨胀螺栓	M8×80	套	3500	
10	钢板	厚 8mm	m^2	150	
11	电缆支架	6.3 号槽钢	t	36	
12	电缆支架	∠63×6	t	16	
13	不锈钢电缆支架		t	1.5	
14	电缆槽盒	200mm×100mm	m	800	
15	成品电缆竖井	550mm×500mm，高 4.8m	套	6	二次设备间电缆竖井
16	成品电缆竖井	800mm×800mm，高 4.8m	套	2	110kV 电缆竖井
17	控制电缆	ZC-KVVP2-22-14×2.5	km	1	

续表 9-2

序号	设备名称	规格	单位	数量	备注
18	控制电缆	ZC-KVVP2-22-7×2.5	km	2	
19	控制电缆	ZC-KVVP2-22-4×2.5	km	4	
20	控制电缆	ZC-KVVP2-22-4×4	km	6	
21	控制电缆	ZC-KVVP2-22-7×4	km	3	
22	厂供电缆		km	4	
十	状态监测系统				
1	主变压器状态监测装置	变压器检测终端、油温、油位远传表计、油色谱在线监测单元、铁芯接地电流在线监测传感器、中性点避雷器在线监测传感器等。每台主变压器配置 2 台监测终端，集线器 12 口 2 只，6 只远传表计	套	1	
2	220kV GIS 监测系统	220kV 配置 1 台 GIS 监测终端，用于接入 GIS 绝缘气体密度远传表计及 GIS 内置避雷器泄漏电流表计。配置集线器 24 口 3 只，按间隔气室配置绝缘气体密度远传表计、避雷器泄漏电流表计	套	1	
3	110kV GIS 监测系统	110kV 配置 1 台 GIS 监测终端用于接入 GIS 绝缘气体密度远传表计及 GIS 内置避雷器泄漏电流表计。配置集线器 24 口 3 只，按间隔气室配置绝缘气体密度远传表计、避雷器泄漏电流表计	套	1	
4	10kV 开关柜监测系统	10kV 开关柜配置 2 台监测终端分别用于主变压器进线柜出头测温监测及 SF_6 气体绝缘密度监测，配置集线器 8 口 2 只，按每面开关柜断路器动静触头共配置 6 只触头测温传感器，按每个绝缘气室配置 1 台远传表计	套	1	
5	独立避雷器监测终端	每个电压等级配置 1 台监测终端，共 2 台	套	2	
十一	计算机监控系统	完成全站监控或远传、实现无人值班，实现顺序控制、智能告警及分析决策等高级功能	套	1	
1	监控主机柜	含 2 套主机/操作员站，集成保信子站，五防工作站功能 2260mm×600mm×900mm	面	2	
2	Ⅰ区数据通信网关机柜	含 2 台通信网关机兼图形网关机	面	1	
3	Ⅱ区数据通信网关机柜	含 2 台Ⅱ区通信网关机	面	1	
4	Ⅳ区数据通信网关机柜	含 1 台Ⅳ区通信网关机	面	1	
5	综合应用服务器柜	含 1 台综合应用服务器	面	1	
6	一键顺控功能模块	集成于监控主机和智能防误主机	套	1	
7	高级应用软件	含顺序控制、智能告警及故障信息综合分析决策、设备状态可视化、支撑经济运行与优化控制、站域控制	套	1	
8	站控层交换机	其中，Ⅰ区站控层交换机 2 台，Ⅱ区站控层交换机 2 台，Ⅳ区站控层中心交换机 1 台	台	5	
9	过程层交换机	16 多模百兆光口+2 千兆光口交换机	台	19	
10	主变压器测控柜	测控装置 4 台	面	1	
11	220kV 线路、母联测控装置		台	5	
12	220kV 母线测控装置		台	2	
13	110kV 母线测控装置		台	2	
14	10kV 母线测控装置		台	1	
15	公用测控柜 1	公用测控装置 2 台	面	1	
16	公用测控柜 2	公用测控装置 1 台	面	1	
17	间隔层交换机	24 电口，2 光口	台	10	
18	时间同步系统	主时钟冗余配置，支持北斗和 GPS 授时信号，包括主时钟柜 1 面，扩展柜 1 面	面	2	
19	微机五防操作闭锁装置	含电脑钥匙、就地锁具、验电器等	套	1	

续表 9-2

序号	设备名称	规格	单位	数量	备注
20	10kV保护测控一体化装置	保护测控计量一体化装置，按单元配置，分散安装于10kV开关柜	套	17	
21	打印机	网络打印机1台，移动式打印机1台	台	2	
22	10kV母线电压并列装置		套	1	
23	铠装光缆、尾缆、网线	铠装光缆、尾缆45000m，铠装超五类以太网线2000m，铠装屏蔽双绞线2000m	套	1	
十二	继电保护	不包括自动装置			
1	220kV线路保护装置	2套独立主保护，均具有完整后备保护	台	8	
2	220kV母线保护柜（含失灵保护功能）	柜式2260mm×600mm×600mm，每面含220kV母线及失灵保护装置1套	面	2	
3	220kV微机线路保护接口柜	柜式2260mm×600mm×600mm，每面含数字接口装置4台	面	2	
4	220kV母联保护装置		台	2	
5	110kV线路保护测控装置		台	6	
6	110kV母线保护柜	柜式2260mm×600mm×600mm，含母线保护装置1台	面	1	
7	110kV母联保护测控装置		台	1	
8	主变压器保护柜	柜式2260mm×600mm×600mm，每面含主变压器保护装置1台	面	2	
9	主变压器故障录波器柜	柜式2260mm×600mm×600mm，含主变压器故障录波装置2台	面	1	
10	220kV故障录波器柜	柜式2260mm×600mm×600mm，含220kV故障录波装置2台	面	1	
11	110kV故障录波器柜	柜式2260mm×600mm×600mm，含110kV故障录波装置1台	面	1	
12	网络分析柜	柜式2260mm×600mm×600mm，每面含分析一体化装置2台	面	2	
13	调度专用网络接入设备	每套含路由器1台，交换机2台，纵向加密认证2台	套	2	
14	安全防护装置	防火墙2台，正向隔离装置1台，反向隔离装置1台	套	1	
15	网络安全检测装置		台	1	
十三	交直流一体化电源系统				
1	阀控密封铅酸蓄电池	800Ah，2V	只	208	
2	380V配电柜	含2面交流进线柜、4面交流馈线柜	面	6	
3	直流柜	2面充电机柜，6面馈线柜，1面联络柜	面	9	
4	UPS主机柜	柜内含10kVA UPS电源1台	面	2	
5	48V通信电源柜	每面含DC/DC转换装置1台	面	2	
6	事故照明逆变电源柜	3kVA，1台	面	1	
7	直流动力电缆	蓄电池动力电缆：NH-YJV-22-1×185	m	100	
十四	电能计费				
1	关口计量柜	含电能量采集终端1套、主变压器0.2S级关口表1块	面	1	
2	电能表柜	含0.2S数字输入式电能表1块	面	1	
3	220kV线路电能表	0.5S级数字式电能表	块	4	
4	110kV线路电能表	0.5S级数字式电能表	块	6	
5	10kV电能表	0.5S级全电子式电能表	块	17	
6	主变电能表	0.5S级数字式电能表	块	2	
十五	变电站智能辅助监控系统	应具有对其所含各子系统信息的分类存储、智能联动及综合展示及信息远传等功能；应能接收来自主站的控制指令，实现对受控设备进行远程控制的功能；各子系统应能够脱网运行，在站控层主机故障的情况下，仍能够继续正常工作并实现报警、记录及存储等功能	套	1	

续表 9-2

序号	设备名称	规格	单位	数量	备注
1	一次设备在线监测子系统	由传感器、监测终端构成，利用后台主机实现一次设备状态监测数据的汇总分析，合计配置 8 台监测终端	套	1	
2	火灾消防子系统	消防信息传输控制单元、火灾报警控制器、感温感烟探测器、感温电缆、导线、声光报警装置、消防水池液位变送器、消防管网压力变送器、消防电源电压变送器等	套	1	
3	安全防卫子系统	安防监控终端、门禁控制器、电子围栏、红外双鉴探测器、红外对射探测器、声光报警器、紧急报警按钮等	套	1	
4	动环子系统	动环监控终端、空调控制器、照明控制器、除湿机控制箱（按需）、风机控制器、水泵控制器、温湿度传感器、微气象传感器、水浸传感器、水位传感器、绝缘气体监测传感器等	套	1	
5	智能锁控子系统	锁控监控终端、锁具、电子钥匙等	套	1	
6	边缘巡视子系统	边缘巡视主机 1 台，44 套户内网络摄像机，9 套户外网络摄像机、1 台网络全景摄像机、1 台室外高清红外枪机、1 台红外热成像摄像机、显示器、硬盘录像机等	面	1	
7	安装辅材	感温电缆夹子、输入输出模块、缆线等	套	1	
十六	火灾探测报警系统	含报警控制器、传感器、声光报警器等	套	1	
十七	主变压器消防系统	控制屏、控制箱等	套	1	
十八	过程层设备				
1	主变压器 220kV 合并单元		台	2	
2	220kV 线路合并单元		台	8	
3	220kV 母联合并单元		台	2	
4	220kV TV 合并单元	具备电气量电压并列功能	台	2	
5	主变压器 220kV 智能终端		台	2	
6	主变压器本体智能终端	具备非电量保护功能	台	1	
7	220kV 线路智能终端		台	8	
8	220kV 母联智能终端		台	2	
9	220kV TV 智能终端		台	2	
10	主变压器 10kV 合并单元/智能终端一体化装置		台	2	
11	主变压器 110kV 合并单元/智能终端一体化装置		台	2	
12	110kV 线路合并单元/智能终端一体化装置		台	8	
13	110kV 母联合并单元/智能终端一体化装置		台	1	
14	110kV TV 合并单元	具备电气量电压并列功能	台	2	
15	110kV TV 智能终端		台	2	
16	220kV 过程层交换机	16 多模百兆光口+2 千兆光口交换机	台	6	
17	主变压器高压侧过程层交换机	16 多模百兆光口+2 千兆光口交换机	台	2	
18	主变压器中压侧过程层交换机	16 多模百兆光口+2 千兆光口交换机	台	2	
19	220kV 过程层中心交换机	16 多模百兆光口+2 千兆光口交换机	台	4	
20	110kV 过程层中心交换机	116 多模百兆光口+2 千兆光口交换机	台	5	
十九	站内通信				
1	语音插座	含模块及底盒	个	11	
2	信息插座	含模块及底盒	个	4	

续表 9-2

序号	设备名称	规格	单位	数量	备注
3	穿线盒		个	6	
4	超五类屏蔽双绞线	HSYVP-5e 4×2×0.5	m	720	
5	阻燃PVC管	ϕ25	m	300	
6	镀锌钢管	ϕ32	m	30	
二十	其他				
1	调度端调试费		套	1	
2	计量主站端调试费		套	1	
3	上线等保测评及安全评估费		套	1	

9.3 建筑工程量表

建筑工程量表包括总图、建筑物、构筑物、水工和暖通共五部分。

总图部分包括站区占地面积、站区道路面积、站区围墙长度、站区内建筑物面积、站区电缆隧道长度和特殊构筑物。其中站区占地面积边界以围墙中心线外1m为界。

建筑物部分包括配电装置楼、辅助用房和消防泵房共三项。各建筑物分为建筑专业和结构专业两部分。

220kV变电站通用方案HA-220-A3-2建筑工程量表见表9-3。

表 9-3　　通用方案 HA-220-A3-2 建筑工程量表

序号	名称	规格	单位	数量	备注
一	总图部分				
1	站区总占地面积				
1.1	站区围墙内占地面积		hm^2	0.7353	以围墙中心线计
1.2	其他占地面积		hm^2	—	本次不涉及
1.3	进站道路占地面积		hm^2	—	本次不涉及
1.4	合计		hm^2	0.7353	
2	站区道路面积	厚度0.67m，混凝土路面	m^2	1741	
3	站区围墙长度	围墙高2.3m，装配式实体围墙	m	343	
4	建筑物				
4.1	110kV配电装置楼、220kV配电装置楼、辅助用房、消防泵房	51m×10m；51m×13m；12m×3m；12m×6m	m^2	2787.65	钢框架结构（按轴线计算）
5	站区电缆隧道和沟道				
5.1	站区电缆隧道	1.8m×2.0m（最小净空容积）、2.5m×2.5m（最小净空容积）、2.0m×2.0m（最小净空容积）	m	105	
5.2	站区电缆沟道	截面1.1m×1.0m、截面1.4m×1.0m和截面0.8m×0.8m	m	142	
6	特殊构筑物				
6.1	总事故油池	最小净空容积	m^3	90	钢筋混凝土结构
6.2	化粪池		座	1	成品
6.3	深井		座	—	本次不涉及
6.4	消防水池	结构容积600m^3	座	1	钢筋混凝土结构
6.5	大门	5.5m×2.1m	樘	1	实体电动推拉大门

续表 9-3

序号	名称	规格	单位	数量	备 注
二	建筑物部分				
1	110kV 配电装置楼				
1.1	建筑部分				
1.1.1	建筑面积	51m×10m	m^2	1797	以轴线计
1.1.2	建筑体积		m^3	7598	以轴线计
1.1.3	地面工程				
1.1.3.1	混凝土地面		m^2	561.04	电缆层
1.1.4	楼面工程				
1.1.4.1	地砖面层	普通地砖	m^2	140.2	
1.1.4.2	水泥基面层		m^2	932	
1.1.5	屋面保温防水	80mm 厚挤塑聚苯板保温、2 层 3mm 厚 SBS 改性沥青防水、50mm 厚细石混凝土	m^2	830	一级防水
1.1.6	墙体工程				
1.1.6.1	外墙	铝镁锰复合板	m^2	1466.1	
1.1.6.2	外墙勒脚	真石漆	m^2	191.3	
1.1.6.3	外墙内侧	纤维水泥饰面板	m^2	786.1	
1.1.6.4	外墙内侧	一体化纤维水泥集成墙板	m^2	680	用于防火侧
1.1.6.5	内墙	一体化纤维水泥集成墙板	m^2	798	
1.1.6.6	天棚抹灰	防火涂料	m^2	1796	
1.1.6.7	女儿墙	钢筋混凝土	m^2	152	
1.1.6.8	女儿墙饰面	20mm 厚水泥砂浆	m^2	152	
1.2	结构部分				
1.2.1	屋面板面积	150mm 厚钢筋桁架楼承板，压型钢板底膜	m^2	525	
1.2.2	楼面板面积	150mm 厚钢筋桁架楼承板，压型钢板底膜	m^2	830	
1.2.3	楼面板面积	120mm 厚 C30 钢筋混凝土板	m^2	1340	
1.2.4	框架柱	C30 钢筋混凝土	m^3	65	
1.2.5	框架梁	C30 钢筋混凝土	m^3	37	
1.2.6	钢柱	Q355B 型钢	t	82	
1.2.7	钢梁	Q355B 型钢	t	104	
1.2.8	钢梯	Q235B 型钢	t	3	
1.2.9	墙檩	Q235B 型钢	t	20	
1.2.10	检修钢轨	Q355B 型钢	t	10	
1.2.11	筏板基础	C30 钢筋混凝土	m^3	388	
1.2.12	独立基础	C30 钢筋混凝土	m^3	28	
1.2.13	大开挖		m^3	1355	
1.2.14	沉降观测点		个	6	
2	220kV 配电装置楼				
2.1	建筑部分				
2.1.1	建筑面积	51m×13m	m^2	862.36	以轴线计
2.1.2	建筑体积		m^3	4133	以轴线计
2.1.3	地面工程				

续表 9-3

序号	名称	规格	单位	数量	备　注
2.1.3.1	混凝土地面	环氧树脂地面	m^2	620	
2.1.3.2	地砖面层	普通地砖	m^2	21	
2.1.4	楼面工程				
2.1.4.1	地砖面层	普通地砖	m^2	21	
2.1.4.2	水泥基面层		m^2	150	
2.1.5	屋面保温防水	80mm 厚挤塑聚苯板保温、2 层 3mm 厚 SBS 改性沥青防水、50mm 厚细石混凝土	m^2	670.85	一级防水
2.1.6	墙体工程				
2.1.6.1	外墙	铝镁锰复合板	m^2	1210	
2.1.6.2	外墙勒脚	真石漆	m^2	72	
2.1.6.3	外墙内侧	纤维水泥饰面板	m^2	1210	
2.1.6.4	内墙	一体化纤维水泥集成墙板	m^2	690	
2.1.6.5	天棚抹灰	防火涂料	m^2	862	
2.1.6.6	女儿墙	钢筋混凝土	m^2	158.5	
2.1.6.7	女儿墙饰面	20mm 厚水泥砂浆	m^2	158.5	
2.2	结构部分				
2.2.1	屋面板面积	150mm 厚钢筋桁架楼承板，压型钢板底膜	m^2	665	
2.2.2	楼面板面积	150mm 厚钢筋桁架楼承板，压型钢板底膜	m^2	188	
2.2.3	楼面板面积	120mm 厚 C30 钢筋混凝土板	m^2	188	
2.2.4	框架柱	C30 钢筋混凝土	m^3	35	
2.2.5	框架梁	C30 钢筋混凝土	m^3	27	
2.2.6	钢柱	Q355B 型钢	t	50	
2.2.7	钢梁	Q355B 型钢	t	94	
2.2.8	钢梯	Q235B 型钢	t	2	
2.2.9	墙檩	Q235B 型钢	t	15	
2.2.10	检修钢轨	Q355B 型钢	t	9	
2.2.11	条形基础	C30 钢筋混凝土	m^3	163	
2.2.12	砖基础	MU15 实心砖	m^3	46	
2.2.13	大开挖		m^3	416	
2.2.14	沉降观测点		个	6	
3	辅助用房				
3.1	建筑部分				
3.1.1	建筑面积	12m×3m	m^2	47.00	
3.1.2	建筑体积		m^3	150.4	
3.1.3	地面工程				
3.1.3.1	普通地砖地面		m^2	36	
3.1.4	屋面保温防水	80mm 厚挤塑聚苯板保温、2 层 3mm 厚 SBS 改性沥青防水、50mm 厚细石混凝土	m^2	36	一级防水
3.1.5	墙体工程				
3.1.5.1	外墙	铝镁锰复合板	m^2	80	
3.1.5.2	外墙勒脚	真石漆	m^2	15	

续表 9-3

序号	名称	规格	单位	数量	备　注
3.1.5.3	外墙内侧	纤维水泥饰面板	m^2	106.2	
3.1.5.4	内墙	一体化纤维水泥集成墙板	m^2	80	
3.1.5.5	金属吊顶		m^2	36	
3.2	结构部分				
3.2.1	屋面板面积	150mm 厚钢筋桁架楼承板，压型钢板底膜	m^2	49	
3.2.2	框架梁	C30 钢筋混凝土	m^3	5	
3.2.3	钢柱	Q235B H 型钢	t	4.5	
3.2.4	钢梁	Q235B H 型钢	t	5.5	
3.2.5	墙檩	Q235B 型钢	t	1.3	
3.2.6	砖基础	MU15 实心砖	m^3	15	
3.2.7	大开挖		m^3	108	
3.2.8	沉降观测点		个	4	
4	消防泵房				
4.1	建筑部分				
4.1.1	建筑面积	12m × 6m	m^2	81.25	
4.1.2	建筑体积		m^3	455	
4.1.3	地面工程				
4.1.3.1	普通地砖地面		m^2	72	
4.1.4	屋面保温防水	80mm 厚挤塑聚苯板保温、2 层 3mm 厚 SBS 改性沥青防水、50mm 厚细石混凝土	m^2	72	
4.1.5	外墙	铝镁锰复合板	m^2	266.4	
4.1.6	外墙内侧	纤维水泥饰面板	m^2	201.6	
4.1.7	天棚抹灰	防火涂料	m^2	72.25	
4.1.8	女儿墙	钢筋混凝土	m^2	36	
4.1.9	女儿墙饰面	20mm 厚水泥砂浆	m^2	36	
4.2	结构部分				
4.2.1	屋面板面积	150mm 厚钢筋桁架楼承板，压型钢板底膜	m^2	82	
4.2.2	钢柱	Q235B H 型钢	t	7.5	
4.2.3	钢梁	Q235B H 型钢	t	3	
4.2.4	墙檩	Q235B 型钢	t	1.8	
4.2.5	沉降观测点		个	4	
三	构筑物部分				
1	主变压器基础及油坑				
1.1	主变压器基础	钢筋混凝土整板式基础（8.2m×5.32m×2.95m），C30	m^3	30	
1.2	主变压器基础垫层	（8.4m×5.52m×0.1m），C15	m^3	4.63	
1.3	主变压器油坑	12.5m×10.5m×1.0m	m^3	131.25	
1.4	沉降观测点		个	4	
2	主变压器构支架				
2.1	构架				
2.1.1	主变压器构架端撑柱	14.50m 高，ϕ300×8 圆形直缝钢管	t	4.1	

续表 9-3

序号	名称	规格	单位	数量	备 注
2.1.2	防火墙上构架柱	14.50m 高，ϕ300×8 圆形直缝钢管	t	1.5	
2.1.3	主变压器构架梁	16.50m 长格构式梁	t	2.7	
2.1.4	爬梯		t	0.25	
2.2	支架				
2.2.1	母线桥支架	4.50m 高，ϕ273×6 圆形直缝钢管	t	1.365	
2.3	防火墙				
2.3.1	装配式防火墙	宽 12.4m×高 8m×厚 0.25m	面	1	
2.4	箱体				
2.4.1	油色谱箱	C30 混凝土	m^3	1.2	
2.4.2	动力箱	C30 混凝土	m^3	1.2	
2.4.3	智能柜	C30 混凝土	m^3	1.2	
3	配电装置构支架				
3.1	构架				
3.1.1	构架端撑柱	14.0m 高，ϕ300×8 圆形直缝钢管	t	6.5	
3.1.2	构架柱 A 字柱	14.0m 高，ϕ300×8 圆形直缝钢管	t	5.9	
3.1.3	构架梁	24.0m 长格构式梁	t	9.3	
3.1.4	爬梯		t	0.51	
3.1.5	地线柱	7.0m 高，ϕ300×8 圆形直缝钢管	t	0.7	
3.2	支架				
3.2.1	避雷器支架 1	3.0m 高，ϕ273×6 圆形直缝钢管	t	1.8	
3.2.2	避雷器支架 2	2.5m 高，ϕ273×6 圆形直缝钢管	t	1.5	
4	避雷针				
4.1	避雷针	30.0m 高	t	4	
5	GIS 基础				
5.1	GIS 基础		m^3	226	
四	水工部分				
1	钢塑复合管	DN150	m	100	给水管道
2	钢塑复合管	DN250	m	300	室外消防环网
3	室外地上消火栓	SSF100/65-1.0 型室外消火栓	座	4	
4	室内消火栓		个	14	
5	消防小间	消防斧 2 把、消防铁锹 5 把、消防沙桶 5 个、消防沙箱 1 个	套	1	
6	推车式干粉灭火器	MF/ABC50 型	台	2	只上本期
7	手提式干粉灭火器	MF/ABC4 型	只	90	带配套灭火器箱
8	悬挂式超细干粉灭火器	5kgABC 超细干粉	个	65	夹层和隧道
9	阀门井	ϕ1200mm	个	10	净空体积 1.5m^3/座
10	水表井		座	1	
11	HDPE 双壁波纹管	DN200	m	200	雨水口和检查井连接管道
12	HDPE 双壁波纹管	DN300	m	95	雨水管道
13	HDPE 双壁波纹管	DN400	m	150	雨水管道
14	HDPE 双壁波纹管	DN500	m	80	雨水管道
15	HDPE 双壁波纹管	DN600	m	60	雨水管道
16	HDPE 双壁波纹管	DN700	m	20	雨水管道

续表 9-3

序号	名称	规格	单位	数量	备　注
17	雨水检查井	ϕ1500mm	座	25	净空体积 2.5m³/座
18	雨水口		座	48	净空体积 0.5m³/座
19	污水检查井	ϕ1000mm	座	3	净空体积 1.5m³/座
20	污水管道	DN200，HDPE 双壁波纹管	m	30	
21	化粪池	成品玻璃钢	m³	2	
22	排油检查井	ϕ1000mm	座	6	净空体积 2.0m³/座
23	排油管道，热镀锌钢管	DN300	m	120	排油管道
24	潜水排污泵	流量 Q=20m³/h，H=20m，功率 P=2.2kW	台	8	含配套控制柜，用于夹层和隧道集水坑处
25	钢塑复合管	DN250	m	200	主变压器水喷雾埋地管道
26	电动消防泵	流量 Q=70L/s，H=60m，功率 N= 75kW	台	3	两用一备
27	消防稳压设备	含 2 台稳压泵、1 座稳压罐	套	1	
28	消防控制系统	含控制系统柜体（双电源柜、机械应急启动柜、消防巡检柜、消防泵控制柜、稳压泵控制柜）及系统控制电缆、光缆	套	1	
29	水泵进出口及管路阀门	DN250	个	15	
30	超声液位计		套	1	
31	电磁流量计	DN250	套	3	
32	泵房内型钢支架		t	8.5	
33	泵房内支架基础		m³	25	
34	电动单梁起重机	LD-A 型	台	1	
35	FK2 浮球液位控制器		套	1	
36	压力表	DN100/DN300	套	2/2	
37	真空压力开关	DN100/DN300	套	2/2	
38	压力开关	DN250	套	2	
39	流量开关	DN250	套	1	
40	电接点远传压力表	0～1.0MPa	个	1	
41	镀锌钢管	DN50	m	20	
42	镀锌钢管	DN65	m	5	
43	排水管	DN100	m	20	
44	消防水池通气管	DN200	m	6	
45	内外热镀锌钢管	DN25	m	150	
46	内外热镀锌钢管	DN80	m	50	
47	内外热镀锌钢管	DN100	m	20	
48	内外热镀锌钢管	DN150	m	120	
49	内外热镀锌钢管	DN200	m	20	
50	镀锌角钢管道支架		t	10	水喷雾系统
51	混凝土基础		m³	25	水喷雾系统
52	放空井	ϕ1200，深度 1.5m	座	1	
53	放空阀	DN25	个	3	
54	放空管	DN50	m	20	内外镀锌钢管
55	雨淋阀组	含雨淋阀、2 个信号蝶阀、蜗轮杆对夹式蝶阀、闸阀、Y 型排污过滤器等	套	1	
56	高速水雾喷头	ZSTWB-34-120，K=34	套	75	

续表 9-3

序号	名称	规格	单位	数量	备　注
57	高速水雾喷头	ZSTWHN-220-A3-26-120，K=16	套	21	
58	高速水雾喷头	ZSTWB-21-120，K=21	套	6	
59	水喷雾控制系统	含水喷雾系统控制柜，感温电缆、控制及通信线缆	套	1	
60	逆止阀	DN700 玻璃钢逆止阀	个	1	
五	暖通部分				
1	低噪声轴流风机	DZ-4.5，风量 4500m³/h，风压 139Pa，功率 0.37kW	台	4	电缆层、消防泵房
2	防腐防爆型轴流风机	BT35-F-2.8，风量 1280m³/h，风压 85Pa，功率 0.06kW	台	2	蓄电池室
3	低噪声屋顶风机	DWT-I-5，风量 7000m³/h，风压 96Pa，功率 0.25kW	台	7	110kV GIS 室、220kV GIS 室
4	低噪声轴流风机	DZ-5.5，风量 11000m³/h，风压 96Pa，功率 1.1kW	台	2	10kV 配电装置室
5	低噪声轴流风机	DZ-4.5，风量 9900m³/h，风压 115Pa，功率 0.75kW	台	6	110kV GIS 室、220kV GIS 室
6	低噪声屋顶风机	DWT-I-7，风量 12500m³/h，风压 121Pa，功率 0.75kW	台	4	电容器室
7	分体式单冷柜式空调	制冷量 5.0kW，制热量 6.0kW，最大电功率 2.53kW，～380V	台	2	蓄电池室、资料室
8	风管式空调器	制冷量 16kW，制热量 17kW，最大电功率 6.05kW，～380V	台	8	二次设备间、10kV 配电装置室
9	分体壁挂式单冷空调器	制冷量 5.0kW，制热量 1.9kW，最大电功率 2.0kW，～220V	台	2	警卫室、值班室
10	换气扇	X-FJ/A#2.8，1224m³/h，128Pa，0.75kW	台	3	卫生间、安全工具间
11	电暖气	制热量 2.0kW，最大电功率 2.0kW，～220V	台	3	消防泵房
12	百叶窗		m²	100	

9.4 概算书

概算投资为静态投资，编制依据详见第 4 章 通用造价编制依据章节内容，概算书附总概算表、安装工程部分汇总概算表、建筑工程部分汇总概算表、其他费用概算表，分别见表 9-4～表 9-7。

表 9-4　　通用方案 HA-220-A3-2 总概算表　　金额单位：万元

序号	工程或费用名称	建筑工程费	设备购置费	安装工程费	其他费用	合计	各项占静态投资（%）	单位投资（元/kVA）
一	主辅生产工程	2350	4278	1208		7836	93.09	435.33
1	主要生产工程	2138	4278	1208		7624	90.57	423.56
2	辅助生产工程	212				212	2.52	11.78
二	与站址有关的单项工程							
	小计	2350	4278	1208		7836	93.09	435.33
三	其中：编制期价差	238		60		298	3.54	16.56
四	其他费用				458	458	5.44	25.44
	其中：建设场地征用及清理费							
五	基本预备费				124	124	1.47	6.89
六	特殊项目							
	工程静态投资	2350	4278	1208	582	8418	100	467.67
	各类费用占静态投资的比例（%）	28	51	14	7	100		

表 9-5 通用方案 HA-220-A3-2 安装工程部分汇总概算表 金额单位：元

序号	工程或费用名称	设备购置费	安装工程费			合计	技术经济指标		
			装置性材料	安装	小计		单位	数量	指标
	安装工程	42783370	4481637	7593590	12075227	54858597			
一	主要生产工程	42783370	4481637	7593590	12075227	54858597			
1	主变压器系统	7709643	368506	287734	656240	8365884	元/kVA	180000	46.477
1.1	220kV 主变压器	7709643	368506	287734	656240	8365884			
2	配电装置	25955493	39928	1156324	1196252	27151745	元/kVA	180000	150.843
2.1	户内配电装置	25955493	39928	1156324	1196252	27151745			
2.1.1	220kV 配电装置	15300877	34472	548868	583340	15884217			
2.1.2	110kV 配电装置	8979270	5456	541393	546849	9526119			
2.1.3	10kV 配电装置	1675346		66063	66063	1741409			
3	无功补偿	871659		93508	93508	965167			
3.1	低压电容器	871659		93508	93508	965167	元/kvar	32000	30.161
3.1.1	10kV 低压电容器	871659		93508	93508	965167			
4	控制及直流系统	7431157		826889	826889	8258046	元/kVA	180000	45.878
4.1	计算机监控系统	2447010		426166	426166	2873176			
4.1.1	计算机监控系统	2295960		184249	184249	2480209			
4.1.2	智能设备			230624	230624	230624			
4.1.3	同步时钟	151050		11293	11293	162343			
4.2	继电保护	2634614		212802	212802	2847416			
4.3	直流系统及 UPS	704900		119527	119527	824427			
4.4	智能辅助控制系统	1510500		55386	55386	1565886			
4.5	在线监测系统	134132		13008	13008	147140			
5	站用电系统	390313	65858	71208	137066	527379	元/kVA	1500	351.586
5.1	站用变压器	388299		5745	5745	394044			
5.2	站用配电装置	2014		1615	1615	3629			
5.3	站区照明		65858	63847	129705	129705			
6	电缆及接地		3991740	3121583	7113323	7113323			
6.1	全站电缆		3176607	2311114	5487722	5487722			
6.1.1	电力电缆		1746312	297556	2043867	2043867	元/m	9424	216.879
6.1.2	控制电缆		277270	402561	679832	679832	元/m	16000	42.489
6.1.3	电缆辅助设施		444016	596946	1040963	1040963			
6.1.4	电缆防火		709009	1014051	1723060	1723060			
6.2	全站接地		815133	810468	1625601	1625601	元/m	8400	193.524
7	通信及远动系统	425105	15604	99764	115368	540473	元/kVA	180000	3.003
7.1	通信系统	2165	15604	10472	26076	28241			
7.2	远动及计费系统	422940		89293	89293	512233			
8	全站调试			1936581	1936581	1936581	元/kVA	180000	10.759
8.1	分系统调试			338733	338733	338733			
8.2	整套启动调试			37109	37109	37109			
8.3	特殊调试			1560739	1560739	1560739			
	合计	42783370	4481637	7593590	12075227	54858597			

表 9-6　　通用方案 HA-220-A3-2 建筑工程部分汇总概算表　　金额单位：万元

序号	工程或费用名称	建筑费	设备费	建筑工程费合计	技术经济指标		
					单位	数量	指标
	建筑工程	22378016	1129852	23507868			
一	主要生产工程	20264163	1118752	21382915			
1	主要生产建筑	15098277	344000	15442277			
1.1	110kV 配电装置室	9196477	252000	9448477	元/m²	1797	5257.917
1.1.1	一般土建	8649365		8649365			
1.1.2	给排水	80343		80343			
1.1.3	采暖、通风及空调	280294	236000	516294			
1.1.4	照明	186473	16000	202473			
1.2	220kV 配电装置室	5901800	92000	5993800	元/m²	862.36	6950.462
1.2.1	一般土建	5608489		5608489			
1.2.2	给排水	43703		43703			
1.2.3	采暖、通风及空调	147517	76000	223517			
1.2.4	照明	102090	16000	118090			
2	配电装置建筑	3162047		3162047			
2.1	主变压器系统	812315		812315	元/台	1	812314.554
2.1.1	构支架及基础	124627		124627			
2.1.2	主变压器设备基础	36509		36509	元/m³	30	1216.965
2.1.3	主变压器油坑及卵石	163212		163212	元/m³	131.25	1243.522
2.1.4	防火墙	208311		208311	元/m³		
2.1.5	90m³事故油池	279656		279656	元/座	1	279655.729
2.6	220kV 构支架及设备基础	897261		897261			
2.6.1	构架及基础	469161		469161	元/t（m³）		
2.6.2	支架及基础	95584		95584	元/t（m³）		
2.6.3	设备基础	332516		332516	元/m³		
2.35	避雷针塔	86923		86923	元/座	2	43461.457
2.36	电缆沟道	1117818		1117818	元/m	247	4525.58
2.38	配电装置区域地面封闭	247730		247730	元/m²（m³）	4000	61.933
3	供水系统	74699		74699			
3.1	站区供水管道	74699		74699	元/m	100	746.995
4	消防系统	1929140	774752	2703891			
4.2	消防小间	22145		22145	元/m²		
4.2.1	一般土建	22145		22145			
4.3	消防水泵房	546964	186500	733464	元/m²	81.25	9027.247
4.3.1	一般土建	516927		516927			
4.3.2	设备及管道	19386	165000	184386			
4.3.3	采暖及通风	5637	19000	24637			
4.3.4	照明	5013	2500	7513			
4.5	站区消防管路	547719		547719	元/m		
4.6	消防器材	7043	78252	85294			
4.7	特殊消防系统	139261	510000	649261	元/台	1	649260.86
4.8	消防水池	666009		666009	元/座	1	666008.638

续表 9-6

序号	工程或费用名称	建筑费	设备费	建筑工程费合计	技术经济指标		
					单位	数量	指标
二	辅助生产工程	2113853	11100	2124953			
1	辅助生产建筑	429434	11100	440534			
1.3	辅助用房	429434	11100	440534	元/m²	47	9373.069
1.3.1	一般土建	416928		416928			
1.3.2	给排水	4337		4337			
1.3.3	采暖、通风及空调	2259	8600	10859			
1.3.4	照明	5910	2500	8410			
2	站区性建筑	1673588		1673588			
2.2	站区道路及广场	625471		625471	元/m²	1741	359.26
2.3	站区排水	440945		440945			
2.3.1	排水管道	323875		323875	元/m	515	628.884
2.3.2	排水设施	102635		102635			
2.3.4	污水调节水池	14435		14435			
2.5	围墙及大门	607171		607171	元/m	343	1770.179
3	全站沉降观测点	10831		10831	元/个		
	合计	22378016	1129852	23507868			

表 9-7　　通用方案 HA-220-A3-2 其他费用概算表　　金额单位：元

序号	工程或费用名称	编制依据及计算说明	合价
2	项目建设管理费		3752956
2.1	项目法人管理费	（建筑工程费+安装工程费）×3.36%	1195592
2.2	招标费	（建筑工程费+安装工程费）×1.37%	487488
2.3	工程监理费	（建筑工程费+安装工程费）×4.46%	1587006
2.4	设备材料监造费	监造设备费×0.87%	151946
2.5	施工过程造价咨询及竣工结算审核费	（建筑工程费+安装工程费）×0.88%	313131
2.6	工程保险费	（建筑工程费+安装工程费）×0.05%	17792
3	项目建设技术服务费		482216
3.4	设计文件评审费		347000
3.4.1	可行性研究文件评审费	可行性研究评审费	67000
3.4.2	初步设计文件评审费	初步设计评审费	120000
3.4.3	施工图文件评审费	施工图评审费	160000
3.6	工程建设检测费		99633
3.6.1	电力工程质量检测费	（建筑工程费+安装工程费）×0.28%	99633
3.7	电力工程技术经济标准编制费	（建筑工程费+安装工程费）×0.1%	35583
4	生产准备费		341598
4.1	工器具及办公家具购置费	（建筑工程费+安装工程费）×0.96%	341598
	小计		4576769

第10章　220kV 变电站通用方案 HA-220-B-1 通用造价

10.1　通用方案

本通用方案技术条件根据《国网河南省电力公司 35～220kV 变电站通用设计施工图实施方案》最新版中方案 HA-220-B-1 确定，即主变压器采用 1×180MVA 三相三绕组有载调压变压器，电压等级采用 220/110/10kV，220kV 采用户外 HGIS 设备，110kV 采用户外 HGIS 设备，10kV 为户内开关柜。

本方案技术条件组合在本文件中列表表示，变电站具体设计内容可参见已出版的通用设计配套文件。

10.1.1　主要技术条件

本方案主要技术条件包括变电站电气部分、土建部分等内容，具体见表 10-1。

表 10-1　　通用方案 HA-220-B-1 技术条件

序号	项目名称	工程技术条件
一	电气部分	
1	主变压器	220/110/10kV 三相三绕组有载调压变压器，本期 1 台 180MVA 变压器，终期 3 台 180MVA 变压器
2	出线回路数	
2.1	220kV	本期 4 回，终期 6 回，架空出线
2.2	110kV	本期 4 回，终期 12 回，架空出线
2.3	10kV	本期 8 回，终期 24 回，电缆出线
3	无功补偿装置	10kV 并联电容器，本期 4 组 8000kvar，终期 12 组 8000kvar
4	电气主接线	
4.1	220kV	本期双母线接线，终期双母线接线
4.2	110kV	本期双母线接线，终期双母线接线
4.3	10kV	本期单母线接线，终期单母线三分段接线
5	短路电流水平	220、110、10kV 短路电流水平分别为 50、40、40/31.5kA
6	主要设备选型	
6.1	主变压器	户外、油浸、自然油循环自冷型三相三绕组有载调压变压器
6.2	断路器	220kV 采用户外 HGIS 设备，110kV 采用户外 HGIS 设备
6.3	隔离开关	220kV 采用户外 HGIS 设备，110kV 采用户外 HGIS 设备
6.4	互感器	220kV 电流互感器采用电磁式，内置于 HGIS 中；110kV 电流互感器采用电磁式，内置于 HGIS 中；220kV 电压互感器采用三相电容式电压互感器；110kV 电压互感器采用三相电容式电压互感器
6.5	避雷器	220、110、10kV 避雷器采用氧化锌避雷器
6.6	10kV 开关柜	10kV 采用户内配电装置成套开关柜，真空或 SF_6 断路器
6.7	站用变压器	本期设置 1 台 10kV 接地变压器消弧线圈成套装置
6.8	无功补偿装置	10kV 电容器采用户外框架式电容器补偿装置，串联电抗器电抗率按 5%和 12%考虑
7	配电装置	
7.1	220kV 配电装置	220kV 采用户外悬吊式管母分相中型、HGIS 单列布置，采用架空出线和主变压器架空进线方式
7.2	110kV 配电装置	110kV 采用户外悬吊式管母分相中型、HGIS 单列布置，采用架空出线和主变压器架空进线方式
7.3	10kV 配电装置	10kV 采用中置式开关柜，为户内双列布置。电容器组户外双列布置
8	控制及远动	

续表 10-1

序号	项目名称	工程技术条件
8.1	计算机监控系统	一套：完成全站监控及远传，实现无人值班
		主机/操作员站 2 套
		Ⅰ区数据通信网关机柜：2 台通信网关机
		Ⅱ区数据通信网关机柜：2 台通信网关机
		综合应用服务器柜：含 1 台综合应用服务器、1 台Ⅳ区数据通信网关机
		公用测控柜：含 3 台公用测控装置
		主变压器测控柜：含 4 台主变压器及本体测控装置
		母线测控柜：220、110kV 测控柜各 1 面
		测控装置：220kV 测控装置 5 台、10kV 保护测控集成装置 13 台、10kV TV 并列装置 1 台
		微机五防操作闭锁 1 套，含电脑钥匙、就地锁具、验电器等
		站控层交换机：5 台，分散安装于数据通信网关机柜和综合应用服务器柜
		间隔层交换机：10 台，分散安装于间隔层交换机柜及 10kV 开关柜
		过程层交换机：23 台，分散安装于各保护柜和 110kV 过程层交换机柜
		铠装光缆、尾缆、铠装超五类以太网线、铠装屏蔽双绞线 1 套
		高级应用软件：实现顺序控制、智能告警及分析决策等高级功能
8.2	时间同步系统	含时间同步主时钟和时钟扩展装置、配套机柜 2 面等
8.3	智能辅助控制系统	1 套，含火灾消防子系统、安全防卫子系统、动环子系统、智能锁控子系统及智能巡视子系统等
8.4	状态监测系统	1 套，含主变压器、避雷器、HGIS、10kV 开关柜等设备状态监测
8.5	调度专用网络接入设备	2 面，包括调度数据网络设备 2 套、安全防护设备 1 套
8.6	电量计费系统	含电能量采集装置 2 台，0.2S 级关口表 1 块，0.5S 级电能表 23 块
9	交直流一体化电源系统	直流系统为单母线分段接线，采用辐射方式供电。蓄电池布置在主控综合楼内
10	继电保护	各类保护盘柜，不包括安全自动装置
11	过程层设备	合并单元 16 台；智能终端 17 台；合并单元/智能终端一体化装置 9 台
12	电缆	39.81km
12.1	10kV 电力电缆	0.37km
12.2	1kV 及以下电力电缆	11.44km
12.3	控制电缆	28km，1kV、屏蔽、铜芯
13	光缆	预制光缆 10km，厂供光缆、尾缆 6km
14	接地	热镀锌扁钢，垂直接地极 250 根，水平主接地网 5000m
二	土建部分	
1	基本技术数据	
1.1	地震基本烈度	7 度，按设计基本地震加速度值 0.15g
1.2	设计风速	27m/s
1.3	地基承载力特征值	f_{ak}=150kPa
1.4	海拔	1000m 以下，场地同一标高
1.5	污秽等级	d 级
1.6	采暖	非采暖区
1.7	地下水	无影响
2	总平面布置	
2.1	站外道路	本次未涉及

续表 10-1

序号	项目名称	工程技术条件
2.2	站内道路	主变压器运输道路宽取4.5m，消防道路为4.0m，其余道路为3.0m，采用郊区型道路，无路缘石，路面为混凝土
2.3	电缆沟道	总长度544m；采用现浇钢筋混凝土结构
2.4	排水方式	站内排水采用有组织集中排放方式
2.5	站区占地	站区东西方向长142m，南北方向长106m，围墙内占地1.5052hm²
2.6	围墙	采用装配式围墙
3	建筑物	二次设备室1座，10kV配电装置室1座，消防泵房1座；全站总建筑面积为839.21m²
3.1	二次设备室	
3.1.1	建筑面积与体积	单层，建筑面积为400.76m²，建筑体积为1562.96m³
3.1.2	建筑结构	采用装配式钢框架结构，不设电缆夹层
3.1.3	建筑物基础	本次未涉及
3.1.4	建筑装修	（1）外墙：采用铝镁锰复合板+纤维水泥饰面板。 （2）门窗：除部分选用木门、铝镁合金门外，其余门采用钢质防火门、成品防盗钢门，窗采用断桥铝合金窗，5+6A+5+6A+5中空浮法玻璃、中间层为加胶玻璃。 （3）屋面：防水等级Ⅰ级。设置两道设防的防水保温屋面。 （4）楼地面：二次设备室、蓄电池室及消防泵房采用水泥基自流平地面、其他均为地砖。 （5）内墙：采用一体化纤维水泥集成墙板，除卫生间和备餐间为瓷砖以外，其他均为纤维水泥饰面板
3.2	10kV配电装置室	
3.2.1	建筑面积与体积	单层，建筑面积355.99m²，建筑体积为1423.96m³
3.2.2	建筑结构	采用装配式钢框架结构
3.2.3	建筑物基础	本次未涉及
3.2.4	建筑装修	地面为水泥基自流平。外墙内侧采用纤维水泥饰面板，不设吊顶。外面装饰材料及风格、色调同二次设备室。门采用钢质防火门，窗采用断桥铝合金窗，5+6A+5+6A+5中空浮法玻璃、中间层为加胶玻璃
4	构筑物	220kV、110kV、主变压器构支架采用圆形钢管，除主变压器构架按本期规模外，其余按终期规模一次建设；设备支架按本期规模建设；设备支架采用地脚螺栓基础
4.1	220kV构架	220kV构架采用圆形钢管，A字型结构。钢管柱采用法兰连接。构架横梁采用三角形钢桁架梁，主材采用无缝钢管，腹杆均采用型钢。采用热镀锌防腐
4.2	110kV构架	110kV构架采用圆形钢管，A字型结构。构架横梁采用三角形钢桁架梁，主材腹杆均采用型钢。采用热镀锌防腐
4.3	主变压器构架	主变压器构架采用圆形钢管，A 字型结构。构架横梁采用三角形钢桁架梁，主材腹杆均采用型钢。采用热镀锌防腐
4.4	构、支架基础及主变压器基础	设备支架均采用地脚螺栓重力式基础，主变压器基础采用钢筋混凝土整板式基础
5	其他构筑物	事故油池、消防水池等地下构筑物均采用现浇钢筋混凝土结构，抗渗等级P6
6	供水	本次未涉及
7	采暖通风	在二次设备室、10kV配电装置室、资料室、警卫室等房间采用分体冷热空调；蓄电池室采用置换通风式空调；在10kV配电装置室、蓄电池室设通风设备；消防泵房设计采暖
8	消防	站内设室外水消防系统，站内设置不同类型的移动式灭火器，主变压器采用水喷雾灭火系统

10.1.2 主要电气设备材料表

电气一次部分设备包括主变压器系统、各电压等级装置、无功补偿装置、站用电部分、照明部分、防火材料及其他、接地等部分。其中，主变压器系统主要包括与主变压器相连到架构前的部分设备；照明部分将动力配电箱、检修箱、照明配电箱、户外照明灯具归入本项内；防火材料及其他包括二次控制电缆、1kV电力电缆、电缆支架、防火材料等；接地部分包含主接地网、接地引下线、垂直接地极等。电气二次设备包括计算机监控系统、继电保护、直流系统、通信电源、电能计费、智能控制柜各部分。其中，智能控制柜划分为HGIS智能汇控柜、母线、变压器智能控制柜等；不考虑检修试验设备。220kV变电站通用方案HA-220-B-1主要电气设备材料表见表10-2。

表 10-2　　通用方案 HA-220-B-1 主要电气设备材料表

序号	设备名称	规格	单位	数量	备注
一	主变压器系统				
1	主变压器	三相三绕组油浸自冷式有载调压变压器 SSZ10-180000/220	台	1	
2	220kV 中性点成套装置		套	1	
3	110kV 中性点成套装置		套	1	
4	氧化锌避雷器	HY5WZ5-17/45，附放电计数器	台	3	
5	耐张绝缘子串	20（XWP2-100）	串	6	
6	耐张绝缘子串	11（XWP2-100）	串	6	
7	钢芯铝绞线	JL/G1A-630/45； 220kV 单导线 1 跨、引下线 1 组； 110kV 双导线 1 跨、引下线 1 组	m	324	
8	钢芯铝绞线	JL/G1A-300/25； 中性点设备连线，单导线 0.66 组	m	15	
9	10kV 铜排	3（TMY-125×10）	m	150	
10	20kV 支柱绝缘子	ZSW-24/12.5	支	26	
11	智能控制柜		面	1	
二	220kV 户外配电装置部分				
1	220kV HGIS 出线间隔	单断路器，4000A，50kA	间隔	4	
2	220kV HGIS 主变压器进线间隔	单断路器，4000A，50kA	间隔	1	
3	220kV HGIS 母联间隔	单断路器，4000A，50kA	间隔	1	
4	三柱水平旋转式隔离开关	220kV，4000A，50kA，双接地	组	2	
5	电压互感器	220kV 电容式	台	21	
6	氧化锌避雷器	Y10W1-204/532W，附在线放电计数器	台	15	
7	母线接地开关	252kV，630A	组	2	
8	支柱绝缘子	252kV，抗弯 8kN，抗扭 4kN	支	11	
9	铝镁合金管	6063-ϕ 250/230	m	750	
10	铝镁合金管（母线衬管）	6063-ϕ 229/209	m	75	
11	耐张绝缘子串	17（XWP2-120）	串	18	
12	悬垂绝缘子串	17（XWP2-120）	串	15	
13	V 型悬吊串	2×17（WP2-120）	串	60	两组为 1 串
14	钢芯铝绞线	JL/G1A-630/45，包括单导线跨线 3 跨；双导线引下线 18 组；单导线引下线 16 组，单导线跳线 1 组	m	1424	
15	钢芯铝绞线	JL/G1A-400/35，包括单导线引下线 2 组和设备连线 2 组	m	65	
16	管母线跳线金具	MGTH-250	套	24	
17	端封球	MGZ-250	套	12	
18	斜拉式悬吊线夹	MGXX1-250	套	60	
19	管母 T 接金具	MGTT-250/400/35L	套	6	
20	管母 T 接金具	MGTT-250/630/45L	套	66	
21	HGIS 智能汇控柜		面	6	
22	母线设备智能控制柜		面	2	
三	110kV 户外配电装置部分				
1	110kV HGIS 出线间隔	单断路器，3150A，40kA	间隔	4	
2	110kV HGIS 主变压器进线间隔	单断路器，3150A，40kA	间隔	1	

续表 10-2

序号	设备名称	规格	单位	数量	备注
3	110kV HGIS 母联间隔	单断路器，3150A，40kA	间隔	1	
4	双柱水平旋转式隔离开关	110kV，3150A，40kA，双接地	组	2	
5	电压互感器	110kV 电容式	台	21	
6	氧化锌避雷器	Y10W-102/266W，附在线放电计数器	台	15	
7	母线接地开关	126kV，630A	组	2	
8	支柱绝缘子	126kV，抗弯 8kN，抗扭 4kN	支	6	
9	铝镁合金管	6063-ϕ 130/116	m	720	
10	铝镁合金管（母线衬管）	6063-ϕ 115/101	m	72	
11	耐张绝缘子串	10（XWP2-120）	串	18	
12	悬垂绝缘子串	10（XWP2-120）	串	15	
13	V 型悬吊串	210（WP2-120）	串	96	两组为 1 串
14	钢芯铝绞线	JL/G1A-630/45，包括双导线跨线 3 跨；双导线引下线 6 组，双导线跳线 1 组；单导线引下线 2 组	m	515	
15	钢芯铝绞线	JL/G1A-400/35，包括单导线引下线 6 组	m	75	
16	钢芯铝绞线	JL/G1A-240/30，包括双导线引下线 16 组和单导线引下线 8 组	m	580	
17	管母线跳线金具	MGTH-130	套	42	
18	端封球	MGZ-130	套	12	
19	斜拉式悬吊线夹	MGXX1-130	套	96	
20	管母 T 接金具	MGTT-130/240/35L	套	48	
21	管母 T 接金具	MGTT-130/400/45L	套	12	
22	HGIS 智能汇控柜		面	6	
23	母线设备智能控制柜		面	2	
四	10kV 配电装置				
1	高压开关柜	KYN28A-12，4000A～40kA	面	1	主进
2	高压开关柜	KYN28A-12，1250A～31.5kA	面	1	母线设备
3	高压开关柜	KYN28A-12，1250A～31.5kA（SF_6 断路器）	面	4	电容器
4	高压开关柜	KYN28A-12，1250A～31.5kA	面	1	接地变压器
5	高压开关柜	KYN28A-12，1250A～31.5kA	面	8	出线
6	高压开关柜	KYN28A-12，4000A～40kA	面	1	隔离
7	穿墙套管	CWW-24/4000-4	支	3	
8	封闭母线桥	4000A，铜	m	10	
五	无功补偿				
1	无功补偿电容器成套装置	TBB11/$\sqrt{3}$ -8000-3W，每套包括电容器组、电抗器、放电线圈、隔离开关、避雷器、支持绝缘子等	套	4	
2	10kV 电力电缆	ZR-2×（YJV22-8.7/10kV-3×240）	m	360	按单根计
3	10kV 户内冷缩电缆头	配 ZR-YJV22-8.7/10kV-3×240 电缆用	个	8	
4	10kV 户外冷缩电缆头	配 ZR-YJV22-8.7/10kV-3×240 电缆用	个	8	
5	电缆保护管	DN150	m	24	
六	站用电部分				
1	接地变压器及消弧线圈成套装置	DKSC-1500/10.5-500/0.4	套	1	

续表 10-2

序号	设备名称	规格	单位	数量	备注
2	10kV 高压电缆	ZR-YJV22-8.7/10kV-3×185	m	10	
3	10kV 户内冷缩电缆头	配 ZR-YJV22-8.7/10kV-3×185 铜芯电缆用	个	2	
七	照明部分				
1	照明配电箱	NM-XRMG3	个	6	
2	暖通配电箱	NM-XRMG3	个	4	
3	动力配电箱	NM-XRMG3	个	1	
4	户外检修箱	XJW	个	5	
5	户内检修箱	NM-XRZB3	个	1	
6	投光灯	2×250W	套	19	含光源
7	投光灯	250W	套	4	含光源
8	庭院灯	2×100W	套	4	含光源
9	投光壁灯	250W	套	3	含光源
10	电线	BV-750-4	m	350	
11	电力电缆	YJV22-3×10	m	1300	
12	照明控制电缆	KVVP22-4×1.5	m	25	
13	电线钢管	DN40	m	450	
八	防雷接地				
1	接地扁钢	—80mm×8mm 热镀锌	m	5000	主地网
2	接地扁钢	—80mm×8mm 热镀锌	m	4800	设备及构支架引下
3	接地扁钢	—50mm×6mm 热镀锌	m	1300	电缆沟、检修箱等
4	接地扁钢	—40mm×4mm 热镀锌	m	740	照明灯具、爬梯等
5	接地扁钢	—25mm×4mm 热镀锌	m	150	
6	接地铜排	—50mm×4mm	m	370	设备接地
7	接地铜排	—25mm×4mm	m	200	二次
8	热镀锌角钢	∠50mm×5mm，*L*=2500mm	根	250	
9	软铜线	35、25、16、6mm^2	m	100	
10	接地铜缆	ZR-VV-1×120	m	500	
11	接地铜缆	ZR-VV-2×50	m	400	
12	多股铜质软导线	4mm^2	m	200	
13	临时接地端子		个	62	
九	防火材料及其他				
1	防火包		t	1.5	
2	有机防火堵料	FBQ-2	t	13	
3	防火涂料	BXF-D311	t	0.76	
4	无机耐火隔板	*t*=10mm	m^2	500	
5	L 型层间防火隔板	*t*=10mm，底边宽度 300mm，翻边高度 80mm	套	792	含连接金具
		t=10mm，底边宽度 300mm，翻边高度 50mm	套	780	含连接金具
6	钢板	*t*=5mm	m^2	53	
7	电缆支架	角钢	t	9.1	
8	电力电缆				
8.1	电力电缆	NH-YJV22-1-3×240+1×120	km	0.5	

续表 10-2

序号	设备名称	规格	单位	数量	备注
8.2	电力电缆	NH-YJV22-3×120+1×70	km	0.34	
8.3	电力电缆	1kV	km	9.6	
9	电缆护管	DN40	km	0.45	
10	电缆护管	DN50	km	5	
11	电缆护管	DN70	km	1	
12	控制电缆	ZR-KVVP2-22-	km	26	
13	预制电缆	ZR-KVVP2-22-	km	2	
14	厂供电缆		km	0.515	
十	状态监测系统				
1	主变压器状态监测系统	变压器检测终端、油温、油位远传表计、油色谱在线监测单元、铁芯接地电流在线监测传感器、中性点避雷器在线监测传感器等	套	1	
2	220kV 避雷器状态监测装置	每台避雷器配置 1 个带远传功能表计，共 15 个，共用 1 个 IED	套	1	
3	110kV 避雷器状态监测装置	每台避雷器配置 1 个带远传功能表计，共 15 个，共用 1 个 IED	套	1	
4	220kV HGIS 在线监测系统	监测终端、绝缘气体密度远传表计	套	1	
5	110kV HGIS 在线监测系统	监测终端、绝缘气体密度远传表计	套	1	
6	10kV 开关柜监测系统	监测终端、表计采集终端、触头温度传感器，绝缘气体密度远传表计等	套	1	
十一	计算机监控系统	完成全站监控或远传、实现无人值班，实现顺序控制、智能告警及分析决策等高级功能	套	1	
1	监控主机柜	含 2 套主机/操作员站，一键顺控及高级应用软件功能	面	1	
2	智能防误主机柜	智能防务主机 1 台，一键顺控及高级应用软件功能	面	1	
3	Ⅰ区数据通信网关机柜	包括Ⅰ区通信网关机 2 台，Ⅰ区站控层中心交换机 2 台，Ⅰ区/Ⅱ区防火墙 2 台	面	1	
4	Ⅱ数据通信网关机柜	Ⅱ区通信网关机 2 台，Ⅱ区站控层中心交换机 2 台	面	1	
5	综合应用服务器柜	包括综合应用服务器 1 台，Ⅳ区数据通信网关机 1 台，正、反向隔离装置各 1 台，交换机 1 台	面	1	
6	间隔层交换机柜	间隔层交换机 8 台（百兆、24 电口，2 多模光口）	面	1	
7	调度数据专网屏	每面含 1 台路由器和 2 台交换机，2 台纵向加密装置，其中 1 面含 1 套网络安全监测装置	面	2	
8	10kV 间隔层交换机	百兆、24 电口，2 多模光口，布置于 10kV 母线 TV 开关柜（按段配置）	台	2	
9	公用测控柜	含公用测控装置 3 台	面	1	
10	主变压器测控柜	含测控装置 4 台	面	1	
11	220kV 母线测控柜	含 220kV 母线测控装置 2 台	面	1	
12	110kV 母线测控柜	含 110kV 母线测控装置 2 台	面	1	
13	10kV 母线测控装置		台	1	
14	220kV 线路、母联测控装置		台	5	
15	10kV 线路保护测控集成装置		台	8	
16	10kV 电容器保护测控集成装置		台	4	
17	10kV 站用变压器保护测控集成装置		台	1	
18	10kV TV 电压并列装置		台	1	
19	高级应用软件		套	1	
20	网络打印机		套	2	
21	微机五防操作闭锁装置	含电脑钥匙、就地锁具、验电器等	套	1	

续表 10-2

序号	设备名称	规格	单位	数量	备注
22	时间同步系统	主时钟冗余配置，支持北斗和 GPS 授时信号，包括主时钟柜 1 面、扩展柜 1 面	面	3	
23	铠光缆、尾缆、网线	预制光缆 10000m，铠装光缆、单模光缆、同轴光缆、尾缆 6000m，铠装超五类屏蔽线 1000m，铠装屏蔽双绞线 2000m	套	1	
十二	继电保护	不包括自动装置			
1	220kV 线路保护柜	每面含 220kV 线路保护装置 2 台	面	4	
2	220kV 母线保护柜	每面含 220kV 母线保护装置 1 台	面	2	
3	通信接口柜	每面含通信接口装置 4 台	面	2	
4	220kV 母联保护柜	含 220kV 母联保护装置 2 台	面	1	
5	110kV 线路保护柜	每面含 110kV 线路保护测控集成装置 2 套	面	2	
6	110kV 母线保护柜	含 110kV 母线保护装置 1 台	面	1	
7	110kV 母联保护柜	含 110kV 母联保护测控集成装置 1 台	面	1	
8	主变压器保护柜	每面含主变压器保护装置 1 套	面	2	
9	主变压器故障录波柜	含故障录波装置 2 台	面	1	
10	220kV 故障录波柜	含故障录波装置 2 台	面	1	
11	110kV 故障录波柜	含故障录波装置 2 台	面	1	
12	网络记录分析柜	含分析、采集装置 4 台	面	2	
十三	交直流一体化电源系统				
1	蓄电池组	800Ah，DC 220V	组	2	
2	380V 交流电源柜		面	6	
3	直流柜	2 面充电柜，6 面馈线柜，1 面联络柜， 2 面通信电源柜	面	11	
4	UPS 电源柜	容量 10kVA	面	2	
5	一体化监控柜	IEC 61850 规约	面	1	
6	事故照明逆变电源柜	5kVA	面	1	
十四	电能计费				
1	电能量采集终端柜	含电能量采集屏 1 面	面	2	
2	数字式智能电能表	0.2S	块	1	
3	远方采集终端	含 2 台电能量远方终端	套	1	
4	主变压器电能表柜	含 0.5S 级多功能电能表 2 块（主变压器中低压侧）	面	1	
5	220kV 线路电能表柜	含数字式 0.5S 级多功能电能表 4 块	面	1	
6	110kV 线路电能表柜	含数字式 0.5S 级多功能电能表 4 块	面	1	
7	10kV 电能表	0.5S 模拟式多功能电能表	块	13	
十五	智能辅助控制系统				
1	火灾消防子系统	消防信息传输控制单元、火灾报警控制器、感温感烟探测器、感温电缆、导线、声光报警装置等	套	1	
2	安全防卫子系统	安防监控终端、门禁控制器、电子围栏、红外双鉴探测器、红外对射探测器、声光报警器、紧急报警按钮等	套	1	
3	动环子系统	动环监控终端、空调控制器、照明控制器、风机控制器、水泵控制器、温湿度传感器、微气象传感器、水浸传感器、绝缘气体监测传感器等	套	1	
4	智能锁控子系统	锁控监控终端、锁具、电子钥匙等	套	1	
5	智能巡视子系统	智能巡视主机 1 台，户内网络摄像机，户外网络摄像机、网络全景摄像机、室外高清红外枪机、红外热成像摄像机、显示器、硬盘录像机等	套	1	

续表 10-2

序号	设备名称	规格	单位	数量	备注
十六	主变压器消防系统	消防联动控制屏 1 面（含联动控制器、多线控制盘等）、消防泵房模块箱、雨淋阀模块箱、主变压器模块箱、感温电缆、电源及信号线等	套	1	
十七	过程层设备				
1	主变压器 220kV 侧合并单元		台	2	
2	220kV 线路合并单元		台	8	
3	220kV 母联合并单元		台	2	
4	220kV TV 合并单元		台	2	
5	110kV TV 合并单元		台	2	
6	主变压器 220kV 侧智能终端		台	2	
7	主变压器本体智能终端	集成非电量保护功能	台	1	
8	220kV 线路智能终端		台	8	
9	220kV 母联智能终端		台	2	
10	220kV TV 智能终端		台	2	
11	110kV TV 智能终端		台	2	
12	主变压器 10kV 合并单元/智能终端一体化装置		台	2	
13	主变压器 110kV 合并单元/智能终端一体化装置		台	2	
14	110kV 线路合并单元/智能终端一体化装置		台	4	
15	110kV 母联合并单元/智能终端一体化装置		台	1	
16	220kV 过程层中心交换机	百兆、16 多模光口交换机	台	4	
17	110kV 过程层交换机柜	含 5 台百兆、22 多模光口交换机	面	1	
18	220kV 线路过程层交换机	百兆、8 多模光口交换机	台	8	
19	220kV 母联过程层交换机	百兆、8 多模光口交换机	台	2	
20	主变压器 220kV 侧过程层交换机	百兆、16 多模光口交换机	台	2	
21	主变压器 110kV 侧过程层交换机	百兆、16 多模光口交换机	台	2	
十八	站内通信				
1	信息插座	含模块及底盒	个	7	
2	语音插座	含模块及底盒	个	4	
3	超五类网线	HSYVP-5e，4×2×0.5	m	830	
4	管材	ϕ25 内径 PVC 管	m	345	
5	穿线盒		个	6	

10.1.3 建筑工程量表

建筑工程量清册包括总图、建筑物、构筑物、水工和暖通共五部分。

总图部分包括站区占地面积、站区道路面积、站区围墙长度、站区内建筑物面积、站区电缆隧道长度和特殊构筑物。其中站区占地面积边界以围墙中心线外 1m 为界。

建筑物部分包括二次设备室、10kV 配电装置室和消防泵房共三项。各建筑物分为建筑专业和结构专业两部分。

220kV 变电站通用方案 HA-220-B-1 建筑工程量表见表 10-3。

表 10-3　　通用方案 HA-220-B-1 建筑工程量表

序号	名称	规格	单位	数量	备注
一	总图部分				
1	站区总占地面积				
1.1	站区围墙内占地面积		hm^2	1.5052	以围墙中心线计
1.2	其他占地面积		hm^2	—	本次不涉及
1.3	进站道路占地面积		hm^2	—	本次不涉及
1.4	合计		hm^2	1.5052	
2	站区道路面积	厚度 0.67m，混凝土路面	m^2	2702	
3	站区围墙长度	围墙高 2.3m，装配式围墙	m	490	
4	建筑物				
4.1	二次设备室、10kV 配电装置室、消防泵房	21.3m×18.6m；36.0m×9.0m；12.0m×6.0m	m^2	839.21	钢结构（建筑面积）
5	站区电缆沟				
5.1	站区电缆沟	1.1m×0.8m（最小净空容积）	m	93.3	过道路段 10m
5.2	站区电缆沟	1.1m×1m（最小净空容积）	m	247.7	过道路段 31m
5.3	站区电缆沟	1.4m×1m（最小净空容积）	m	137	过道路段 31m
5.4	站区电缆沟	0.8m×0.6m（最小净空容积）	m	46	过道路段 7m
6	特殊构筑物				
6.1	总事故油池	最小净空容积	m^3	90	钢筋混凝土结构
6.2	化粪池		座	1	成品
6.3	深井		座	—	本次不涉及
6.4	强排泵池	$120m^3$（净空容积）	座	1	钢筋混凝土结构
6.5	消防水池	$320m^3$（净空容积）	座	1	钢筋混凝土结构
7	大门		m	5.5m×2.1m	实体电动推拉大门
8	主变压器消防砂箱		座	1	
9	站区地坪	100mm 厚灰土，100mm 厚碎石	m^2	9500	
二	建筑物部分				
1	二次设备室				
1.1	建筑部分				
1.1.1	建筑面积	21.3m×18.6m	m^2	400.76	以轴线计
1.1.2	建筑体积		m^3	1562.96	以轴线计
1.1.3	地面工程				
1.1.3.1	砂浆地面	水泥基自流平面层	m^2	263.66	二次设备间、蓄电池室
1.1.3.2	地砖	普通地砖	m^2	137.1	其余地面
1.1.4	楼面工程				
1.1.4.1	轻钢龙骨吊顶	塑料扣板	m^2	16.71	卫生间顶棚
1.1.5	屋面工程				
1.1.5.1	屋面保温防水	挤塑聚苯板保温，双层 SBS 改性沥青防水卷材	m^2	400.76	
1.1.6	墙体工程				
1.1.6.1	外墙	铝镁锰复合板	m^2	417	
1.1.6.2	外墙内侧	纤维水泥饰面板	m^2	294.77	
1.1.6.3	内墙	一体化纤维水泥集成墙板	m^2	345.62	
1.2	结构部分				

续表 10-3

序号	名称	规格	单位	数量	备注
1.2.1	屋面板面积	130mm 厚 C30 钢筋桁架楼承板	m^2	400.76	以轴线计
1.2.2	钢柱	Q355H 型钢	t	18.853	
1.2.3	钢梁	Q355H 型钢	t	27.279	
1.2.4	钢支撑桁架		t	18.7	
1.2.5	钢筋混凝土基础梁	C30 钢筋混凝土	m^3	27.15	基础层
1.2.6	框架柱	C30 钢筋混凝土	m^3	21.99	基础层
1.2.7	基础		m^3	—	本次不涉及
1.2.8	挖方		m^3	—	本次不涉及
2	10kV 配电装置室				
2.1	建筑部分				
2.1.1	建筑面积	36.0m×9.0m	m^2	355.99	以轴线计
2.1.2	建筑体积		m^3	1423.96	以轴线计
2.1.3	地面工程				
2.1.3.1	砂浆地面	水泥基自流平面层	m^2	355.99	复杂地面
2.1.4	屋面工程				
2.1.4.1	屋面保温防水	挤塑聚苯板保温，双层 SBS 改性沥青防水卷材	m^2	355.99	
2.1.5	墙体工程				
2.1.5.1	外墙	铝镁锰复合板	m^2	525.6	
2.1.5.2	外墙内侧	纤维水泥饰面板	m^2	214.8	
2.1.5.3	外墙内侧	一体化纤维水泥集成墙板	m^2	132	用于防火墙
2.2	结构部分				
2.2.1	屋面板面积	130mm 厚 C30 钢筋桁架楼承板	m^2	355.99	以轴线计
2.2.2	钢柱	Q355H 型钢	t	16.77	
2.2.3	钢梁	Q355H 型钢	t	22.9	
2.2.4	钢支撑桁架		t	8.902	
2.2.5	钢筋混凝土基础梁	C30 钢筋混凝土	m^3	15.039	基础层
2.2.6	框架柱	C30 钢筋混凝土	m^3	17.598	基础层
2.2.7	基础		m^3	—	本次不涉及
2.2.8	挖方		m^3	—	本次不涉及
3	消防泵房				
3.1	建筑部分				
3.1.1	建筑面积	12.0m×6.0m	m^2	82.46	以轴线计
3.1.2	建筑体积		m^3	469.55	以轴线计
3.1.3	地面工程				
3.1.3.1	砂浆地面	水泥基自流平面层	m^2	82.46	
3.1.4	屋面工程				
3.1.4.1	屋面保温防水	挤塑聚苯板保温，双层 SBS 改性沥青防水卷材	m^2	82.46	
3.1.5	墙体工程				
3.1.5.1	外墙	铝镁锰复合板	m^2	277.2	
3.1.5.2	外墙内侧	纤维水泥饰面板	m^2	152.19	
3.1.5.3	外墙内侧	一体化纤维水泥集成墙板	m^2	73.53	用于防火墙

续表 10-3

序号	名称	规格	单位	数量	备注
3.2	结构部分				
3.2.1	屋面板面积	130mm 厚 C30 钢筋桁架楼承板	m^2	82.46	以轴线计
3.2.2	钢柱	Q355H 型钢	t	5.061	
3.2.3	钢梁	Q355H 型钢	t	3.906	
3.2.4	钢吊车梁	Q355H 型钢	t	2.379	
三	构筑物部分				
1	主变压器基础及油坑				
1.1	主变压器基础	钢筋混凝土整板式基础（7.8m×4.4m×0.8m），C30	m^3	55.704	
1.2	主变压器油坑	最小净空	m^3	99.84	
2	主变压器构支架				
2.1	构架				
2.1.1	主变压器构架（A 型）	14m 高 ϕ300×6 圆形直缝钢管 Q355B	t	1.165	Q355B，不含连接件
2.1.2	主变压器构架（A 型带端撑）	14m 高 ϕ300×8 圆形直缝钢管，Q355B	t	3.644	Q355B，不含连接件
2.1.3	10kV 母线桥支架	ϕ300×6 圆形直缝钢管，Q355B	t	0.78	3 支
2.1.4	主变压器横梁	格构式钢桁架，主材 ϕ102×6mm 钢管	t	1.8	1 榀
2.1.6	主变压器构架爬梯		t	0.25	
2.2	箱体				
2.2.1	智能控制柜	C30 混凝土	m^3	1.5	1 座
2.2.2	主变压器动力箱	C30 混凝土	m^3	1.5	1 座
2.2.3	油色谱柜	C30 混凝土	m^3	1.5	1 座
3	10kV 部分				
3.1	10kV 电容器组				
3.1.1	电容器组基础	C30	m^3	72	4 组电容器
4	220kV 配电装置				
4.1	220kV 构架部分				
4.1.1	25.0m 钢梁	格构式钢桁架，主材 ϕ140×8mm 钢管	t	35.792	7 榀
4.1.2	15.0m 钢梁	格构式钢桁架，主材 ϕ140×8mm 钢管	t	9.461	6 榀
4.1.3	13.5m 钢梁	格构式钢桁架，主材 ϕ102×8mm 钢管	t	8.992	6 榀
4.1.4	18.0m 高端撑柱	ϕ450×8 圆形直缝钢管，Q355B	t	15.436	2 榀
4.1.5	18.0m 高端撑柱	ϕ350×6 圆形直缝钢管，Q355B	t	4.487	1 榀
4.1.6	18.0m 高 A 型柱	ϕ450×10 圆形直缝钢管，Q355B	t	22.679	4 榀
4.1.7	18.0m 高 A 型柱	ϕ350×6 圆形直缝钢管，Q355B	t	3.013	1 榀
4.1.8	18.0m 高 A 型柱	ϕ350×6 圆形直缝钢管，Q355B	t	3.112	1 榀
4.1.9	14.0m 高 A 型柱	ϕ300×6 圆形直缝钢管，Q355B	t	16.364	9 榀
4.1.10	7.0m 地线柱	ϕ377×10 圆形直缝钢管，Q355C	t	1.663	3 支
4.1.11	构架避雷针		t	4.082	5 针
4.1.12	构架爬梯		t	3.306	23 组
4.2	220kV 设备支架				
4.2.1	220kV HGIS 基础	C30	m^3	453.33	6 组
4.2.2	220kV 电压互感器支架	ϕ300×6 圆形直缝钢管，Q355B	t	6.3	21 支
4.2.3	220kV 避雷器支架	ϕ219×6 圆形直缝钢管，Q355B	t	3.9	15 支

续表 10-3

序号	名称	规格	单位	数量	备注
4.2.4	220kV 支柱绝缘子支架	ϕ200×6 圆形直缝钢管，Q355B	t	4.25	11 支
5	110kV 配电装置				
5.1	110kV 构架部分				
5.1.1	16.0m 钢梁	格构式钢桁架，主材ϕ108×6mm 钢管	t	5.024	3 榀
5.1.2	15.8m 钢梁	格构式钢桁架，主材ϕ108×6mm 钢管	t	10.047	6 榀
5.1.3	15.0m 钢梁	格构式钢桁架，主材ϕ108×6mm 钢管	t	13.397	8 榀
5.1.4	7.5m 钢梁	格构式钢桁架，主材ϕ89×6mm 钢管	t	2.108	3 榀
5.1.5	12.0m 高端撑柱	ϕ273×6 圆形直缝钢管，Q355B	t	14.61	5 榀
5.1.6	12.0m 高 A 型柱	ϕ273×6 圆形直缝钢管，Q355B	t	18.798	10 榀
5.1.7	10.0m 高 A 型柱	ϕ300×6 圆形直缝钢管，Q355B	t	8.636	6 榀
5.1.8	地线柱	ϕ350×8 圆形直缝钢管，Q355B	t	2.38	6 根
5.1.9	构架避雷针		t	2.977	3 针
5.1.10	爬梯		t	2.489	23 组
5.2	110kV 设备支架				
5.2.1	110kV HGIS 基础	C30	m^3	138.6	6 组
5.2.2	110kV 电压互感器支架	ϕ300×6 圆形直缝钢管，Q355B	t	3.15	21 支
5.2.3	110kV 避雷器支架	ϕ219×6 圆形直缝钢管，Q355B	t	2.25	15 支
5.2.4	110kV 支柱绝缘子支架	ϕ200×6 圆形直缝钢管，Q355B	t	1.5	6 支
四	水工部分				
1	钢塑复合管	DN50	m	4	生活水管
2	涂塑复合钢管	DN100	m	169	生活水管
3	排水 PVC-U	DN150	m	5	
4	钢筋混凝土管	DN200	m	12	污水管
5	钢筋混凝土管	DN300	m	307	雨水管
6	钢筋混凝土管	DN400	m	66	雨水管
7	钢筋混凝土管	DN500	m	35	雨水管
8	钢筋混凝土管	DN600	m	15	雨水管
9	镀锌钢管	DN250	m	38	事故排油管
10	水封井	ϕ700mm	个	3	
11	污水检查井	ϕ700mm	个	4	成品
12	雨水口		个	20	成品
13	塑料雨水井	ϕ1000mm	个	31	成品
14	塑料检查井	ϕ1250mm	个	20	成品
15	砖砌给水阀门井	ϕ1200mm	个	1	
16	潜水排污泵	Q=400t/h，H=30m，N=55kW	台	2	
17	焊接钢管	ϕ219×6	m	18	
18	焊接钢管	ϕ377×6	m	12	
19	电动消防泵	Q=120L/s，H=75m，N=132kW	台	2	
20	消防稳压泵	Q=5L/s，H=72m，N=7.5kW	台	2	
21	消防稳压罐	ϕ1400	台	1	
22	压力表及配套仪表阀门		个	3	
23	无缝钢管	ϕ273×7/ϕ219×6	m	35/1	

续表 10-3

序号	名称	规格	单位	数量	备注
24	无缝钢管	ϕ 168×5	m	4	
25	无缝钢管	ϕ 114×4/ϕ 60×3	m	10/1	
26	焊接钢管	ϕ 159×5	m	20	
27	焊接钢管	ϕ 76×4	m	2	
28	消防水池超声液位计	量程 5m	台	1	
29	消防水电磁流量计	最大量程不低于 420L/s	台	1	
30	压力变送器	4～20mA 输出	台	2	
31	主变压器水喷雾消防系统	包括雨淋阀组、高速水雾喷头、就地控制盘、管道及相应阀件等	套	1	
32	焊接钢管	DN250	m	246	消防水管
33	室外消火栓		个	4	
34	手动闸阀	DN250	个	1	
35	消防砂箱	$1m^3$	座	1	
36	推车式干粉灭火器	50g	台	4	
37	泡沫灭火器	6L	具	4	
38	磷酸铵盐干粉灭火器	4kg	具	8	
39	消防铅桶	25L	个	15	
40	消防斧		把	4	
41	消防铲		把	8	
五	暖通部分				
1	风管式分体空调	KFRd-150EW，制冷量：15kW，制热量：16kW	台	4	二次设备室
2	风管式分体空调	KFR-72T2W，制冷量：7.2kW，制热量：9.4kW	台	6	10kV 配电装置室
3	风管式分体空调	FGR5Pd/C3Nh-N1，制冷量：5kW，制热量：6kW	台	1	蓄电池室
4	分体壁挂空调	KFR-35GW，制冷量：3.5kW，制热量：5kW	台	3	保电值班室、警卫室、资料室
5	屋顶轴流风机	DTW-3-0.06，$L=1450m^3/h$，$n=1450r/min$，$H=72Pa$	台	2	蓄电池室
6	屋顶轴流风机	DTW-4-0.55，$L=5700m^3/h$，$n=1450\ r/min$，$H=176Pa$	台	2	10kV 配电装置室
7	卫生间排气扇	JVF-AP	台	3	
8	消音百叶窗带过滤器	600mm×600mm，　1200mm×600mm	个	4	蓄电池室、10kV 配电装置室
9	电暖气	功率 2000W	个	2	消防泵房

10.1.4　概算书

概算投资为静态投资，编制依据为第 4 章要求，概算书附总概算表、安装工程部分汇总概算表、建筑工程部分汇总概算表、其他费用概算表，分别见表 10-4～表 10-7。

表 10-4　　**通用方案 HA-220-B-1 总概算表**　　金额单位：万元

序号	工程或费用名称	建筑工程费	设备购置费	安装工程费	其他费用	合计	各项占静态投资（%）	单位投资（元/kVA）
一	主辅生产工程	1778	3600	1159		6537	92.96	363.17
1	主要生产工程	1503	3600	1159		6262	89.05	347.89

续表 10-4

序号	工程或费用名称	建筑工程费	设备购置费	安装工程费	其他费用	合计	各项占静态投资（%）	单位投资（元/kVA）
2	辅助生产工程	275				275	3.91	15.28
二	与站址有关的单项工程							
	小计	1778	3600	1159		6537	92.96	363.17
三	其中：编制期价差	236		81		317	4.51	17.61
四	其他费用				391	391	5.56	21.72
	其中：建设场地征用及清理费							
五	基本预备费				104	104	1.48	5.78
六	特殊项目							
	工程静态投资	1778	3600	1159	495	7032	100	390.67
	各类费用占静态投资的比例（%）	25	51	16	7	100		

表 10-5　　通用方案 HA-220-B-1 安装工程部分汇总概算表　　金额单位：元

序号	工程或费用名称	设备购置费	安装工程费			合计	技术经济指标		
			装置性材料	安装	小计		单位	数量	指标
	安装工程	36004037	4879146	6715405	11594551	47598588			
一	主要生产工程	36004037	4879146	6715405	11594551	47598588			
1	主变压器系统	7745815	178732	254673	433405	8179219	元/kVA	180000	45.44
1.1	主变压器	7745815	178732	254673	433405	8179219			
2	配电装置	19179815	1803059	1624131	3427190	22607005			
2.1	户内配电装置	1684208	150424	76323	226748	1910955			
2.1.1	10kV 配电装置	1684208	150424	76323	226748	1910955			
2.2	户外配电装置	17495608	1652635	1547808	3200443	20696050			
2.2.1	220kV 配电装置	11906939	1152941	916677	2069617	13976557			
2.2.2	110kV 配电装置	5588668	499694	631131	1130825	6719494			
3	无功补偿	871659		93508	93508	965167			
3.3	低压电容器	871659		93508	93508	965167	元/kvar	32000	30.161
3.3.1	110kV 低压电容器	871659		93508	93508	965167			
4	控制及直流系统	7340627	5310	783338	788647	8129275	元/kVA	180000	45.163
4.1	计算机监控系统	2261722	5310	472441	477750	2739472			
4.1.1	计算机监控系统	2110672	5310	247832	253142	2363814			
4.1.2	智能设备			213316	213316	213316			
4.1.3	同步时钟	151050		11293	11293	162343			
4.2	继电保护	2665227		152241	152241	2817468			
4.3	直流系统及 UPS	704900		95154	95154	800054			
4.4	智能辅助控制系统	1126531		46265	46265	1172796			
4.5	在线监测系统	582247		17238	17238	599485			
5	站用电系统	438649	119330	76446	195776	634426	元/kVA	180000	3.525
5.1	站用变压器	388299		11613	11613	399913			
5.2	站用配电装置	50350		3982	3982	54332			
5.3	站区照明		119330	60851	180181	180181			
6	电缆及接地		2766796	2194155	4960951	4960951			
6.1	全站电缆		2495294	1719609	4214903	4214903			

续表 10-5

序号	工程或费用名称	设备购置费	安装工程费			合计	技术经济指标		
			装置性材料	安装	小计		单位	数量	指标
6.1.1	电力电缆		1112307	264655	1376962	1376962	元/m	12010	114.651
6.1.2	控制电缆		663676	542830	1206506	1206506	元/m	280000	4.309
6.1.3	电缆辅助设施		389332	386788	776120	776120			
6.1.4	电缆防火		329979	525336	855315	855315			
6.2	全站接地		271502	474547	746049	746049	元/m	12310	60.605
7	通信及远动系统	427472	5920	114360	120280	547752	元/kVA	180000	3.043
7.1	通信系统	1712	5920	10532	16451	18163			
7.2	远动及计费系统	425760		103829	103829	529588			
8	全站调试			1574793	1574793	1574793	元/kVA	180000	8.749
8.1	分系统调试			341409	341409	341409			
8.2	整套启动调试			37109	37109	37109			
8.3	特殊调试			1196275	1196275	1196275			
	合计	36004037	4879146	6715405	11594551	47598588			

表 10-6　　通用方案 HA-220-B-1 建筑工程部分汇总概算表　　金额单位：元

序号	工程或费用名称	建筑费	设备费	建筑工程费合计	技术经济指标		
					单位	数量	指标
	建筑工程	17164697	611500	17776197			
一	主要生产工程	14415154	611500	15026654			
1	主要生产建筑	4027460	157000	4184460			
1.1	主控通信楼	2244778	85500	2330278	元/m²	400.76	5814.647
1.1.1	一般土建	2134209		2134209			
1.1.2	给排水	17554		17554			
1.1.3	采暖、通风及空调	54757	75500	130257			
1.1.4	照明	38258	10000	48258			
1.2	10kV 站用配电装置室	1782682	71500	1854182	元/m²	355.99	5208.523
1.2.1	一般土建	1730564		1730564			
1.2.2	采暖、通风及空调	25737	66500	92237			
1.2.3	照明	26381	5000	31381			
2	配电装置建筑	8974107		8974107			
2.1	主变压器系统	730180		730180	元/台	1	730179.762
2.1.1	构支架及基础	212802		212802			
2.1.2	主变压器设备基础	72569		72569	元/m³	55.704	1302.765
2.1.3	主变压器油坑及卵石	94155		94155	元/m³	99.84	943.055
2.1.4	防火墙	142850		142850	元/m³	54.39	2626.407
2.1.5	90m³事故油池	207804		207804	元/座	1	207803.891
2.2	220kV 构支架及设备基础	3707803		3707803			
2.2.1	构架及基础	2800350		2800350			
2.2.2	支架及基础	907454		907454			

续表 10-6

序号	工程或费用名称	建筑费	设备费	建筑工程费合计	技术经济指标		
					单位	数量	指标
2.3	110kV 构支架及设备基础	2090532		2090532			
2.3.1	构架及基础	1716937		1716937			
2.3.2	支架及基础	373595		373595			
2.4	低压电容器	173698		173698	元/组	4	43424.555
2.5	电缆沟道	1798654		1798654	元/m	544	3306.349
2.6	栅栏及地坪	473240		473240	元/m²	9500	49.815
3	供水系统	22913		22913			
3.1	站区供水管道	22913		22913			
4	消防系统	1390673	454500	1845173			
4.1	消防水泵房	606235	14500	620735	元/m²	82.46	7527.709
4.1.1	一般土建	592442		592442			
4.1.2	设备及管道	4414		4414			
4.1.3	采暖及通风	4667	11500	16167			
4.1.4	照明	4712	3000	7712			
4.2	站区消防管路	255088		255088			
4.3	消防器材	60000		60000			
4.4	特殊消防系统	216872	440000	656872			
4.5	消防水池	252479		252479	元/座	1	252479.034
二	辅助生产工程	2749543		2749543			
2	站区性建筑	2724732		2724732			
2.2	站区道路及广场	913939		913939			
2.3	站区排水	701660		701660			
2.3.1	排水管道	472075		472075	元/m	700	674.394
2.3.2	排水设施	215324		215324			
2.3.4	污水调节水池	14260		14260			
2.5	围墙及大门	1109133		1109133	元/m	490	2263.536
3	全站沉降观测点	24811		24811			
	合计	17164697	611500	17776197			

表 10-7　　通用方案 HA-220-B-1 其他费用概算表　　金额单位：元

序号	工程或费用名称	编制依据及计算说明	合价
2	项目建设管理费		3171027
2.1	项目法人管理费	（建筑工程费+安装工程费）×0.9×3.73%	985976
2.2	招标费	（建筑工程费+安装工程费）×1.37%	402379
2.3	工程监理费	（建筑工程费+安装工程费）×4.46%	1309935
2.4	设备材料监造费	监造设备费×0.87%	199588
2.5	施工过程造价咨询及竣工结算审核费	（建筑工程费+安装工程费）×0.88%	258463
2.6	工程保险费	（建筑工程费+安装工程费）×0.05%	14685
3	项目建设技术服务费		458609
3.4	设计文件评审费		347000
3.4.1	可行性研究文件评审费		67000

续表 10-7

序号	工程或费用名称	编制依据及计算说明	合价
3.4.2	初步设计文件评审费		120000
3.4.3	施工图文件评审费		160000
3.6	工程建设检测费		82238
3.6.1	电力工程质量检测费	（建筑工程费+安装工程费）×0.28%	82238
3.7	电力工程技术经济标准编制费	（建筑工程费+安装工程费）×0.1%	29371
4	生产准备费		281959
4.2	工器具及办公家具购置费	（建筑工程费+安装工程费）×0.8×1.02%	281959
	小计		3911595

10.2　子模块

10.2.1　主要技术条件

220kV 变电站通用方案 HA-220-B-1 有 3 个子模块，分别为增加一台主变压器 180MVA（HA-220-B-1-ZB）、增减一回 220kV 架空出线（HA-220-B-1-220）、增减一回 110kV 架空出线（HA-220-B-1-110），技术条件见表 10-8。

表 10-8　通用方案 HA-220-B-1 子模块技术条件

序号	子模块名称	子模块技术条件
一	增加一台主变压器 180MVA（HA-220-B-1-ZB）	
1	规模	主变压器 1×180MVA； 主变压器间隔 220、110、10kV 三侧进线间隔
2	接线	220kV 双母线，110kV 双母线，10kV 单母分段
3	短路电流水平	220、110、10kV 短路电流水平分别为 50、40、40/31.5kA
4	主要设备型式	主变压器：220/110/10kV 三相三绕组变压器，有载调压，油浸式，自然油循环自冷； 断路器：220kV 户外 HGIS，110kV 户外 HGIS，10kV 成套真空断路器
5	配电装置型式	主变压器：户外布置，220kV 配电装置采用户外悬吊式管母线分相中型布置，110kV 配电装置采用户外悬吊式管母线分相中型布置、10kV 配电装置采用户内中置式开关柜双列式布置
6	计算机监控	计算机监控系统软件扩容 1 套； 主变压器测控柜 1 面，每面含测控装置 4 台； 过程层交换机 4 台
7	电能计量	0.2S 数字式电能表 1 块，0.5S 数字式电能表 2 块
8	继电保护	主变压器保护 2 套
9	过程层设备	合并单元 3 台；智能终端 2 台；合并单元/智能终端一体化装置 4 台
10	土建设施	构、支架基础均地脚螺栓重力式基础，主变压器基础钢筋混凝土整板式基础
11	其他	含控制、电力电缆、电缆管沟、接地
12	设备状态监测装置	含主变压器油中溶解气体在线监测装置 1 套、主变压器状态监测装置 1 套、主变压器铁芯接地电流监测装置 1 套；220kV 避雷器状态监测装置 1 套、110kV 避雷器状态监测装置 1 套；220kV HGIS 在线监测装置 1 套、110kV HGIS 在线监测装置 1 套
二	增减一回 220kV 架空出线（HA-220-B-1-220）	
1	规模	220kV 出线 1 回
2	接线	220kV 双母线
3	短路电流水平	50kA
4	主要设备型式	断路器：220kV 户外 HGIS
5	配电装置型式	户外悬吊式管母中型布置
6	计算机监控	计算机监控系统软件扩容 1 套； 220kV 线路测控装置 1 台； 过程层交换机 2 台

续表 10-8

序号	子模块名称	子模块技术条件
7	电能计量	0.5S 级数字式电能表 1 块
8	继电保护	220kV 线路保护 2 套
9	过程层设备	合并单元 2 台；智能终端 2 台
10	其他	含控制、电力电缆、电缆管沟、接地，母线已建
11	土建设施	220kV 构架已建，新建设备支架和基础
三	增减一回 110kV 架空出线（HA-220-B-1-110）	
1	规模	110kV 出线 1 回
2	接线	110kV 双母线
3	短路电流水平	40kA
4	主要设备型式	断路器：110kV 户外 HGIS
5	配电装置型式	户外悬吊式管母中型布置
6	电能计量	0.5S 级数字式电能表 1 台
7	继电保护	110kV 保护测柜一体化装置 1 套
8	过程层设备	合并单元/智能终端一体化装置 1 台
9	土建设施	110kV 构架已建，新建设备支架
10	其他	含控制、电力电缆，电缆管沟、接地，母线已建

10.2.2 主要电气设备材料表

220kV 变电站通用方案 HA-220-B-1 子模块主要电气设备材料表见表 10-9。

表 10-9　　通用方案 HA-220-B-1 子模块主要电气设备材料表

序号	设备名称	规格	单位	数量	备注
一	增加一台主变压器 180MVA（HA-220-B-1-ZB）				
（一）	主变压器部分				
1	主变压器	三相三绕组油浸自冷式有载调压变压器 SSZ10-180000/220	台	1	
2	220kV 中性点成套装置		套	1	
3	110kV 中性点成套装置		套	1	
4	氧化锌避雷器	HY5WZ5-17/45，附放电计数器	台	3	
5	耐张绝缘子串	20（XWP2-100）	串	6	
6	耐张绝缘子串	11（XWP2-100）	串	6	
7	钢芯铝绞线	JL/G1A-630/55 220kV 单导线 1 跨、引下线 1 组； 110kV 双导线 1 跨、引下线 1 组	m	324	
8	钢芯铝绞线	JL/G1A-300/25 中性点设备连线，单导线 0.66 组	m	15	
9	10kV 铜排	3（TMY-125×10）	m	150	
10	20kV 支柱绝缘子	ZSW-24/12.5	支	26	
11	智能控制柜		面	1	
12	户外检修箱		个	1	
（二）	220kV 户外配电装置部分				
1	220kV HGIS 主变压器进线间隔	单断路器，4000A，50kA	套	1	
2	智能汇控柜		面	1	厂家提供
3	氧化锌避雷器	Y10W-204/532W，附在线放电计数器	台	3	

续表 10-9

序号	设备名称	规格	单位	数量	备注
4	电压互感器	220kV 电容式	台	3	
5	220kV 支柱绝缘子	252kV，抗弯 8kN，抗扭 4kN	支	2	
6	悬垂绝缘子串	20（XWP2-100）	串	3	
7	耐张绝缘子串	20（XWP2-100）	串	6	
8	管母线 T 型线夹	MGTT-250/630/45L	套	6	
9	钢芯铝绞线	JL/G1A-630/45 单导线跨线 1 跨，单导线引下线 6 组、跳线 1 组	m	250	
（三）	110kV 户外配电装置部分				
1	110kV HGIS 主变压器进线间隔	单断路器，3150A，40kA	套	1	
2	智能汇控柜		面	1	厂家提供
3	氧化锌避雷器	Y10W-102/266W，附在线放电计数器	台	3	
4	电压互感器	110kV 电容式	台	3	
5	110kV 支柱绝缘子	126kV，抗弯 8kN，抗扭 4kN	支	1	
6	悬垂绝缘子串	11（XWP2-100）	串	3	
7	耐张绝缘子串	11（XWP2-100）	串	6	
8	管母线 T 型线夹	MGTT-130/630/45L	套	12	
9	钢芯铝绞线	JL/G1A-630/45 双导线跨线 1 跨，双导线引下线 4 组、跳线 1 组	m	230	
10	钢芯铝绞线	JL/G1A-630/45 单导线引下线 2 组	m	15	
（四）	10kV 配电装置				
1	高压开关柜	KYN28A-12，4000A～40kA	面	1	主进柜
2	高压开关柜	KYN28A-12，1250A～31.5kA	面	1	母线设备柜
3	高压开关柜	KYN28A-12，4000A～40kA	面	1	分段断路器柜
4	封闭母线桥	4000A，铜	m	3	
（五）	防雷接地				
1	接地扁钢	—80mm×8mm 热镀锌	m	700	
2	接地铜排	—50mm×4mm	m	60	
3	多股铜质软导线	$4mm^2$	m	10	
（六）	防火材料				
1	有机防火堵料	FBQ-2	t	1.5	
2	无机耐火隔板	t=10mm	m^2	4	
3	防火涂料	BXF-D311	t	0.2	
4	防火包		t	0.05	
5	电力电缆	ZR-VV22-0.6/1kV-3×95+1×50	km	0.1	
		ZR-VV22-0.6/1kV-3×25+1×16	km	0.8	
		ZR-VV22-0.6/1kV-2×50	km	0.05	
6	电缆护管	DN50	m	1000	
7	电缆护管	DN70	m	100	
8	控制电缆	ZR-KVVP2-22-	km	5.42	
9	预制电缆	ZR-KVVP2-22-	km	0.2	
10	厂供电缆		km	2	

续表 10-9

序号	设备名称	规格	单位	数量	备注
（七）	状态监测系统				
1	主变压器状态监测系统	变压器检测终端、油温、油位远传表计、油色谱在线监测单元、铁芯接地电流在线监测传感器、中性点避雷器在线监测传感器等	套	1	
2	220kV 避雷器状态监测装置	每台避雷器配置 1 个传感器，共 3 个，共用 1 个 IED	套	1	
3	110kV 避雷器状态监测装置	每台避雷器配置 1 个传感器，共 3 个，共用 1 个 IED	套	1	
4	220kV HGIS 在线监测系统	监测终端、绝缘气体密度远传表计	套	1	
5	110kV HGIS 在线监测系统	监测终端、绝缘气体密度远传表计	套	1	
6	10kV 开关柜监测系统	监测终端、表计采集终端、触头温度传感器，绝缘气体密度远传表计等	套	1	
（八）	计算机监控系统	完成全站监控或远传、实现无人值班			
1	计算机监控系统扩容		套	1	
2	主变压器测控柜	含测控装置 4 台	面	1	
3	铠装光缆、尾缆	预制光缆 2900m，铠装光缆、尾缆 1000m	套	1	
（九）	继电保护	不包括自动装置			
1	主变压器保护屏	每面含主变压器保护装置 1 台	面	2	
（十）	电能计费				
1	数字式智能电能表	0.2S 级关口表	块	1	
2	数字式电能表	0.5S 级电能表	块	2	
（十一）	过程层设备	合并单元、智能终端、交换机等	套	1	
二	增减一回 220kV 架空出线（HA-220-B-1-220）				
（一）	220kV 户外配电装置部分				
1	220kV HGIS 出线间隔	单断路器，4000A，50kA	套	1	
2	智能汇控柜		面	1	厂家提供
3	氧化锌避雷器	Y10W1-204/532W，附在线放电计数器	台	3	
4	电压互感器	220kV 电容式	台	3	
5	支柱绝缘子	252kV，抗弯 8kN，抗扭 4kN	只	2	
6	悬垂绝缘子串	20（XWP2-100）	串	3	
7	管母线 T 型线夹	MGTT-250/630/45L	套	6	
8	钢芯铝绞线	JL/G1A-630/45 双导线引下线 4 组、单导线引下线 2 组	m	224	
（二）	防雷接地				
1	接地扁钢	—80mm×8mm 热镀锌	m	200	
2	接地铜排	—50mm×4mm	m	24	
3	多股铜质软导线	4mm^2	m	10	
（三）	防火材料				
1	有机防火堵料	FBQ-2	t	0.5	
2	无机耐火隔板	t=10mm	m^2	2	
3	防火涂料	BXF-D311	t	0.2	
4	防火包		t	0.06	
5	电力电缆	ZR-VV22-0.6/1kV-3×25+1×16	km	0.8	
		ZR-VV22-0.6/1kV-2×50	km	0.05	
6	电缆护管	DN50	m	100	
7	控制电缆	ZR-KVVP2-22-	km	3	
8	厂供电缆		km	0.5	

续表 10-9

序号	设备名称	规格	单位	数量	备注
（四）	状态监测系统				
1	220kV 避雷器状态监测装置	每台避雷器配置 1 个传感器，共 3 个，共用 1 个 IED	套	1	
2	220kV HGIS 在线监测系统	监测终端、绝缘气体密度远传表计	套	1	
（五）	计算机监控系统	完成全站监控或远传、实现无人值班	套	1	
1	计算机监控系统扩容		套	1	
2	220kV 线路测控装置		台	1	
3	铠装光缆、尾缆	预制光缆 500m，铠装光缆、尾缆 1000m，铠装屏蔽双绞线 20m	套	1	
（六）	继电保护	不包括自动装置			
1	220kV 线路保护柜	柜内含 220kV 线路保护装置 2 台	面	1	
（七）	电能计费				
1	220kV 线路电能表	0.5S 级电能表	块	1	
（八）	过程层设备	合并单元、智能终端、交换机等	套	1	
三	增减一回 110kV 架空出线（HA-220-B-1-110）				
（一）	110kV 户外配电装置部分				
1	110kV HGIS 出线间隔	单断路器，3150A，40kA	套	1	
2	智能汇控柜		面	1	厂家提供
3	氧化锌避雷器	Y10W5-102/266，附在线放电计数器	台	3	
4	电压互感器	110kV 电容式	台	3	
5	支柱绝缘子	126kV，抗弯 8kN，抗扭 4kN	只	1	
6	悬垂绝缘子串	11（XWP2-100）	串	3	
7	管母线 T 型线夹	MGTT-130/240/30L	套	12	
8	钢芯铝绞线	JL/G1A-240/30 双导线引下线 4 组，单导线引下线 2 组	m	145	
（二）	防雷接地				
1	接地扁钢	—80mm×8mm 热镀锌	m	240	
2	接地铜排	—5mm×4mm	m	24	
3	多股铜质软导线	$4mm^2$	m	10	
（三）	防火材料				
1	有机防火堵料	FBQ-2	t	0.5	
2	无机耐火隔板	t=10mm	m^2	2	
3	防火涂料	BXF-D311	t	0.2	
4	阻火包		t	0.06	
5	电力电缆	ZR-VV22-0.6/1kV-3×25+1×16	km	0.5	
		ZR-VV22-0.6/1kV-2×50	km	0.05	
6	控制电缆	ZR-KVVP2-22-	km	1	
（四）	计算机监控系统	完成全站监控或远传、实现无人值班	套	1	
1	铠装光缆、尾缆	预制光缆 200m，铠装光缆、尾缆 1000m，铠装屏蔽双绞线 20m	套	1	
（五）	继电保护	不包括自动装置			
1	110kV 线路保护测控装置		台	1	
（六）	电能计费				
1	110kV 线路电能表	0.5S 级电能表	块	1	
（七）	过程层设备	合并单元、智能终端、交换机等	套	1	

10.2.3 建筑工程量表

220kV 变电站通用方案 HA-220-B-1 子模块建筑工程量表见表 10-10。

表 10-10　　通用方案 HA-220-B-1 子模块建筑工程量表

序号	名称	规格	单位	数量	备注
一	增减一台 180MVA 主变压器（HA-220-B-1-ZB）				
1	主变压器基础及油坑				
1.1	主变压器基础	钢筋混凝土整板式基础（7.8m×4.4m×0.8m），C30	m^3	55.704	
1.2	主变压器油坑	净空体积	m^3	99.84	
2	主变压器构支架及 10kV 引线架				
2.1	主变压器构架				
2.1.1	主变压器构架（A 型）	15m 高 ϕ 300×8 圆形直缝钢管，Q355B	t	1.165	不含连接件
2.1.2	主变压器构架（A 型带端撑）	15m 高 ϕ 300×6 圆形直缝钢管，Q355B	t	3.644	不含连接件
2.1.3	10kV 母线桥支架	ϕ 300×6 圆形直缝钢管，Q355B	t	0.78	3 支
2.1.4	主变压器横梁	格构式钢桁架，主材 ϕ 102×7mm 钢管	t	1.848	1 榀
2.1.5	主变压器构架爬梯		t	0.2	
2.1.6	智能控制柜	C30 混凝土	m^3	1.5	1 座
2.1.7	油色谱柜	C30 混凝土	m^3	1.5	1 座
2.1.8	主变压器动力箱	C30 混凝土	m^3	1.5	1 座
2.2	220kV 设备支架				
2.2.1	220kV HGIS 基础	C30	m^3	75.555	1 组
2.2.2	220kV 避雷器支架	ϕ 219×6 圆形直缝钢管，Q355B	t	0.975	3 支
2.2.3	220kV 电压互感器支架	ϕ 219×6 圆形直缝钢管，Q355B	t	0.9	3 支
2.2.4	220kV 支柱绝缘子支架	ϕ 219×6 圆形直缝钢管，Q355B	t	0.6	2 支
2.3	110kV 设备支架				
2.3.1	110kV HGIS 基础	C30	m^3	23.1	1 组
2.3.2	110kV 避雷器支架	ϕ 219×6 圆形直缝钢管，Q355B	t	0.45	3 支
2.3.3	110kV 电压互感器支架	ϕ 219×6 圆形直缝钢管，Q355B	t	0.75	3 支
2.3.4	110kV 支柱绝缘子支架	ϕ 219×6 圆形直缝钢管，Q355B	t	0.25	1 支
3	其他				
3.1	绝缘操作地坪	厚度 0.1m，碎石地坪拆除恢复	m^3	460	
3.2	主变压器水喷雾消防	管道、喷头等	套	1	
二	增减一回 220kV 架空出线子模块（HA-220-B-1-220）				
1	220kV 配电装置				
1.1	220kV 设备支架				
1.1.1	220kV HGIS 基础	C30	m^3	75.555	1 组
1.1.2	220kV 避雷器支架	ϕ 219×6 圆形直缝钢管，Q355B	t	0.975	3 支
1.1.3	220kV 电压互感器支架	ϕ 219×6 圆形直缝钢管，Q355B	t	0.9	3 支
1.1.4	220kV 支柱绝缘子支架	ϕ 200×6 圆形直缝钢管，Q355B	t	0.6	2 支
2	绝缘操作地坪	厚度 0.1m，碎石地坪拆除恢复	m^2	180	
三	增减一回 110kV 架空出线子模块（HA-220-B-1-110）				
1	110kV 配电装置				
1.1	110kV 设备支架				
1.1.1	110kV HGIS 基础	C30	m^3	23.1	1 组
1.1.2	110kV 避雷器支架	ϕ 219×6 圆形直缝钢管，Q355B	t	0.45	3 支

续表 10-10

序号	名称	规格	单位	数量	备注
1.1.3	110kV 电压互感器支架	ϕ 219×6 圆形直缝钢管，Q355B	t	0.75	3 支
1.1.4	110kV 支柱绝缘子支架	ϕ 200×6 圆形直缝钢管，Q355B	t	0.25	1 支
2	其他				
2.1	绝缘操作地坪	厚度 0.1m，碎石地坪拆除恢复	m^2	120	

10.2.4 概算书

220kV 变电站通用方案 HA-220-B-1 子模块总概算表、安装工程部分汇总概算表、建筑工程部分汇总概算表、其他费用概算表分别见表 10-11～表 10-22。

表 10-11　子模块 HA-220-B-1-ZB 总概算表　金额单位：万元

序号	工程或费用名称	建筑工程费	设备购置费	安装工程费	其他费用	合计	各项占静态投资（%）	单位投资（元/kVA）
一	主辅生产工程	99	1182	188		1469	95.27	81.61
1	主要生产工程	98	1182	188		1468	95.21	81.55
2	辅助生产工程	1				1	0.06	0.06
二	与站址有关的单项工程							
	小计	99	1182	188		1469	95.27	81.61
三	其中：编制期价差	11		14		25	1.62	1.39
四	其他费用				50	50	3.24	2.78
五	基本预备费				23	23	95.27	81.61
六	特殊项目							
	工程静态投资	99	1182	188	73	1542	100	85.67
	各类费用占静态投资的比例（%）	6	77	12	5	100		

表 10-12　子模块 HA-220-B-1-ZB 安装工程部分汇总概算表　金额单位：元

序号	工程或费用名称	设备购置费	安装工程费			合计	技术经济指标		
			装置性材料	安装	小计		单位	数量	指标
	安装工程	11819047	616884	1266571	1883455	13702502			
一	主要生产工程	11819047	616884	1266571	1883455	13702502			
1	主变压器系统	7745815	178732	285117	463849	8209663	元/kVA		
1.1	主变压器	7745815	178732	285117	463849	8209663			
2	配电装置	3160287	146416	214920	361335	3521622			
2.1	户内配电装置	457883	50324	22116	72440	530323			
2.1.2	10kV 配电装置	457883	50324	22116	72440	530323			
2.2	户外配电装置	2702404	96092	192804	288896	2991299			
2.2.1	220kV 配电装置	1852700	62112	111898	174010	2026710			
2.2.2	110kV 配电装置	849703	33980	80906	114886	964589			
4	控制及直流系统	893813		137484	137484	1031298	元/kVA	0	
4.1	计算机监控系统	275918		90455	90455	366373			
4.1.1	计算机监控系统	275918		38895	38895	314813			
4.1.2	智能设备			51560	51560	51560			
4.2	继电保护	350839		24710	24710	375548			
4.4	智能辅助控制系统	10070		631	631	10701			
4.5	在线监测系统	256986		21689	21689	278675			

续表 10-12

序号	工程或费用名称	设备购置费	安装工程费			合计	技术经济指标		
			装置性材料	安装	小计		单位	数量	指标
5	站用电系统	9063		770	770	9833	元/kVA		
5.2	站用配电装置	9063		770	770	9833			
6	电缆及接地		291737	230326	522063	522063			
6.1	全站电缆		286055	229221	515276	515276			
6.1.1	电力电缆		77918	58197	136114	136114	元/m	1160	117.34
6.1.2	控制电缆		163571	140156	303728	303728	元/m	8900	34.127
6.1.3	电缆辅助设施		33946	7103	41049	41049			
6.1.4	电缆防火		10620	23765	34385	34385			
6.2	全站接地		5681	1105	6787	6787	元/m	60	113.117
7	通信及远动系统	10070		73	73	10143	元/kVA		
7.2	远动及计费系统	10070		73	73	10143			
8	全站调试			397880	397880	397880	元/kVA		
8.1	分系统调试			65493	65493	65493			
8.2	整套启动调试			22024	22024	22024			
8.3	特殊调试			310364	310364	310364			
	合计	11819047	616884	1266571	1883455	13702502			

表 10-13　　子模块 HA-220-B-1-ZB 建筑工程部分汇总概算表　　金额单位：元

序号	工程或费用名称	建筑费	设备费	建筑工程费合计	技术经济指标		
					单位	数量	指标
	建筑工程	50000	565238	615238			
一	主要生产工程	943595	40000	983595			
2	配电装置建筑	712473		712473			
2.1	主变压器系统	460729		460729	元/台		
2.1.1	构支架及基础	124434		124434			
2.1.2	主变压器设备基础	79743		79743	元/m³		
2.1.3	主变压器油坑及卵石	101632		101632	元/m³		
2.1.4	防火墙	154920		154920	元/m³		
2.2	220kV 构支架及设备基础	149306		149306			
2.2.2	支架及基础	149306		149306	元/t		
2.3	110kV 构支架及设备基础	78380		78380			
2.3.2	支架及基础	78380		78380	元/t		
2.4	栅栏及地坪	24058		24058	元/m		
3	消防系统	231122	40000	271122	元/m²		
3.1	站区消防管路	48351		48351			
3.2	特殊消防系统	182771	40000	222771	元/m²		
二	辅助生产工程	8036		8036			
2	站区性建筑	8036		8036			
2.1	场地平整	8036		8036			
	合计	951631	40000	991631			

表 10-14　　子模块 HA-220-B-1-ZB 其他费用概算表　　金额单位：元

序号	工程或费用名称	编制依据及计算说明	合价
2	项目建设管理费		368380
2.1	项目法人管理费	（建筑工程费+安装工程费）×0.9×0.9×3.73%	86943
2.2	招标费	（建筑工程费+安装工程费）×1.37%	39389
2.3	工程监理费	（建筑工程费+安装工程费）×4.46%	128229
2.4	设备材料监造费	监造设备费×0.87%	87082
2.5	施工过程造价咨询及竣工结算审核费	（建筑工程费+安装工程费）×0.88%	25301
2.6	工程保险费	（建筑工程费+安装工程费）×0.05%	1438
3	项目建设技术服务费		107925
3.4	设计文件评审费		97000
3.4.1	可行性研究文件评审费		20000
3.4.2	初步设计文件评审费		35000
3.4.3	施工图文件评审费		42000
3.6	工程建设检测费		8050
3.6.1	电力工程质量检测费	（建筑工程费+安装工程费）×0.28%	8050
3.7	电力工程技术经济标准编制费	（建筑工程费+安装工程费）×0.1%	2875
4	生产准备费		23461
4.2	工器具及办公家具购置费	（建筑工程费+安装工程费）×0.8×1.02%	23461
	小计		499766

表 10-15　　子模块 HA-220-B-1-220 总概算表　　金额单位：万元

序号	工程或费用名称	建筑工程费	设备购置费	安装工程费	其他费用	合计	各项占静态投资（%）	单位投资（元/kVA）
一	主辅生产工程	16	229	61		306	94.15	
1	主要生产工程	16	229	61		306	94.15	
2	辅助生产工程							
二	与站址有关的单项工程							
	小计	16	229	61		306	94.15	
三	其中：编制期价差	2		6		8	2.46	
四	其他费用				14	14	4.31	
五	基本预备费				5	5	1.54	
六	特殊项目							
	工程静态投资	16	229	61	19	325	100	
	各类费用占静态投资的比例（%）	5	70	19	6	100		

表 10-16　　子模块 HA-220-B-1-220 安装工程部分汇总概算表　　金额单位：元

序号	工程或费用名称	设备购置费	安装工程费			合计	技术经济指标		
			装置性材料	安装	小计		单位	数量	指标
	安装工程	2291813	187393	418432	605826	2897639			
一	主要生产工程	2291813	187393	418432	605826	2897639			
2	配电装置	1881158	55749	111083	166832	2047990			
2.2	户外配电装置	1881158	55749	111083	166832	2047990			
2.2.1	220kV 配电装置	1881158	55749	111083	166832	2047990			
4	控制及直流系统	410655		51792	51792	462446	元/kVA		

续表 10-16

序号	工程或费用名称	设备购置费	安装工程费			合计	技术经济指标		
			装置性材料	安装	小计		单位	数量	指标
4.1	计算机监控系统	102714		33990	33990	136704			
4.1.1	计算机监控系统	102714		13445	13445	116159			
4.1.2	智能设备			20545	20545	20545			
4.2	继电保护	277731		12978	12978	290708			
4.5	在线监测系统	30210		4824	4824	35034			
6	电缆及接地		131644	113477	245121	245121			
6.1	全站电缆		129361	113017	242379	242379			
6.1.1	电力电缆		54463	31394	85858	85858	元/m	1060	80.998
6.1.2	控制电缆		65786	66217	132003	132003	元/m	3500	37.715
6.1.3	电缆辅助设施		2988	647	3635	3635			
6.1.4	电缆防火		6125	14759	20883	20883			
6.2	全站接地		2283	459	2742	2742	元/m	24	114.25
8	全站调试			142081	142081	142081	元/kVA		
8.1	分系统调试			17684	17684	17684			
8.2	整套启动调试			13908	13908	13908			
8.3	特殊调试			110490	110490	110490			
	合计	2291813	187393	418432	605826	2897639			

表 10-17　　子模块 HA-220-B-1-220 建筑工程部分汇总概算表　　金额单位：元

序号	工程或费用名称	建筑费	设备费	建筑工程费合计	技术经济指标		
					单位	数量	指标
	建筑工程	162598		162598			
一	主要生产工程	159693		159693			
2	配电装置建筑	159693		159693			
2.1	220kV 构支架及设备基础	150130		150130			
2.1.2	支架及基础	150130		150130			
2.3	栅栏及地坪	9563		9563	元/m^2		
二	辅助生产工程	2905		2905			
1	站区性建筑	2905		2905			
1.1	场地平整	2905		2905	元/m^3		
	合计	162598		162598			

表 10-18　　子模块 HA-220-B-1-220 其他费用概算表　　金额单位：元

序号	工程或费用名称	编制依据及计算说明	合价
2	项目建设管理费		90055
2.1	项目法人管理费	（建筑工程费+安装工程费）×0.9×0.9×3.73%	23237
2.2	招标费	（建筑工程费+安装工程费）×1.37%	10527
2.3	工程监理费	（建筑工程费+安装工程费）×4.46%	34272
2.4	设备材料监造费	监造设备费×0.87%	14873
2.5	施工过程造价咨询及竣工结算审核费	（建筑工程费+安装工程费）×0.88%	6762
2.6	工程保险费	（建筑工程费+安装工程费）×0.05%	384
3	项目建设技术服务费		45920

续表 10-18

序号	工程或费用名称	编制依据及计算说明	合价
3.4	设计文件评审费		43000
3.4.1	可行性研究文件评审费		10000
3.4.2	初步设计文件评审费		15000
3.4.3	施工图文件评审费		18000
3.6	工程建设检测费		2152
3.6.1	电力工程质量检测费	（建筑工程费+安装工程费）×0.28%	2152
3.7	电力工程技术经济标准编制费	（建筑工程费+安装工程费）×0.1%	768
4	生产准备费		6270
4.2	工器具及办公家具购置费	（建筑工程费+安装工程费）×0.8×1.02%	6270
	小计		142246

表 10-19　　子模块 HA-220-B-1-110 总概算表　　金额单位：万元

序号	工程或费用名称	建筑工程费	设备购置费	安装工程费	其他费用	合计	各项占静态投资（%）	单位投资（元/kVA）
一	主辅生产工程	8	97	36		141	92.16	
1	主要生产工程	8	97	36		141	92.16	
2	辅助生产工程							
二	与站址有关的单项工程							
	小计	8	97	36		141	92.16	
三	其中：编制期价差	1		3		4	2.61	
四	其他费用				10	10	6.54	
五	基本预备费				2	2	1.30	
六	特殊项目							
	工程静态投资	8	97	36	12	153	100	
	各类费用占静态投资的比例（%）	5	63	24	8	100		

表 10-20　　子模块 HA-220-B-1-110 安装工程部分汇总概算表　　金额单位：元

序号	工程或费用名称	设备购置费	安装工程费			合计	技术经济指标		
			装置性材料	安装	小计		单位	数量	指标
	安装工程	968086	74125	289977	364102	1332188			
一	主要生产工程	968086	74125	289977	364102	1332188			
2	配电装置	862452	13727	68962	82689	945140			
2.2	户外配电装置	862452	13727	68962	82689	945140			
2.2.2	110kV 配电装置	862452	13727	68962	82689	945140			
4	控制及直流系统	105634		33850	33850	139484	元/kVA		
4.1	计算机监控系统	2014		10427	10427	12441			
4.1.1	计算机监控系统	2014		77	77	2091			
4.1.2	智能设备			10350	10350	10350			
4.2	继电保护	73410		18599	18599	92009			
4.3	在线监测系统	30210		4824	4824	35034			
6	电缆及接地		60398	65288	125687	125687			
6.1	全站电缆		58115	64829	122944	122944			
6.1.1	电力电缆		28595	20682	49277	49277	元/m	560	87.995
6.1.2	控制电缆		23395	29389	52784	52784	元/m	1200	43.987

续表 10-20

序号	工程或费用名称	设备购置费	安装工程费			合计	技术经济指标		
			装置性材料	安装	小计		单位	数量	指标
6.1.4	电缆防火		6125	14759	20883	20883			
6.2	全站接地		2283	459	2742	2742	元/m	24	114.25
8	全站调试			121877	121877	121877	元/kVA		
8.1	分系统调试			15996	15996	15996			
8.2	整套启动调试			13908	13908	13908			
8.3	特殊调试			91973	91973	91973			
	合计	968086	74125	289977	364102	1332188			

表 10-21　子模块 HA-220-B-1-110 建筑工程部分汇总概算表　金额单位：元

序号	工程或费用名称	建筑费	设备购置费	建筑工程费合计	技术经济指标		
					单位	数量	指标
	建筑工程	86374		86374			
一	主要生产工程	84107		84107			
2	配电装置建筑	84107		84107			
2.1	110kV 构支架及设备基础	77731		77731			
2.1.2	支架及基础	77731		77731	元/t		
2.2	栅栏及地坪	6376		6376	元/m^2		
二	辅助生产工程	2267		2267			
1	站区性建筑	2267		2267			
1.1	场地平整	2267		2267	元/m^3		
	合计	86374		86374			

表 10-22　子模块 HA-220-B-1-110 其他费用概算表　金额单位：元

序号	工程或费用名称	编制依据及计算说明	合价
2	项目建设管理费		50253
2.1	项目法人管理费	（建筑工程费+安装工程费）×0.9×0.9×3.73%	13622
2.2	招标费	（建筑工程费+安装工程费）×1.37%	6172
2.3	工程监理费	（建筑工程费+安装工程费）×4.46%	20091
2.4	设备材料监造费	监造设备费×0.87%	6178
2.5	施工过程造价咨询及竣工结算审核费	（建筑工程费+安装工程费）×0.88%	3964
2.6	工程保险费	（建筑工程费+安装工程费）×0.05%	225
3	项目建设技术服务费		44712
3.4	设计文件评审费		43000
3.4.1	可行性研究文件评审费		10000
3.4.2	初步设计文件评审费		15000
3.4.3	施工图文件评审费		18000
3.6	工程建设检测费		1261
3.6.1	电力工程质量检测费	（建筑工程费+安装工程费）×0.28%	1261
3.7	电力工程技术经济标准编制费	（建筑工程费+安装工程费）×0.1%	450
4	生产准备费		3676
4.2	工器具及办公家具购置费	（建筑工程费+安装工程费）×0.8×1.02%	3676
	小计		98640

第 11 章　110kV 变电站通用方案 HA-110-A2-3 通用造价

11.1　通用方案

本通用方案技术条件根据《国网河南省电力公司 35～220kV 变电站通用设计施工图实施方案》最新版中方案 HA-110-A2-3 确定，即主变压器采用 1×63MVA 三相双绕组有载调压变压器，电压等级采用 110/10kV，110kV 采用户内 GIS 设备，10kV 为户内开关柜。

本方案技术条件组合在本文件中列表表示，变电站具体设计内容可参见已出版的通用设计配套文件。

11.1.1　主要技术条件

本方案主要技术条件包括变电站电气部分、土建部分等内容，具体见表 11-1。

表 11-1　　通用方案 HA-110-A2-3 技术条件

序号	项目名称	工程技术条件
一	电气部分	
1	主变压器	110/10kV 三相双绕组有载调压变压器，本期 1 台 63MVA，终期 3 台 63MVA
2	出线回路数	
2.1	110kV	本期 2 回，终期 4 回，电缆出线
2.2	10kV	本期 14 回，终期 42 回，电缆出线
3	无功补偿装置	10kV 并联电容器，本期 2 组 4800kvar，终期 6 组 4800kvar
4	电气主接线	
4.1	110kV	本期单母线分段接线，终期单母线分段接线
4.2	10kV	本期单母线接线，终期单母线四分段接线
5	短路电流水平	110、10kV 短路电流水平分别为 40、40/31.5kA
6	主要设备选型	
6.1	主变压器	户内分体、油浸、低损耗、自然油循环自冷型三相双绕组有载调压电力变压器
6.2	断路器	110kV 采用户内 GIS 设备
6.3	隔离开关	110kV 采用户内 GIS 设备
6.4	互感器	110kV 电流互感器采用电磁式，内置于 GIS 中；110kV 母线电压互感器采用三相电磁式电压互感器，内置于 GIS 中
6.5	避雷器	110、10kV 避雷器采用氧化锌避雷器
6.6	10kV 开关柜	10kV 采用户内配电装置成套开关柜，真空断路器
6.7	站用变压器	10kV 站用变压器采用户内消弧线圈接地变压器成套装置
6.8	无功补偿装置	10kV 电容器采用户内框架式电容器补偿装置，串联电抗器电抗率按 5%考虑
7	配电装置	
7.1	110kV 配电装置	110kV 采用户内 GIS，一列式布置，电缆出线，主变压器电缆进线
7.2	10kV 配电装置	10kV 采用户内开关柜双列离墙布置，电容器组户内布置
8	控制及远动	
8.1	计算机监控系统	一套：完成全站监控及远传，实现无人值班
		监控主机柜：集成数据服务器功能，主机/操作员站 2 套
		数据通信网关机柜：Ⅰ区数据通信网关机（兼图形网关机）2 台
		Ⅱ区数据通信网关机 2 台
		综合应用服务器柜：含 1 台综合应用服务器

续表 11-1

序号	项目名称	工程技术条件
8.1	计算机监控系统	公用测控柜：含 2 台测控装置
		主变压器测控柜：含 3 台测控装置
		测控装置：10kV 线路保护测控集成装置 14 台，10kV 电容器保护测控集成装置 2 台，10kV 站用变压器保护测控集成装置 1 台，10kV 母线测控装置 1 台，10kV TV 并列装置 1 台
		微机五防操作闭锁 1 套，含电脑钥匙、就地锁具、验电器等
		站控层交换机：5 台
		间隔层交换机：4 台，分散安装于 110kV GIS 智能控制柜及 10kV 开关柜内
		过程层交换机：3 台，分散安装于 110kV GIS 智能控制柜内
		尾缆、超五类以太网线、屏蔽双绞线 1 套
		高级应用软件：实现顺序控制、智能告警及分析决策等高级功能
8.2	时间同步系统	1 套，含主时钟双套配置，支持北斗和 GPS 授时、配套机柜 1 面
8.3	变电站智能辅助控制系统	1 套，含一次设备在线监测子系统、火灾消防子系统、安全防卫子系统、动环子系统、智能锁控子系统及智能巡视子系统等
8.4	状态监测系统	1 套，主变压器油色谱监测 IED
8.5	调度专用网络接入设备	2 面，包括调度数据网络设备 2 套、安全防护设备 1 套
8.6	电量计费系统	1 套，含电量采集处理终端 1 台，0.5S 级数字式电能表 4 块、0.5S 级模拟式电能表 17 块及柜体 1 面
9	交直流一体化电源系统	采用一体化电源系统装置，蓄电池单独布置在蓄电池室
10	继电保护	主变压器保护组柜，其他保护装置就地布置
11	过程层设备	合并单元 4 台；智能终端 3 台；合并单元/智能终端一体化装置 7 台
12	电缆	
12.1	110kV 电力电缆	YJLW03-64/110kV-1×400 共 0.16km
12.2	10kV 电力电缆	YJV22-8.7/15kV-3×185 共 0.03km；YJV22-8.7/15kV-3×240 共 0.1km
12.3	1kV 及以下电力电缆	2.81km
12.4	控制电缆	4km，1kV、屏蔽、铜芯
13	光缆	预制光缆 2km
14	接地	热镀锌扁钢及铜排，水平接地网 2500m，垂直接地极 94 根
二	土建部分	
1	基本技术数据	
1.1	地震基本烈度	7 度，按设计基本地震加速度值 0.15g
1.2	设计风速	27m/s
1.3	地基承载力特征值	f_{ak}=150kPa
1.4	海拔	1000m 以下，场地同一标高
1.5	污秽等级	e 级
1.6	采暖	非采暖区
1.7	地下水	无影响
2	总平面布置	
2.1	站外道路	本次未涉及
2.2	站内道路	站内道路均为 4.0m，采用城市型道路，有路缘石，路面为混凝土
2.3	电缆隧道	总长度 34.5m，采用现浇钢筋混凝土结构
2.4	排水方式	站内废水、污水采用有组织排放方式，雨水采用散排方式
2.5	站区占地	站区东西方向长 85m，南北方向长 40m，围墙内占地 0.3400hm^2
2.6	围墙	采用装配式围墙

续表 11-1

序号	项目名称	工程技术条件
3	建筑物	配电装置楼 1 座，消防泵房 1 座，辅助用房 1 座，全站总建筑面积为 1994m^2
3.1	配电装置楼	
3.1.1	建筑面积与体积	地上两层、地下一层（电缆夹层），建筑面积为 1873.02m^2，建筑体积为 9545m^3
3.1.2	建筑结构	采用装配式钢框架结构，地上两层，地下为电缆夹层
3.1.3	建筑物基础	采用钢筋混凝土筏板基础
3.1.4	建筑装修	（1）外墙：采用铝镁锰复合板+纤维水泥饰面板。 （2）门窗：除部分选用木门、铝镁合金门外，其余门采用钢质防火门、成品防盗钢门，窗采用断桥铝合金窗，5+6A+5+6A+5 中空浮法玻璃、中间层为加胶玻璃。 （3）屋面：防水等级Ⅰ级。设置两道设防的防水保温屋面。 （4）楼地面：二次设备室、蓄电池室及消防泵房采用水泥基自流平地面、其他均为地砖。 （5）内墙：采用一体化纤维水泥集成墙板，除卫生间和备餐间为瓷砖以外，其他均为纤维水泥饰面板
3.2	辅助用房	
3.2.1	建筑面积与体积	建筑面积 46.24m^2，建筑体积为 138.72m^3
3.2.2	建筑结构	采用装配式钢框架结构
3.2.3	建筑物基础	本次未涉及
3.2.4	建筑装修	地面：地砖地面。卫生间设吊顶。外面装饰材料及风格、色调同配电装置楼。门采用成品防盗钢门（土建核实），窗采用断桥铝合金三层中空夹胶玻璃窗
4	构筑物	
4.1	构、支架基础及主变压器基础	无构架。设备支架基础均采用地脚螺栓重力式基础，主变压器基础采用钢筋混凝土整板式基础
5	其他构筑物	事故油池、消防水池等地下构筑物均采用现浇钢筋混凝土结构，抗渗等级 P6
6	供水	本次未涉及
7	采暖通风	二次设备间、蓄电池室及 10kV 配电装置室设置分体冷热空调，另设置事故风机
8	消防	站内设水消防系统，并设置不同类型的移动式灭火器

11.1.2　主要电气设备材料表

电气一次部分设备包括主变压器系统、各电压等级装置、无功补偿装置、站用电部分、照明部分、防火材料及其他、接地等部分。其中，主变压器系统主要包括与主变压器相连到电缆及电缆附件部分；照明部分将动力配电箱、检修箱、照明配电、户外照明灯具归入本项内；防火材料及其他包括二次控制电缆、电缆支架、防火材料等；接地部分包含主接地网、接地引下线、垂直接地极等。电气二次设备包括计算机监控系统、继电保护、直流系统、通信电源、电能计费和生产检修试验设备各部分。110kV 变电站通用方案 A2-3 主要电气设备材料表见表 11-2。

表 11-2　　通用方案 HA-110-A2-3 主要电气设备材料表

序号	设备名称	规格	单位	数量	备注
一	主变压器系统				
1	主变压器	三相双绕组油浸自冷有载调压变压器，分体 SZ11-63000/110	台	1	
2	110kV 中性点成套装置		套	1	
3	10kV 氧化锌避雷器	HY5WZ-17/45，附放电计数器	台	3	
4	铜排	TMY-30×4	m	3	避雷器连接线
5	110kV 电力电缆	$YJLW_{03}$-64/110kV-1×400	m	160	
6	110kV 复合式电缆终端	1×400	只	3	
7	110kV GIS 电缆终端	1×400	只	3	
8	电缆接地箱	三相直接接地	只	1	
9	电缆接地箱	带护层保护器	只	1	
10	接地电缆	10kV-1×240mm^2	m	30	
11	电缆抱箍		套	3	

续表 11-2

序号	设备名称	规格	单位	数量	备注
12	钢芯铝绞线	LGJ-300/40 中性点及设备连线，单导线 1.33 组	m	30	
13	铜排	TMY-3×（125×10）	m	72	单片计列，套热缩
14	穿墙套管	CWC-20/4000A	只	3	
15	支柱绝缘子	ZSW-20/16	只	18	
16	母线固定金具		套	18	
17	母线间隔垫		个	30	
18	母线伸缩节	MST-125×10	个	18	
19	槽钢	[10	m	30	铜排安装用
20	主变压器智能控制柜		个	1	
21	主变压器检修箱		个	1	
二	110kV 配电装置部分				
1	110kV GIS 主变压器进线间隔	单断路器，3150A，40kA	间隔	1	
2	110kV GIS 电缆出线间隔	单断路器，3150A，40kA	间隔	2	
3	110kV GIS 分段间隔	单断路器，3150A，40kA	间隔	1	
4	110kV GIS 母线设备间隔	3150A，40kA	间隔	2	
5	110kV GIS 不完整出线间隔	3150A，40kA	间隔	1	
6	母线	3150A	m	2	
7	智能汇控柜		面	6	
三	10kV 配电装置				
1	高压开关柜	KYN28A-12，4000A～40kA	面	1	主进
2	高压开关柜	KYN28A-12，4000A	面	1	分段隔离
3	高压开关柜	KYN28A-12，1250A～31.5kA	面	2	电容器
4	高压开关柜	KYN28A-12，1250A～31.5kA	面	1	消弧线圈及接地变压器
5	高压开关柜	KYN28A-12，1250A～31.5kA	面	14（12）	出线
6	高压开关柜	KYN28A-12	面	1	母线设备
7	10kV 封闭母线桥	4000A	m	12	
四	无功补偿				
1	无功补偿电容器成套装置	TBB10-4800/200-AK（5%），每套包括电容器组、电抗器 5%、放电线圈、隔离开关、避雷器、支持绝缘子等	套	2	
2	10kV 电力电缆	YJV22-8.7/15kV-3×240	m	100	
3	10kV 电缆终端	户内，冷缩，铜，配 3×240 电缆	套	4	
4	成品电缆竖井	钢制，500mm×400mm，$\delta\geqslant$2mm	m	10	现场量制定做
五	站用电部分				
1	消弧线圈及接地变压器成套装置	消弧线圈 XHDCZ-1000/10.5 接地变压器 DKSC-1200/10.5-200/0.4	套	1	
2	10kV 电力电缆	YJV22-8.7/15kV-3×185	m	30	
3	低压电力电缆	YJV22-1kV-3×240+1×120	m	120	
4	10kV 电缆终端	10kV，三相，户内，配 3×185 电缆	套	2	
5	电缆桥架	钢制，600×450mm，$\delta\geqslant$2mm	m	5	现场量制定做
6	零序 TA	LMZJ1-0.5，200/5A	只	1	
7	低压电力电缆	ZC-YJV22-1kV-2×4	m	80	
	低压电力电缆	ZC-YJV22-1kV-2×6	m	60	
	低压电力电缆	NH-YJV22-1kV-2×6	m	30	

续表 11-2

序号	设备名称	规格	单位	数量	备注
	低压电力电缆	ZC-YJV22-1kV-2×10	m	140	
	低压电力电缆	ZC-YJV22-1kV-4×16	m	350	
	低压电力电缆	ZC-YJV22-1kV-4×25	m	360	
	低压电力电缆	ZC-YJV22-1kV-4×70	m	380	
	低压电力电缆	NH-VV22-1kV-1×120	m	110	
六	照明部分				
1	照明配电箱		个	2	
2	备用照明配电箱		个	1	
3	消防配电箱		个	1	
4	插座配电箱		个	1	
5	风机配电箱		个	1	
6	空调配电箱		个	1	
7	户内检修配电箱		个	2	
8	泵房配电箱		个	1	
9	LED 投光灯	220V，200W	套	10	户外
10	铜芯塑料绝缘导线	3×BV-0.5-4	m	50	接灯线
11	电力电缆	ZR-YJV22-1-5×4	m	100	电动大门用
12	电力电缆	ZR-VV22-1-3×4	m	500	
13	穿线钢管	ϕ40，热镀锌	m	450	
14	PVC 管	ϕ25	m	50	
七	防雷接地				
1	接地铜排	—40mm×4mm	m	1500	水平接地体
2	接地铜排	—40mm×4mm	m	700	接地引上线
3	热镀锌扁钢	—60mm×6mm	m	900	室内水平接地体
4	热镀锌扁钢	—60mm×6mm	m	100	设备接地
5	热镀锌扁钢	—60mm×6mm	m	300	夹层电缆支架接地
6	镀铜钢棒	ϕ17.3，L=2.5m	根	94	垂直接地体
7	铜排	—25mm×4mm	m	250	二次等电位网
8	镀锌圆钢	ϕ12	m	500	屋顶避雷带
9	支柱绝缘子	1000V	个	180	
10	绝缘软铜线	$4mm^2$	m	300	
11	水平接地体	VV-0.6/1-1×120	m	50	单芯裸铜线
12	铜芯电缆	VV-0.6/1-1×50	m	100	铜接地网与主接地网连接
13	焊药		盒	250	
14	接地软导线	VV-1kV-2×50	m	300	二次
15	黄绿接地线	$BVR-50mm^2$	m	50	
16	黄绿接地线	$BVR-120mm^2$	m	80	
八	防火材料及其他				
1	阻燃有机耐火隔板	&=10mm	m^2	100	
2	层间 L 形防火隔板	800 mm（长）×300 mm（宽）×10 mm（厚），高 80 mm（翻边）	套	400	
3	有机防火堵料		kg	2200	
4	无机防火堵料		kg	1000	

续表 11-2

序号	设备名称	规格	单位	数量	备注
5	阻火包		kg	3000	
6	防火涂料		kg	827	
7	钢板	&=8mm	m^2	85	
8	角钢承托支架	∠50mm×5mm	m	120	
9	电缆支架		t	12	
10	电缆槽盒	100mm×50mm	m	60	
11	电缆槽盒	200mm×100mm	m	50	
12	光缆槽盒	150mm×100mm	m	300	
13	电缆桥架	钢制，1400mm×700mm，$\delta\geqslant$2mm	m	10	现场量制定做
14	控制电缆	ZR-KVVP-，ZR-KVVP2-22-	km	4	
九	状态监测系统				
1	主变压器油色谱监测 IED	监测范围：油中溶解气体包含传感器及状态监测 IED	套	1	
十	计算机监控系统	完成全站监控或远传、实现无人值班，实现顺序控制、智能告警及分析决策等高级功能	套	1	
1	主机/操作员站		套	2	
2	数据通信网关机柜	含 4 台通信网关机兼图形网关机，站控层交换机 4 台	面	2	
3	公用测控柜	含公用测控装置 2 台、网络打印机 1 台	面	1	
4	综合应用服务器柜	含 1 台综合应用服务器	面	1	
5	主变压器测控柜	含测控装置 3 台	面	1	
6	110kV 线路保护测控装置		台	2	
7	110kV 分段保护测控装置		台	1	
8	110kV 分段备投装置		台	1	
9	110kV 母线测控装置		台	2	
10	10kV 母线测控装置		台	1	
11	110kV 间隔层交换机	24 电口，2 光口	台	2	
12	10kV 间隔层交换机	24 电口，2 光口	台	2	
13	时间同步系统	1 套，含同步时钟主机（双机）、接收天线、光纤、光电转换器，同步对时扩展装置	面	1	
14	微机五防操作闭锁装置	含电脑钥匙、就地锁具、验电器等	套	1	
15	10kV 保护测控一体化装置	保护测控一体化装置，按单元配置，分散安装于 10kV 开关柜	套	17	
16	10kV 母线电压并列装置		套	1	
17	尾缆、网线	尾缆 2000m，超五类以太网线、屏蔽双绞线厂家按需提供	套	1	
十一	继电保护	不包括自动装置			
1	主变压器保护柜	柜式 2260mm×600mm×600mm，每面含主变压器保护装置 2 套	面	1	
2	故障录波及网络分析记录仪主机柜	柜式 2260mm×600mm×600mm，主机及分析软件和 1 台 MMS 网络记录仪	面	1	
3	调度专用网络接入设备	每套含路由器 1 台，交换机 2 台，纵向加密认证 2 台	套	2	
4	安全防护装置	防火墙 2 台，网络安全监测装置 1 台，正向隔离装置 1 台，反向隔离装置 1 台	套	1	
十二	交直流一体化电源系统				
1	阀控密封铅酸蓄电池	400Ah，2V	只	104	
2	380V 配电柜	含 2 面交流进线柜、1 面交流馈线柜	面	3	

续表 11-2

序号	设备名称	规格	单位	数量	备注
3	直流柜	1 面充电机柜，2 面馈线柜	面	3	
4	UPS 电源屏	含 10kVA UPS 电源 1 台	面	1	
5	事故照明电源屏	含 3kVA UPS 电源 1 台	面	1	
6	通信电源柜	含通信电源含 5 个 30A 的 DC/DC 电源转换模块	面	1	
十三	电能计费				
1	电能表柜	含电量采集处理终端 1 台、110kV 主变压器数字式电能表 1 块，10kV 主进数字式电能表 1 块	面	1	
2	110kV 线路数字式电能表	0.5S 级数字式多功能电能表	块	2	
3	10kV 电能表	0.5S 级数字式多功能电能表	块	17	
十四	变电站智能辅助控制系统	含一次设备在线监测子系统、安全防卫子系统、动环子系统、智能锁控子系统及智能巡视子系统等	套	1	
十五	过程层设备				
1	主变压器本体合并单元		台	2	
2	主变压器本体智能终端及非电量保护		套	1	
3	主变压器 110kV 合并单元/智能终端一体化装置		台	2	
4	主变压器 10kV 合并单元/智能终端一体化装置		台	2	
5	110kV 线路合并单元/智能终端一体化装置		台	2	
6	110kV 分段合并单元/智能终端一体化装置		台	1	
7	110kV 母线 TV 合并单元	具备电压并列功能，接收至少 2 组电压互感器数据	台	2	
8	110kV 母线 TV 智能终端		台	2	
9	110kV 过程层中心交换机	20 光口	台	3	
十六	站内通信				
1	语音插座	含模块及底盒	个	3	
2	信息插座	含模块及底盒	个	2	
3	穿线盒		个	6	
4	超五类屏蔽双绞线		m	100	
5	阻燃 PVC 管	ϕ25	m	300	

11.1.3　建筑工程量表

建筑工程量表包括总图、建筑物、构筑物、水工和暖通共五部分。

总图部分包括站区占地面积、站区道路面积、站区围墙长度、站区内建筑物面积、站区电缆隧道长度和特殊构筑物。其中站区占地面积边界以围墙中心线外 1m 为界。

建筑物部分包括配电装置楼、辅助用房和消防泵房共三项。各建筑物分为建筑专业和结构专业两部分。

110kV 变电站通用方案 HA-110-A2-3 建筑工程量表见表 11-3。

表 11-3　　通用方案 HA-110-A2-3 建筑工程量表

序号	名称	规格	单位	数量	备注
一	总图部分				
1	站区总占地面积				
1.1	站区围墙内占地面积		hm^2	0.3400	以围墙中心线计
1.2	站区建筑物占地面积		hm^2	0.085	以围墙中心线外 1m 计

续表 11-3

序号	名称	规格	单位	数量	备注
1.3	进站道路占地面积		hm^2	—	本次不涉及
1.4	合计		hm^2	0.4250	
2	站区道路面积	厚度0.67m，混凝土路面	m^2	809	
3	站区围墙长度	围墙高2.3m，装配式围墙	m	240.2	
4	建筑物				
4.1	配电装置楼；辅助用房；消防泵房	50.5m×19m；6m×6m；2.8m×6.6m+7.9m×6.4m	m^2	1994	框架结构（按轴线计算）
5	站区沟道				
5.1	电缆隧道	2 m×2m（最小净空）	m	23	
5.2	电缆隧道	1.6m×2m（最小净空）	m	11.5	
6	特殊构筑物				
6.1	总事故油池	最小净空容积	m^3	35	钢筋混凝土结构
6.2	化粪池		座	1	成品
6.3	深井		座	—	本次不涉及
6.4	消防水池	最小净空容积	m^3	600	
7	大门		m	5m×2.4m	实体电动推拉大门
8	站区地坪	180mm厚混凝土面层，内掺防裂纤维 150mm厚C20混凝土垫层 300mm厚碎石基层	m^2	1359	
二	建筑部分				
1	配电装置楼				
1.1	建筑部分				
1.1.1	建筑面积	50.5m×19.0m，地上1269.43m²、地下603.59m³	m^2	1873.02	
1.1.2	建筑体积		m^3	9545	
1.1.3	地面工程				
1.1.3.1	混凝土地面	细石混凝土	m^2	591	电缆夹层
1.1.4	楼面工程				
1.1.4.1	防静电地板	防静电地板	m^2	88.41	二次设备间
1.1.4.2	地砖面层	普通地砖	m^2	1150	其余楼面
1.1.5	屋面保温防水	挤塑聚苯板保温、双层SBS改性沥青防水卷材	m^2	800.44	
1.1.6	墙体工程				
1.1.6.1	外墙	铝镁锰复合板	m^2	1600	
1.1.6.2	外墙内侧	纤维水泥饰面板	m^2	690	
1.1.6.3	外墙内侧（主变压器间）	纤维增强硅酸钙板一体化纤维水泥集成墙板	m^2	877	用于防火侧
1.1.6.4	内墙	一体化纤维水泥集成墙板	m^2	723	
1.1.6.5	主变压器吸音墙		m^2	270	
1.1.6.6	主变压器泄压墙	成品泄压墙	m^2	106.7	
1.1.6.7	剪力墙	C30钢筋混凝土	m^3	100.68	电缆夹层
1.1.6.8	外墙装饰	外墙面砖	m^2	175	
1.1.6.9	内墙装饰	水泥砂浆抹灰+白色防霉无机涂料	m^2	264	电缆夹层
1.1.7	女儿墙	240mm厚砖	m^3	57	
1.1.7.1	女儿墙饰面	20mm厚水泥砂浆	m^2	139	

续表 11-3

序号	名称	规格	单位	数量	备注
1.2	结构部分				
1.2.1	屋面板面积	130mm 厚 C30 钢筋桁架楼承板	m^2	805	以轴线计
1.2.2	楼面板面积	130mm 厚 C30 钢筋桁架楼承板	m^2	360	以轴线计
1.2.3	楼面板面积	120mm 厚 C30 钢筋混凝土板	m^2	602	以轴线计
1.2.4	框架柱	C30 钢筋混凝土	m^3	66.88	基础层
1.2.5	框架梁	C30 钢筋混凝土	m^3	71.06	基础层
1.2.6	钢柱	Q345BH 型钢	t	60.93	
1.2.7	钢梁	Q345BH 型钢	t	93.4	
1.2.8	钢梯	Q235B 低合金钢	t	5.58	
1.2.9	钢支撑、桁架、墙架	Q345 冷弯型钢	t	22.11	
1.2.10	继电室屏位支架		t	3	
1.2.11	筏板基础	C30 钢筋混凝土	m^3	425	
1.2.12	独立基础	C30 钢筋混凝土	m^3	26	
1.2.13	条形基础	MU15 实心砖	m^3	60	
1.2.14	挖方		m^3	4255.23	
1.2.15	沉降观测点		个	4	
2	消防泵房				
2.1	建筑部分				
2.1.1	建筑面积	2.8m×6.6m+7.9m×6.4m	m^2	69.04	
2.1.2	建筑体积		m^3	374.85	
2.1.3	地面工程				
2.1.3.1	整体面层	水泥砂浆地面	m^2	17.92	
2.1.4	屋面工程				
2.1.4.1	屋面保温防水	挤塑聚苯板保温、双层 SBS 改性沥青防水卷材	m^2	17.92	
2.1.5	墙体工程				
2.1.5.1	外墙	MU15 烧结砖	m^3	11.36	
2.1.5.2	剪力墙	C30 钢筋混凝土	m^3	46.06	
2.1.5.3	外墙装饰	外墙涂料	m^2	65.39	
2.1.5.4	内墙面装饰	内墙涂料	m^2	50.67	
2.1.5.5	天棚抹灰	乳胶漆涂料	m^2	17.92	
2.2	结构部分				
2.2.1	屋面板面积	120mm 厚 C30 钢筋混凝土板	m^2	17.92	
2.2.2	筏板基础	C30 钢筋混凝土	m^3	21.17	
2.2.3	挖方		m^3	617.5	
3	辅助用房				
3.1	建筑部分				
3.1.1	建筑面积	6m×6m	m^2	46.24	
3.1.2	建筑体积		m^3	144	以轴线计
3.1.3	地面工程	普通地砖	m^2	36	
3.1.4	屋面保温防水	挤塑聚苯板保温、双层 SBS 改性沥青防水卷材	m^2	36	
3.1.5	墙体工程				

续表 11-3

序号	名称	规格	单位	数量	备注
3.1.5.1	外墙	铝镁锰复合墙板	m^2	92.9	
3.1.5.2	内墙	纤维水泥饰面板+纤维增强硅酸钙板	m^2	42.1	
3.1.5.3	外墙装饰		m^2	96	
3.1.5.4	内墙装饰		m^2	93	其余房间
3.1.5.5	内墙装饰	内墙瓷砖	m^2	49.8	卫生间
3.1.5.6	天棚吊顶	轻钢龙骨吊顶，铝扣板（烤漆）	m^2	8.06	
3.2	结构部分				
3.2.1	屋面板面积	120mm厚C30钢筋桁架楼承板	m^2	36	
3.2.4	钢柱	Q345BH型钢	t	2.76	
3.2.5	钢梁	Q345BH型钢	t	2.13	
3.2.7	钢支撑、桁架、墙架	Q345冷弯型钢	t	1.29	
三	构筑物部分				
1	主变压器基础及油坑				
1.1	主变压器基础	钢筋混凝土整版式基础（4.075m×4.84m×2.1m），C30	m^3	16.816	
1.2	主变压器油坑	最小净空容积	m^3	45	
2	散热器基础及油坑				
2.1	散热器基础	钢筋混凝土整版式基础（4.84m×1.94m×2.1m），C30	m^3	24.924	
3	主变压器构支架				
3.1	支架				
3.1.1	10kV母线桥支架	ϕ300×6圆形直缝钢管，Q235B	t	0.444	3支
四	水工部分				
1	排水管	HDPE双壁波纹排水管DN200	m	37.70	
2	污水管	UPVC排水塑料管DN200	m	94.44	
3	消防管道	塑钢管DN100	m	11.70	
4	消防管道	塑钢管DN150	m	99.00	
5	水表井	最小净空容积	个	1	
6	混凝土圆形水封井	ϕ1000mm	个	4	
7	混凝土阀门井	ϕ1200mm	个	3	
8	成品塑料污水井		个	2	
9	消火栓	室外地上，SSF150/65-1.0	套	3	
10	室外消防泵	Q=45L/s，H=67m，N=55kW	台	2	
11	消火栓增压稳压设备	P=0.18MPa，P_1=0.18MPa，P_2=0.33MPa	套	2	
12	阀门	100×液压式水位控制阀	个	1	
五	暖通部分				
1	防爆轴流风机	BT35-F-2.8，风量1280m^3/h，风压85Pa，功率0.06kW	台	2	蓄电池室
2	低噪轴流风机	DZ-NO.3.5，自配室外防雨叶，6000m/h^3，260Pa，0.75kW	台	5	10kV配电装置室、GIS室
3	屋顶风机	DWT-1轴流式屋顶风机，NO3.0，L=2600m^3/h，N=0.37kW，380V，P=232Pa	台	2	接地变压器室、电容器室

续表 11-3

序号	名称	规格	单位	数量	备注
4	低噪声屋顶风机	DWT-1-4 轴流式屋顶风机，NO4.0，L=5700m³/h，N=0.55kW，380V，P=176Pa，噪声＜67dB	台	2	110kV GIS 室
5	低噪声屋顶风机	DWT-1-4 轴流式屋顶风机，NO4.0，L=9900m³/h，N=0.75kW，380V，P=230Pa，噪声＜67dB	台	2	1 号主变压器室排风，2、3 号预留洞口，本期不上，钢板遮挡预留洞口
6	风管式空调器	制冷量 16kW，制热量 17kW，最大电功率 6.05kW，～380V	台	6	二次设备间、10kV 配电装置
7	空调壁挂机	KFR-36GW-DY-T6，制冷量：3600W，输入功率：1.27kW，制冷量：4300W+750W，输入功率：1.27kW+0.75kW	台	1	资料室

11.1.4 概算书

概算投资为静态投资，编制依据为第 4 章要求，概算书附总概算表、安装工程部分汇总概算表、建筑工程部分汇总概算表、其他费用概算表，见表 11-4～表 11-7。

表 11-4　　通用方案 HA-110-A2-3 总概算表　　金额单位：万元

序号	工程或费用名称	建筑工程费	设备购置费	安装工程费	其他费用	合计	各项占静态投资（%）	单位投资（元/kVA）
一	主辅生产工程	1313	1329	411		3053	90.84	484.6
1	主要生产工程	1194	1329	411		2934	87.3	465.71
2	辅助生产工程	119				119	3.54	18.89
二	与站址有关的单项工程							
	小计	1313	1329	411		3053	90.84	484.6
三	其中：编制基准期价差	178		18		196	5.83	31.11
四	其他费用				258	258	7.68	40.95
	其中：建设场地征用及清理费							
五	基本预备费				50	50	1.49	7.94
六	特殊项目							
	工程静态投资	1313	1329	411	308	3361	100	533.49
	各类费用占静态投资的比例（%）	39	40	12	9	100		

表 11-5　　通用方案 HA-110-A2-3 安装工程部分汇总概算表　　金额单位：元

序号	工程或费用名称	设备购置费	安装工程费			合计	技术经济指标		
			装置性材料	安装	小计		单位	数量	指标
	安装工程	13288896	1379312	2728530	4107842	17396738			
一	主要生产工程	13288896	1379312	2728530	4107842	17396738			
1	主变压器系统	3082026	81753	122307	204060	3286086	元/kVA		
1.6	110kV 主变压器	3082026	81753	122307	204060	3286086			
2	配电装置	5555078	171600	309310	480910	6035988			
2.1	户内配电装置	5555078	171600	309310	480910	6035988			
2.1.4	110kV 配电装置	3889903		217679	217679	4107581			
2.1.8	10kV 配电装置	1665175	171600	91632	263232	1928407			
3	无功补偿	317004		40096	40096	357100			

续表 11-5

序号	工程或费用名称	设备购置费	安装工程费			合计	技术经济指标		
			装置性材料	安装	小计		单位	数量	指标
3.3	低压电容器	317004		40096	40096	357100	元/kvar		
3.3.5	10kV 低压电容器	317004		40096	40096	357100			
4	控制及直流系统	3592976		412636	412636	4005612	元/kVA		
4.1	计算机监控系统	1558836		257068	257068	1815904			
4.1.1	计算机监控系统	1458136		171346	171346	1629482			
4.1.2	智能设备			75654	75654	75654			
4.1.3	同步时钟	100700		10068	10068	110768			
4.2	继电保护	449928		63360	63360	513287			
4.3	直流系统及 UPS	302100		40833	40833	342933			
4.4	智能辅助控制系统	1208400		42755	42755	1251155			
4.5	在线监测系统	73712		8619	8619	82332			
5	站用电系统	343856	35866	34561	70427	414283	元/kVA		
5.1	站用变压器	332956		9208	9208	342163			
5.2	站用配电装置	10900		1324	1324	12224			
5.3	站区照明		35866	24029	59896	59896			
6	电缆及接地	10070	1086434	1001547	2087981	2098051			
6.1	全站电缆	10070	863569	726476	1590045	1600115			
6.1.1	电力电缆	10070	474733	194202	668935	679005	元/m	3130	216.935
6.1.2	控制电缆		91176	78368	169544	169544	元/m	4000	42.386
6.1.3	电缆辅助设施		186160	320433	506593	506593			
6.1.4	电缆防火		111499	133473	244972	244972			
6.2	全站接地		222866	275071	497936	497936	元/m	2650	187.901
7	通信及远动系统	387887	3658	67231	70889	458776	元/kVA		
7.1	通信系统	1199	3658	4398	8055	9254			
7.2	远动及计费系统	386688		62833	62833	449521			
8	全站调试			740842	740842	740842	元/kVA		
8.1	分系统调试			222095	222095	222095			
8.2	整套启动调试			22294	22294	22294			
8.3	特殊调试			496453	496453	496453			
	合计	13288896	1379312	2728530	4107842	17396738			

表 11-6　　通用方案 HA-110-A2-3 建筑工程部分汇总概算表

序号	工程或费用名称	建筑费	设备费	建筑工程费合计	技术经济指标		
					单位	数量	指标
	建筑工程	12848739	272900	13121639			
一	主要生产工程	11671478	264000	11935478			
1	主要生产建筑	9834478	143500	9977978			
1.1	主控通信楼	9834478	143500	9977978	元/m²	1873.02	5327.214
1.1.1	一般土建	8971826		8971826			
1.1.2	给排水	108116	8000	116116			
1.1.3	采暖、通风及空调	523552	109500	633052			
1.1.4	照明	230983	26000	256983			

续表 11-6

序号	工程或费用名称	建筑费	设备费	建筑工程费合计	技术经济指标		
					单位	数量	指标
2	配电装置建筑	844582		844582			
2.1	主变压器系统	239187		239187	元/台		
2.1.1	构支架及基础	3407		3407			
2.1.2	主变压器设备基础	60743		60743	元/m³		
2.1.3	主变压器油坑及卵石	63713		63713	元/m³		
2.1.5	35m³事故油池	111325		111325	元/座		
2.10	10kV 构架及设备基础	9108		9108			
2.10.2	设备支架及基础	9108		9108	元/t（m³）		
2.36	电缆沟道	228994		228994		34.5	6637.52
2.38	配电装置区域地面封闭	367293		367293	元/m²	1359	270.267
3	供水系统	44212		44212			
3.1	站区供水管道	44212		44212	元/m		
4	消防系统	948206	120500	1068706			
4.3	消防水泵房	173166	120500	293666	元/m²		
4.3.1	一般土建	161754	10500	172254			
4.3.2	设备及管道	11412	110000	121412			
4.5	站区消防管路	52360		52360	元/m		
4.6	消防器材	48956		48956			
4.8	消防水池	673724		673724	元/座	1	673724.383
二	辅助生产工程	1177261	8900	1186161			
1	辅助生产建筑	270630	8900	279530			
1.3	警卫室	270630	8900	279530	元/m²	46.24	6045.203
1.3.1	一般土建	257642		257642			
1.3.2	给排水	4574		4574			
1.3.3	采暖、通风及空调	2504	8900	11404			
1.3.4	照明	5910		5910			
2	站区性建筑	906631		906631			
2.2	站区道路及广场	235357		235357	元/m²	809	290.924
2.3	站区排水	68069		68069			
2.3.1	排水管道	48487		48487	元/m	132.1	367.044
2.3.2	排水设施	5595		5595			
2.3.4	污水调节水池	13987		13987			
2.5	围墙及大门	603205		603205	元/m	245	2462.061
	合计	12848739	272900	13121639			

表 11-7　　通用方案 HA-110-A2-3 其他费用概算表　　金额单位：元

序号	工程或费用名称	编制依据及计算说明	合价
2	项目建设管理费		2094401
2.1	项目法人管理费	（建筑工程费+安装工程费）×0.9×3.73%	578394
2.2	招标费	（建筑工程费+安装工程费）×1.37%	236044
2.3	工程监理费	（建筑工程费+安装工程费）×6.15%	1059613
2.4	设备材料监造费	监造设备费×0.87%	60116
2.5	施工过程造价咨询及竣工结算审核费	（建筑工程费+安装工程费）×0.88%	151619

续表 11-7

序号	工程或费用名称	编制依据及计算说明	合价
2.6	工程保险费	（建筑工程费+安装工程费）×0.05%	8615
3	项目建设技术服务费		295472
3.4	设计文件评审费		230000
3.4.1	可行性研究文件评审费	可行性研究评审费	50000
3.4.2	初步设计文件评审费	初步设计评审费	75000
3.4.3	施工图文件评审费	施工图评审费	105000
3.6	工程建设检测费		48243
3.6.1	电力工程质量检测费	（建筑工程费+安装工程费）×0.28%	48243
3.7	电力工程技术经济标准编制费	（建筑工程费+安装工程费）×0.1%	17229
4	生产准备费		186078
4.2	工器具及办公家具购置费	（建筑工程费+安装工程费）×0.8×1.35%	186078
	小计		2575952

11.2 子模块

11.2.1 主要技术条件

110kV 变电站通用方案 A2-3 有 4 个子模块，分别为增减一台主变压器 63MVA（HA-110-A2-3-ZB）、增减一回 110kV 电缆出线（HA-110-A2-3-110）、增减一回 10kV 出线（HA-110-A2-3-10）、增减一组 10kV 电容器（HA-110-A2-3-10C），技术条件见表 11-8。

表 11-8　　通用方案 HA-110-A2-3 子模块技术条件

序号	子模块名称	子模块技术条件
一	增减一台主变压器 63MVA（HA-110-A2-3-ZB）	
1	规模	主变压器 1×63MVA，终期 3×63MVA 主变压器间隔 110、10kV 双侧进线间隔
2	接线	110kV 单母线分段接线，10kV 单母线四分段接线
3	短路电流水平	110、10kV 短路电流水平分别为 40、40/31.5kA
4	主要设备型式	主变压器：110/10kV 三相双绕组变压器，分体，有载调压，油浸式，低损耗，自然油循环自冷； 断路器：110kV 户内 GIS，10kV 户内开关柜
5	配电装置型式	变电站配电装置采用全户内一栋楼布置； 110kV 采用户内 GIS 布置，采用全电缆出线，采用断路器单列布置； 10kV 采用户内开关柜
6	计算机监控	计算机监控系统软件扩容 1 套； 主变压器测控柜 1 面，每面含测控装置 3 台； 保护及故障信息管理系统软件升级 1 套
7	电能计量	含 0.5S 数字式电能表 2 块
8	主变压器保护	主变压器保护柜 1 面，含保护 2 套
9	过程层设备	合并单元 2 台；智能终端 1 台；合并单元/智能终端一体化装置 4 台
10	设备状态监测装置	含主变压器油中溶解气体在线监测装置 1 套
11	土建设施	构、支架基础均地脚螺栓重力式基础，主变压器基础钢筋混凝土整板式基础
12	其他	含控制、电力电缆、接地、配套
二	增减一回 110kV 电缆出线（HA-110-A2-3-110）	
1	规模	110kV 出线 1 回
2	接线	110kV 单母线分段接线
3	短路电流水平	40kA

续表 11-8

序号	子模块名称	子模块技术条件
4	主要设备型式	断路器：110kV 户内 GIS
5	配电装置型式	户内 GIS
6	计算机监控	计算机监控系统软件扩容 1 套； 保护及故障信息管理系统软件升级 1 套
7	电能计量	0.5S 级数字式电能表 1 块
8	继电保护	110kV 线路保护测控装置 1 套
9	过程层设备	合并单元/智能终端一体化装置 1 台
10	土建设施	设备基础前期已上
11	其他	含控制、电力电缆、接地、配套
三	增减一回 10kV 出线（HA-110-A2-3-10）	
1	规模	10kV 出线 1 回
2	接线	10kV 单母线分段接线
3	短路电流水平	40/31.5kA
4	主要设备型式	断路器：10kV 户内开关柜
5	配电装置型式	10kV 户内开关柜
6	计算机监控	计算机监控系统软件扩容 1 套； 保护及故障信息管理系统软件升级 1 套
7	电能计量	0.5S 级数字式电能表 1 块
8	继电保护	10kV 线路保护测控集成装置 1 套
9	土建设施	设备基础前期已上
10	其他	含控制、电力电缆、接地、配套
四	增减一组 10kV 电容器（HA-110-A2-3-10C）	
1	规模	10kV 并联电容器
2	接线	
3	短路电流水平	31.5kA
4	主要设备型式	10kV 电容器采用户内框架式电容器补偿装置，串联电抗器电抗率按 5%考虑
5	配电装置型式	户内布置
6	计算机监控	计算机监控系统软件扩容 1 套； 保护及故障信息管理系统软件升级 1 套
7	电能计量	0.5S 级数字式电能表 1 块
8	继电保护	10kV 电容器保护测控集成装置 1 套
9	土建设施	设备基础前期已上
10	其他	含控制、电力电缆、接地、配套

11.2.2 主要电气设备材料表

110kV 变电站通用方案 HA-110-A2-3 子模块主要电气设备材料表见表 11-9。

表 11-9　通用方案 HA-110-A2-3 子模块主要电气设备材料表

序号	设备名称	规格	单位	数量	备注
一	增减一台主变压器 63MVA（HA-110-A2-3-ZB）				
（一）	主变压器部分				
1	主变压器	三相双绕组自然油循环自冷有载调压变压器，分体 SZ11-63000/110	台	1	
2	110kV 中性点成套装置		套	1	

续表 11-9

序号	设备名称	规格	单位	数量	备注
3	氧化锌避雷器	HY5WZ-17/45，附放电计数器	台	3	
4	铜排	TMY-30×4	m	3	
5	110kV 电力电缆	$YJLW_{03}$-64/110kV-1×400	m	200	
6	110kV 复合式电缆终端	1×400	只	3	
7	110kV GIS 电缆终端	1×400	只	3	
8	电缆接地箱	三线直接接地	只	1	
9	电缆接地箱	带护层保护器	只	1	
10	接地电缆	10kV-1×240mm^2	m	60	
11	钢芯铝绞线	LGJ-300/40 中性点连线，单导线 0.33 组	m	5	
12	钢芯铝绞线	LGJ-300/40 主变压器与 110kV 电缆终端连线，单导线 1 组	m	15	
13	铜排	TMY-3×（125×10）	m	72	按单片计列，套热缩
14	穿墙套管	CWC-20/4000A	只	3	
15	支柱绝缘子	ZSW-20/16	只	18	
16	母线固定金具		套	18	
17	母线间隔垫		个	30	
18	母线伸缩节	MST-125×10	个	18	
19	槽钢	[10	m	30	
20	主变压器智能控制柜		个	1	
21	主变压器检修箱		个	1	
（二）	110kV 户内配电装置部分				
1	110kV GIS 主变压器进线间隔	单断路器，3150A，40kA	间隔	1	
2	智能汇控柜		面	1	厂家提供
（三）	10kV 配电装置				
1	高压开关柜	KYN28A-12/4000A-40kA	面	1	主进
2	10kV 封闭母线桥	I_e=4000A	m	16	
（四）	防雷接地				
1	接地扁钢	—60mm×6mm，热镀锌	m	100	设备接地
2	接地软导线	VV-1×100mm^2	m	300	
（五）	防火材料				
1	防火隔板	&=10mm	m^2	10	
2	防火堵料		kg	300	
3	防火涂料		kg	100	
4	低压电力电缆	ZR-VV22-1kV-4×25	m	100	
5	电缆槽盒	100mm×50mm	m	60	
6	电缆槽盒	200mm×100mm	m	50	
7	光缆槽盒	150mm×100mm	m	50	
8	控制电缆	ZR-KVVP22-	km	1.01	
（六）	状态监测系统				
1	主变压器油色谱监测 IED		套	1	
（七）	计算机监控系统	完成全站监控或远传、实现无人值班			
1	计算机监控系统扩容		套	1	
2	主变压器测控柜	含测控装置 3 台	面	1	

续表 11-9

序号	设备名称	规格	单位	数量	备注
3	尾缆		m	760	
（八）	继电保护	不包括自动装置			
1	主变压器保护屏	屏内含主变压器保护装置 2 台	面	1	
（九）	电能计费				
1	主变压器电能表	0.5S 级数字式电能表	块	1	
2	10kV 电能表	0.5S 级数字式电能表	块	1	
（十）	过程层设备	合并单元、智能终端等	套	1	
二	增减一回 110kV 电缆出线（HA-110-A2-3-110）				
（一）	110kV 户内配电装置部分				
1	110kV GIS 出线间隔	单断路器，3150A，40kA	间隔	1	
2	智能汇控柜		面	1	厂家提供
（二）	防雷接地				
1	接地软导线	VV-1×100mm^2	m	10	
（三）	防火材料				
1	阻燃有机耐火隔板	&=10mm	m^2	10	
2	防火堵料		kg	300	
3	防火涂料		kg	100	
（四）	其他				
1	低压电力电缆	ZR-VV22-1-4×25	m	70	
（五）	计算机监控系统	完成全站监控或远传、实现无人值班	套	1	
1	计算机监控系统扩容		套	1	
2	控制电缆	ZR-KVVP2-22-	km	0.24	
（六）	继电保护	不包括自动装置			
1	110kV 线路保护测控装置		套	1	
2	尾缆		m	155	
（七）	电能计费				
1	110kV 线路电能表	0.5S 级数字式电能表	块	1	
（八）	过程层设备	合并单元、智能终端等	套	1	
三	增减一回 10kV 出线（HA-110-A2-3-10）				
（一）	10kV 配电装置				
1	高压开关柜	KYN28A-12/1250A-31.5kA	面	1	出线
（二）	防雷接地				
1	接地软导线	VV-1×100mm^2	m	10	
（三）	防火材料				
1	防火隔板		m^2	2	
2	防火堵料		kg	30	
3	防火涂料		kg	100	
（四）	其他				
1	低压电力电缆	ZC-YJV22-1kV-2×10	m	50	
（五）	计算机监控系统	完成全站监控或远传、实现无人值班	套	1	
1	计算机监控系统扩容		套	1	

续表 11-9

序号	设备名称	规格	单位	数量	备注
2	10kV 线路保护测控集成装置		套	1	
3	控制电缆	ZR-KVVP2-22-	km	0.1	
（六）	电能计费				
1	10kV 电能表	0.5S 级数字式多功能电能表	块	1	
四	增减一组 10kV 电容器（HA-110-A2-3-10C）				
（一）	10kV 配电装置				
1	高压开关柜	KYN28A-12 1250A-31.5kA	面	1	电容
（二）	无功补偿				
1	无功补偿电容器成套装置	TBB10-4800/200-AK（5%），每套包括电容器组、电抗器 5%、放电线圈、隔离开关、避雷器、支持绝缘子等	套	1	
2	10kV 电力电缆	YJV22-8.7/15kV-3×240	m	50	
3	10kV 电缆终端	户内，冷缩，铜，配 3×240 电缆	套	2	
4	电缆桥架	钢制，450×400mm，$\delta \geqslant 2$mm	m	10	现场量制定做
（三）	防雷接地				
1	接地扁钢	—60mm×6mm，热镀锌	m	30	设备接地
2	接地软导线	VV-1×120mm^2	m	20	
3	接地软导线	VV-1×100mm^2	m	10	
（四）	防火材料				
1	防火隔板		m^2	3	
2	防火堵料		kg	30	
3	防火涂料		kg	200	
（五）	其他				
1	低压电力电缆	ZC-YJV22-1kV-2×6	m	60	
（六）	计算机监控系统	完成全站监控或远传、实现无人值班	套	1	
1	计算机监控系统扩容		套	1	
2	10kV 电容器保护测控集成装置		套	1	
3	控制电缆	ZR-KVVP2-22-	km	0.15	
（七）	电能计费				
1	10kV 电能表	0.5S 级数字式多功能电能表	块	1	

11.2.3 建筑工程量表

110kV 变电站通用方案 HA-110-A2-3 子模块建筑工程量表见表 11-10。

表 11-10　　通用方案 HA-110-A2-3 子模块建筑工程量表

序号	名称	规格	单位	数量	备注
一	增减一台主变压器 63MVA（HA-110-A2-3-ZB）				
1	主变压器基础及油坑				
1.1	主变压器基础	钢筋混凝土整板式基础（4.8m×4m×0.8m），C30	m^3	15.36	
1.2	散热器基础	钢筋混凝土整板式基础（6.2m×3.2m×0.8m），C30	m^3	15.87	
1.3	主变压器油坑	200mm 厚混凝土油池池壁，C30	m^3	6.24	
1.4		150mm 厚混凝土油池底板，C30	m^3	16.0	
1.5	卵石		m^3	47.25	

续表 11-10

序号	名称	规格	单位	数量	备注
1.6	预埋铁件		t	1.074	
2	设备构支架及基础				
2.1	中性点基础	（1.5m×1.5m×0.8m）C30	m^3	1.8	
2.1	10kV 母线桥支架	ϕ300×6 圆形直缝钢管，Q355B	t	0.325	2 支
2.2	10kV 母线桥支架基础	（1.5m×1.5m×0.8m）C30	m^3	3.6	2 座
2.3	电缆终端支架	12 号槽钢，长 1.7m	t	0.123	6 根
2.4	智能控制柜	C30 混凝土	m^3	0.5	1 座
2.5	主变压器动力箱	C30 混凝土	m^3	0.5	1 座
二	增减一回 110kV 电缆出线（HA-110-A2-3-110）				
	无土建工程量				
三	增减一回 10kV 电缆出线（HA-110-A2-3-10）				
	无土建工程量				
四	增减一组 10kV 电容器（HA-110-A2-3-10C）				
	无土建工程量				

11.2.4 概算书

110kV 变电站通用方案 HA-110-A2-3 子模块总概算表、安装工程部分汇总概算表、建筑工程部分汇总概算表、其他费用概算表分别见表 11-11～表 11-23。

表 11-11　　子模块 HA-110-A2-3-ZB 总概算表　　金额单位：万元

序号	工程或费用名称	建筑工程费	设备购置费	安装工程费	其他费用	合计	各项占静态投资（%）	单位投资（元/kVA）
一	主辅生产工程	15	448	135		598	94.17	94.92
1	主要生产工程	15	448	135		598	94.17	94.92
2	辅助生产工程							
二	与站址有关的单项工程							
	小计	15	448	135		598	94.17	94.92
三	其中：编制基准期价差	2		4		6	0.94	0.95
四	其他费用				28	28	4.41	4.44
五	基本预备费				9	9	1.42	1.43
六	特殊项目							
	工程静态投资	15	448	135	37	635	100.00	100.79
	各类费用占静态投资的比例（%）	2	71	21	6	100		

表 11-12　　子模块 HA-110-A2-3-ZB 安装工程部分汇总概算表　　金额单位：元

序号	工程或费用名称	设备购置费	安装工程费			合计	技术经济指标		
			装置性材料	安装	小计		单位	数量	指标
	安装工程	4477345	590282	762762	1353044	5830390			
一	主要生产工程	4477345	590282	762762	1353044	5830390			
1	主变压器系统	3082026	81753	139935	221688	3303714	元/kVA		
1.6	110kV 主变压器	3082026	81753	139935	221688	3303714			
2	配电装置	983255	228800	85952	314752	1298007			
2.1	户内配电装置	983255	228800	85952	314752	1298007			
2.2.1	110kV 配电装置	748826		42867	42867	791693			

续表 11-12

序号	工程或费用名称	设备购置费	安装工程费			合计	技术经济指标		
			装置性材料	安装	小计		单位	数量	指标
2.2.2	10kV配电装置	234430	228800	43085	271885	506315			
4	控制及直流系统	397966		92080	92080	490046	元/kVA		
4.1	计算机监控系统	151050		71604	71604	222654			
4.1.1	计算机监控系统	151050		33701	33701	184751			
4.1.2	智能设备			37903	37903	37903			
4.2	继电保护	173204		10618	10618	183822			
4.5	在线监测系统	73712		9858	9858	83570			
6	电缆及接地	10070	279729	231039	510768	520838			
6.1	全站电缆	10070	279729	231039	510768	520838			
6.1.1	电力电缆	10070	223337	146675	370012	380082	元/m	660	575.881
6.1.2	控制电缆		24682	22760	47443	47443	元/m	1010	46.973
6.1.3	电缆辅助设施		27200	51771	78971	78971			
6.1.4	电缆防火		4509	9834	14343	14343			
7	通信及远动系统	4028		146	146	4174	元/kVA		
7.2	远动及计费系统	4028		146	146	4174			
8	全站调试			213610	213610	213610	元/kVA		
8.1	分系统调试			43850	43850	43850			
8.2	整套启动调试			13239	13239	13239			
8.3	特殊调试			156521	156521	156521			
	合计	4477345	590282	762762	1353044	5830390			

表 11-13　子模块 HA-110-A2-3-ZB 建筑工程部分汇总概算表　金额单位：元

序号	工程或费用名称	建筑费	设备费	建筑工程费合计	技术经济指标		
					单位	数量	指标
	建筑工程	146470		146470			
一	主要生产工程	146470		146470			
2	配电装置建筑	146470		146470			
2.1	主变压器系统	139235		139235	元/台		
2.1.1	构支架及基础	3283		3283			
2.1.2	主变压器设备基础	67551		67551	元/m³		
2.1.3	主变压器油坑及卵石	68401		68401	元/m³		
2.10	10kV构支架及设备基础	7235		7235			
2.10.2	支架及基础	7235		7235	元/t（m³）		
	合计	146470		146470			

表 11-14　子模块 HA-110-A2-3-ZB 其他费用概算表　金额单位：元

序号	工程或费用名称	编制依据及计算说明	合价
2	项目建设管理费		204843
2.1	项目法人管理费	（建筑工程费+安装工程费）×0.9×3.36%	45345
2.2	招标费	（建筑工程费+安装工程费）×1.37%	20543

续表 11-14

序号	工程或费用名称	编制依据及计算说明	合价
2.3	工程监理费	（建筑工程费+安装工程费）×6.15%	92220
2.4	设备材料监造费	监造设备费×0.87%	32789
2.5	施工过程造价咨询及竣工结算审核费	（建筑工程费+安装工程费）×0.88%	13196
2.6	工程保险费	（建筑工程费+安装工程费）×0.05%	750
3	项目建设技术服务费		64698
3.4	设计文件评审费		59000
3.4.1	可行性研究文件评审费	可行性研究评审费	14000
3.4.2	初步设计文件评审费	初步设计评审费	20000
3.4.3	施工图文件评审费	施工图评审费	25000
3.6	工程建设检测费		4199
3.6.1	电力工程质量检测费	（建筑工程费+安装工程费）×0.28%	4199
3.7	电力工程技术经济标准编制费	（建筑工程费+安装工程费）×0.1%	1500
4	生产准备费		13676
4.2	工器具及办公家具购置费	（建筑工程费+安装工程费）×0.8×1.14%	13676
	小计		283217

表 11-15　　子模块 HA-110-A2-3-110 总概算表　　金额单位：万元

序号	工程或费用名称	建筑工程费	设备购置费	安装工程费	其他费用	合计	各项占静态投资（%）	单位投资（元/kVA）
一	主辅生产工程		85	23		108	93.1	
1	主要生产工程		85	23		108	93.1	
2	辅助生产工程							
二	与站址有关的单项工程							
	小计		85	23		108	93.1	
三	其中：编制基准期价差			1		1	0.86	
四	其他费用				6	6	5.17	
五	基本预备费				2	2	1.72	
六	特殊项目							
	工程静态投资		85	23	8	116	100	
	各类费用占静态投资的比例（%）		73	20	7	100		

表 11-16　　子模块 HA-110-A2-3-110 安装工程部分汇总概算表　　金额单位：元

序号	工程或费用名称	设备购置费	安装工程费			合计	技术经济指标		
			装置性材料	安装	小计		单位	数量	指标
	安装工程	852118	14649	213069	227718	1079836			
一	主要生产工程	852118	14649	213069	227718	1079836			
2	配电装置	761589		44802	44802	806391			
2.2	户内配电装置	761589		44802	44802	806391			
2.2.1	110kV 配电装置	761589		44802	44802	806391			
4	控制及直流系统	88515		38696	38696	127212	元/kVA		
4	控制及直流系统	15105		20119	20119	35224			
4.1	计算机监控系统	15105		10000	10000	25105			

续表 11-16

序号	工程或费用名称	设备购置费	安装工程费			合计	技术经济指标		
			装置性材料	安装	小计		单位	数量	指标
4.1.1	计算机监控系统	15105		10000	10000	25105			
4.1.2	智能设备			10119	10119	10119			
4.2	继电保护	73410		18578	18578	91988			
6	电缆及接地		14649	17778	32427	32427			
6.1	全站电缆		14649	17778	32427	32427			
6.1.1	电力电缆		5387	2066	7453	7453	元/m	80	93.161
6.1.2	控制电缆		4753	5343	10096	10096	元/m	240	42.068
6.1.4	电缆防火		4509	10369	14878	14878			
7	通信及远动系统	2014		77	77	2091	元/kVA		
7.2	远动及计费系统	2014		77	77	2091			
8	全站调试			111715	111715	111715	元/kVA		
8.1	分系统调试			13139	13139	13139			
8.2	整套启动调试			8361	8361	8361			
8.3	特殊调试			90215	90215	90215			
	合计	852118	14649	213069	227718	1079836			

表 11-17　　子模块 HA-110-A2-3-110 其他费用概算表　　金额单位：元

序号	工程或费用名称	编制依据及计算说明	合价
2	项目建设管理费		32754
2.1	项目法人管理费	（建筑工程费+安装工程费）×0.9×3.36%	6886
2.2	招标费	（建筑工程费+安装工程费）×1.37%	3120
2.3	工程监理费	（建筑工程费+安装工程费）×6.15%	14005
2.4	设备材料监造费	监造设备费×0.87%	6626
2.5	施工过程造价咨询及竣工结算审核费	（建筑工程费+安装工程费）×0.88%	2004
2.6	工程保险费	（建筑工程费+安装工程费）×0.05%	114
3	项目建设技术服务费		24865
3.4	设计文件评审费		24000
3.4.1	可行性研究文件评审费	可行性研究评审费	6000
3.4.2	初步设计文件评审费	初步设计评审费	8000
3.4.3	施工图文件评审费	施工图评审费	10000
3.6	工程建设检测费		638
3.6.1	电力工程质量检测费	（建筑工程费+安装工程费）×0.28%	638
3.7	电力工程技术经济标准编制费	（建筑工程费+安装工程费）×0.1%	228
4	生产准备费		2077
4.2	工器具及办公家具购置费	（建筑工程费+安装工程费）×0.8×1.14%	2077
	小计		59696

表 11-18　　子模块 HA-110-A2-3-10 总概算表　　金额单位：万元

序号	工程或费用名称	建筑工程费	设备购置费	安装工程费	其他费用	合计	各项占静态投资（%）	单位投资（元/kVA）
一	主辅生产工程		10	3		13	100.00	
1	主要生产工程		10	3		13	100.00	

续表 11-18

序号	工程或费用名称	建筑工程费	设备购置费	安装工程费	其他费用	合计	各项占静态投资（%）	单位投资（元/kVA）
2	辅助生产工程							
二	与站址有关的单项工程							
	小计		10	3		13	100.00	
三	其中：编制基准期价差							
四	其他费用							
五	基本预备费							
六	特殊项目							
	工程静态投资		10	3		13	100.00	
	各类费用占静态投资的比例（%）		77	23		100		

表 11-19　　子模块 HA-110-A2-3-10 安装工程部分汇总概算表　　金额单位：元

序号	工程或费用名称	设备购置费	安装工程费			合计	技术经济指标		
			装置性材料	安装	小计		单位	数量	指标
	安装工程	98384	6006	20491	26497	124881			
一	主要生产工程	98384	6006	20491	26497	124881			
2	配电装置	73209		3899	3899	77108			
2.2	户内配电装置	73209		3899	3899	77108			
2.2.1	10kV 配电装置	73209		3899	3899	77108			
4	控制及直流系统	23161		5021	5021	28182	元/kVA		
4.1	计算机监控系统	23161		5021	5021	28182			
4.1.1	计算机监控系统	23161		5021	5021	28182			
6	电缆及接地		6006	5850	11856	11856			
6.1	全站电缆		6006	5850	11856	11856			
6.1.1	电力电缆		2978	1351	4329	4329	元/m	60	72.143
6.1.2	控制电缆		1779	1581	3360	3360	元/m	100	33.6
6.1.4	电缆防火		1249	2919	4168	4168			
7	通信及远动系统	2014		77	77	2091	元/kVA		
7.2	远动及计费系统	2014		77	77	2091			
8	全站调试			5643	5643	5643	元/kVA		
8.1	分系统调试			5643	5643	5643			
	合计	98384	6006	20491	26497	124881			

表 11-20　　子模块 HA-110-A2-3-10 其他费用概算表　　金额单位：元

序号	工程或费用名称	编制依据及计算说明	合价
2	项目建设管理费		3040
2.1	项目法人管理费	（建筑工程费+安装工程费）×0.9×3.36%	801
2.2	招标费	（建筑工程费+安装工程费）×1.37%	363
2.3	工程监理费	（建筑工程费+安装工程费）×6.15%	1630
2.5	施工过程造价咨询及竣工结算审核费	（建筑工程费+安装工程费）×0.88%	233
2.6	工程保险费	（建筑工程费+安装工程费）×0.05%	13
3	项目建设技术服务费		101

续表 11-20

序号	工程或费用名称	编制依据及计算说明	合价
3.6	工程建设检测费		74
3.6.1	电力工程质量检测费	（建筑工程费+安装工程费）×0.28%	74
3.7	电力工程技术经济标准编制费	（建筑工程费+安装工程费）×0.1%	26
4	生产准备费		242
4.2	工器具及办公家具购置费	（建筑工程费+安装工程费）×0.8×1.14%	242
	小计		3383

表 11-21　　子模块 HA-110-A2-3-10C 总概算表　　金额单位：万元

序号	工程或费用名称	建筑工程费	设备购置费	安装工程费	其他费用	合计	各项占静态投资（%）	单位投资（元/kVA）
一	主辅生产工程		26	12		38	95	
1	主要生产工程		26	12		38	95	
2	辅助生产工程							
二	与站址有关的单项工程							
	小计		26	12		38	95	
三	其中：编制基准期价差							
四	其他费用				1	1	2.5	
五	基本预备费				1	1	2.5	
六	特殊项目							
	工程静态投资		26	12	2	40	100.00	
	各类费用占静态投资的比例（%）		65	30	5	100		

表 11-22　　子模块 HA-110-A2-3-10C 安装工程部分汇总概算表　　金额单位：元

序号	工程或费用名称	设备购置费	安装工程费			合计	技术经济指标		
			装置性材料	安装	小计		单位	数量	指标
	安装工程	259303	42809	73091	115900	375202			
一	主要生产工程	259303	42809	73091	115900	375202			
2	配电装置	75626		3899	3899	79525			
2.2	户内配电装置	75626		3899	3899	79525			
2.2.2	10kV 配电装置	75626		3899	3899	79525			
3	无功补偿	158502		24210	24210	182712	元/kvar		
3.3	低压电容器	158502		24210	24210	182712			
3.3.5	10kV 低压电容器	158502		24210	24210	182712			
4	控制及直流系统	23161		5021	5021	28182			
4.1	计算机监控系统	23161		5021	5021	28182			
4.1.1	计算机监控系统	23161		5021	5021	28182			
6	电缆及接地		42809	21083	63892	63892			
6.1	全站电缆		42809	21083	63892	63892			
6.1.1	电力电缆		31024	6331	37354	37354	元/m	140	266.815
6.1.2	控制电缆		2669	2371	5040	5040	元/m	150	33.6
6.1.3	电缆辅助设施		7298	8194	15493	15493			
6.1.4	电缆防火		1818	4187	6005	6005			

续表 11-22

序号	工程或费用名称	设备购置费	安装工程费			合计	技术经济指标		
			装置性材料	安装	小计		单位	数量	指标
7	通信及远动系统	2014		77	77	2091	元/kVA		
7.2	远动及计费系统	2014		77	77	2091			
8	全站调试			18800	18800	18800	元/kVA		
8.1	分系统调试			5981	5981	5981			
8.3	特殊调试			12819	12819	12819			
	合计	259303	42809	73091	115900	375202			

表 11-23　　子模块 HA-110-A2-3-10C 其他费用概算表　　金额单位：元

序号	工程或费用名称	编制依据及计算说明	合价
2	项目建设管理费		13298
2.1	项目法人管理费	（建筑工程费+安装工程费）×0.9×3.36%	3505
2.2	招标费	（建筑工程费+安装工程费）×1.37%	1588
2.3	工程监理费	（建筑工程费+安装工程费）×6.15%	7128
2.5	施工过程造价咨询及竣工结算审核费	（建筑工程费+安装工程费）×0.88%	1020
2.6	工程保险费	（建筑工程费+安装工程费）×0.05%	58
3	项目建设技术服务费		440
3.6	工程建设检测费		325
3.6.1	电力工程质量检测费	（建筑工程费+安装工程费）×0.28%	325
3.7	电力工程技术经济标准编制费	（建筑工程费+安装工程费）×0.1%	116
4	生产准备费		1057
4.2	工器具及办公家具购置费	（建筑工程费+安装工程费）×0.8×1.14%	1057
	小计		14796

第 12 章　110kV 变电站通用方案 HA-110-A3-3 通用造价

本通用方案技术条件根据《国网河南省电力公司 35～220kV 变电站通用设计施工图实施方案》最新版中方案 HA-110-A3-3 确定，即主变压器采用 1×50MVA 三相双绕组有载调压变压器，电压等级采用 110/10kV，110kV 采用户内 GIS 设备，10kV 为户内开关柜。

本方案技术条件组合在本文件中列表表示，变电站具体设计内容可参见已出版的通用设计配套文件。

12.1　主要技术条件

本方案主要技术条件包括变电站电气部分、土建部分等内容，具体见表 12-1。

表 12-1　　通用方案 HA-110-A3-3 技术条件

序号	项目名称	工程技术条件
一	电气部分	
1	主变压器	110/10kV 三相双绕组有载调压变压器，本期 1 台 50MVA，终期 3 台 50MVA
2	出线回路数	
2.1	110kV	本期 2 回，架空出线；终期 4 回，架空+电缆出线
2.2	10kV	本期 10 回，终期 30 回，电缆出线
3	无功补偿装置	10kV 并联电容器，本期 1 组 3600kvar+4800kvar，终期 3 组 3600kvar+4800kvar
4	电气主接线	
4.1	110kV	本期单母线分段接线，终期单母线分段接线
4.2	10kV	本期单母线接线，终期单母线三分段接线
5	短路电流水平	110、10kV 短路电流水平分别为 40、40/31.5kA
6	主要设备选型	
6.1	主变压器	户外三相双绕组低损耗、低噪声自冷式有载调压节能变压器
6.2	断路器	110kV 采用户内 GIS 设备
6.3	隔离开关	110kV 采用户内 GIS 设备
6.4	互感器	110kV 电流互感器采用电磁式，内置于 GIS 中；110kV 母线电压互感器采用三相电磁式电压互感器，内置于 GIS 中
6.5	避雷器	110、10kV 避雷器采用氧化锌避雷器
6.6	10kV 开关柜	10kV 采用户内配电装置成套开关柜，真空断路器
6.7	站用变压器	10kV 站用变压器采用户内消弧线圈接地变压器成套装置
6.8	无功补偿装置	10kV 电容器采用户内框架式电容器补偿装置，串联电抗器电抗率按 5%考虑
7	配电装置	
7.1	110kV 配电装置	110kV 采用户内 GIS，一列式布置，电缆出线，主变压器电缆进线
7.2	10kV 配电装置	10kV 采用户内开关柜双列离墙布置，电容器组户内布置
8	控制及远动	
8.1	计算机监控系统	一套：完成全站监控及远传，实现无人值班
		监控主机柜：集成数据服务器功能，主机/操作员站 2 套
		智能防误主机柜：含智能防误主机 1 台
		综合应用服务器柜：含 1 台综合应用服务器
		数据通信网关机柜：Ⅰ区数据通信网关机 2 台（兼图形网关机）
		公用测控柜：含 2 台测控装置
		高压室公用测控柜：含公用测控装置 1 台，一键顺控用

续表 12-1

序号	项目名称	工程技术条件
8.1	计算机监控系统	主变压器测控柜：含 3 台测控装置
		测控装置：10kV 线路保护测控集成装置 10 台，10kV 电容器保护测控集成装置 2 台，10kV 接地变保护测控集成装置 1 台，10kV 母线测控装置 1 台，10kV TV 并列装置 1 台
		微机五防操作闭锁 1 套，含电脑钥匙、就地锁具、验电器等
		站控层交换机：5 台
		间隔层交换机：6 台，分散安装于 110kV GIS 智能控制柜、公共测控柜及 10kV TV 开关柜内
		过程层交换机：3 台，分散安装于 110kV GIS 智能控制柜及主变保护柜内
		尾缆、超五类以太网线、屏蔽双绞线 1 套
		高级应用软件：实现顺序控制、智能告警及分析决策等高级功能
8.2	时间同步系统	1 套，含主时钟双套配置，支持北斗和 GPS 授时、配套机柜 1 面
8.3	变电站智能辅助控制系统	1 套，含一次设备在线监测子系统、安全防卫子系统、动环子系统、智能锁控子系统、智能巡视子系统、火灾报警系统等
8.4	交直流一体化电源系统	采用一体化电源系统装置，蓄电池单独布置在蓄电池室
8.5	调度专用网络接入设备	2 面，包括调度数据网络设备 2 套、安全防护设备 1 套
8.6	电量计费系统	1 套，含电量采集处理终端 1 台，0.5S 级数字式电能表 4 块、0.5S 级模拟式电能表 13 块及柜体 1 面
9	继电保护	主变压器保护组柜，其他保护装置就地布置
10	故障录波及网络分析	含网络分析仪 1 套，故障录波装置 1 套，组柜 1 面
11	过程层设备	合并单元 4 台；智能终端 3 台；合并单元/智能终端一体化装置 7 台
12	电缆	
12.1	110kV 电力电缆	YJLW03-64/110kV-1×400 共 0.111km
12.2	10kV 电力电缆	YJV22-8.7/15kV-3×120 共 0.012km；YJV22-8.7/15kV-3×240 共 0.095km
12.3	1kV 及以下电力电缆	2.75km
12.4	控制电缆	3.5km，1kV、屏蔽、铜芯
13	光缆	预制光缆 0.2km ，含预制光缆插座
二	土建部分	
1	基本技术数据	
1.1	地震基本烈度	7 度，按设计基本地震加速度值 0.15g
1.2	设计风速	27m/s
1.3	地基承载力特征值	f_{ak}=150kPa
1.4	海拔	1000m 以下，场地同一标高
1.5	污秽等级	e 级
1.6	采暖	非采暖区
1.7	地下水	无影响
2	总平面布置	
2.1	站外道路	本次未涉及
2.2	站内道路	站内道路均为 4.0m，采用郊区型道路，路面为混凝土
2.3	电缆沟道	总长度 66m，采用现浇钢筋混凝土结构
2.4	排水方式	站内废水、污水、雨水采用有组织排放方式
2.5	站区占地	站区东西方向长 90m，南北方向长 41m，围墙内占地 0.3690hm^2
2.6	围墙	采用装配式实体围墙
3	建筑物	配电装置楼 1 座，消防泵房 1 座，辅助用房 1 座，全站总建筑面积为 906.6m^2
3.1	配电装置楼	

续表 12-1

序号	项目名称	工程技术条件
3.1.1	建筑面积与体积	建筑面积为803.4m²，建筑体积为3877m³
3.1.2	建筑结构	采用装配式钢框架结构，地上一层
3.1.3	建筑物基础	不涉及
3.2	辅助用房	
3.2.1	建筑面积与体积	建筑面积44.9m²，建筑体积为148.17m³
3.2.2	建筑结构	采用装配式钢框架结构
3.2.3	建筑物基础	本次未涉及
3.2.4	建筑装修	（1）外墙：铝镁锰复合板。 （2）门窗：选用防火门、成品木门、成品防盗钢门，窗采用三层玻璃中间层为夹胶玻璃断桥铝合金窗。 （3）屋面：防水等级Ⅰ级。设置两道设防的防水保温屋面。 （4）楼地面：设备房间采用水泥基自流平地面，其他房间采用地砖。 （5）内墙：纤维复合板
4	构筑物	
4.1	构、支架基础及主变压器基础	无构架。设备支架基础均采用地脚螺栓重力式基础，主变压器基础采用钢筋混凝土整板式基础
5	其他构筑物	事故油池、消防水池等地下构筑物均采用现浇钢筋混凝土结构，抗渗等级P8
6	供水	本次未涉及
7	采暖通风	二次设备间、蓄电池室及10kV配电装置室设置分体冷热空调，另设置事故风机
8	消防	站内设水消防系统，并设置不同类型的移动式灭火器

12.2 主要电气设备材料表

电气一次部分设备包括主变压器系统、各电压等级装置、无功补偿装置、站用电部分、照明部分、防火材料及其他、接地等部分。其中，主变压器系统主要包括与主变压器相连到电缆及电缆附件部分；照明部分将动力配电箱、检修箱、照明配电、户外照明灯具归入本项内；防火材料及其他包括二次控制电缆、电缆支架、防火材料等；接地部分包含主接地网、接地引下线、垂直接地极等。电气二次设备包括计算机监控系统、继电保护、直流系统、通信电源、电能计费和生产检修试验设备各部分。110kV变电站通用方案A3-3主要电气设备材料表见表12-2。

表 12-2　　通用方案 HA-110-A3-3 主要电气设备材料表

序号	设备名称	规格	单位	数量	备注
一	主变压器系统				
1	110kV主变压器	三相双绕组油浸自冷式全密封有载调压、节能变压器，一体SZ20-50000/110	台	1	
2	中性点成套装置		套	1	
3	10kV氧化锌避雷器	YH5WZ-17/45W（附监测器）	只	3	
4	设备连接线		组	1.33	20m
5	10kV户外母线桥	TMY-2（125×10）	m	66	按单片计
6	母线热缩外封套	MPG ϕ125/50	m	66	
7	户外棒式支柱绝缘子	20kV，户外式	只	18	
8	110kV电力电缆	YJLW03-64/110-1×400	m	111	
9	电缆终端	126kV单芯热缩型电缆终端成套组件GIS用 同YJLW03-64/110-1×400配套	套	3	
10	电缆终端	126kV单芯热缩型电缆终端成套组件同YJLW03-64/110-1×400配套	套	3	
11	接地电缆	YJV-6/10kV-1×240mm²	m	40	

续表 12-2

序号	设备名称	规格	单位	数量	备注
12	电缆接地箱	三线直接接地	只	1	
13	电缆接地箱	带护层保护器	只	1	
14	主变压器在线监测系统		套	1	
二	110kV 系统				
1	110kV GIS 主变压器进线间隔	单断路器，3150A，40kA	间隔	1	
2	110kV GIS 架空出线间隔	单断路器，3150A，40kA	间隔	2	
3	110kV GIS 分段间隔	单断路器，3150A，40kA	间隔	1	
4	110kV GIS 母线设备间隔	3150A，40kA	间隔	2	
5	110kV GIS 不完整进、出线间隔	3150A，40kA	间隔	4	
6	智能汇控柜		面	6	
7	SF_6气体泄漏报警仪		套	1	
8	设备引下线		组	4	
9	氧化锌避雷器	102/266	只	6	附监测器
三	10kV 系统				
1	高压开关柜	KYN28A-12，4000A～40kA	面	1	主进
2	高压开关柜	KYN28A-12，4000A	面	1	分段隔离
3	高压开关柜	KYN28A-12	面	1	母线设备
4	高压开关柜	KYN28A-12，1250A～31.5kA	面	10	出线
5	高压开关柜	KYN28A-12，1250A～31.5kA	面	2	电容器
6	高压开关柜	KYN28A-12，1250A～31.5kA	面	1	消弧线圈及接地变压器
7	穿墙套管	CWC-20/4000	只	3	
8	户内母线桥	TMY-3（125×10）	三相、m	11	
四	10kV 无功补偿				
1	并联电容器成套装置	TBB10-3600/200-AK（5%），每套包括电容器组、电抗器 5%、放电线圈、隔离开关、避雷器、支持绝缘子等	套	1	
2	并联电容器成套装置	TBB10-4800/200-AK（5%），每套包括电容器组、电抗器 5%、放电线圈、隔离开关、避雷器、支持绝缘子等	套	1	
3	高压电力电缆	YJV22-8.7/10-3×240	m	95	
4	户内高压电缆头	户内，冷缩，铜，配 3×240 电缆	套	4	
五	380/220V 站用电部分				
1	10kV 接地变压器消弧线圈成套装置	DKSC-800kVA/10.5kV-200kVA/0.4kV WZXC-630kVA/10.5kV	套	1	
2	检修电源箱	户外型	只	1	
3	检修电源箱	户内型	只	2	
4	户内高压电缆头	NSY-10/3.2	套	2	
5	高压电力电缆	YJV22-8.7/10-3×120	m	16	
6	低压电力电缆	ZC-YJV22-0.6/1-4×35	m	260	
7	低压电力电缆	ZC-YJV22-0.6/1-3×50+2×25	m	140	
8	低压电力电缆	ZR-VV22-1kV-3×185+1×95	m	100	
六	全站防雷接地				
1	铜排	—40×4	m	1000	水平接地网

续表 12-2

序号	设备名称	规格	单位	数量	备注
2	热镀锌扁钢	—60×6	m	1500	户内水平接地网、接地引下线、电缆支架接地
3	镀铜钢棒	ϕ17.3　l=2500	根	100	ATI镀铜钢棒，垂直接地极
七	电缆防火材料				
1	无机防火隔板	L型	m^2	200	
2	防火涂料		kg	1500	
3	防火堵料		kg	3800	
4	防火包		kg	4500	
5	镀锌钢板		kg	3000	
八	照明				
1	配电箱		只	6	
2	LED投光灯	220V　150W	套	18	户外
3	建筑照明		m^3	3800	
4	电线	BV-0.5-4	m	3000	
5	电线	BV-0.5-2.5	m	4000	
6	电线	BV-0.5-10	m	1500	
7	PVC管		m	2000	
九	水消防电源				
1	总电源控制柜		台	1	
2	电力电缆	YJV22-0.6/1-3×50+2×25	m	200	总电源控制柜至交流屏
3	电力电缆	YJV22-0.6/1-4×35	m	25	总电源控制柜至消防泵
4	电力电缆	YJV22-0.6/1-3×10+1×6	m	25	总电源控制柜至稳压泵
十	其他				
1	电缆支架		t	4	
2	镀锌钢管	ϕ150	m	100	
十一	变电站计算机监控系统	完成全站监控或远传、实现无人值班，实现顺序控制、智能告警及分析决策等高级功能			
1	监控主机兼操作员站		套	2	
2	综合应用服务器柜	含1套综合应用服务器	面	1	
3	数据通信网关机	含4台通信网关机	面	2	
4	智能防误主机柜	含智能防误主机1台及软件	面	1	
5	公共测控柜	含公共测控2台	面	1	
6	110kV母线测控装置		台	2	
7	主变压器测控柜	含高/低/本体，3台测控装置	面	1	
8	10kV保护测控一体化装置		台	13	
9	10kV TV切换并列装置		台	1	
10	10kV母线测控		台	1	
11	高压室公用测控柜	含公用测控装置1台	面	1	
12	站控层交换机	百兆、24电口、2光口	台	5	
13	110kV间隔层交换机	百兆、24电口、2光口	台	2	
14	主变压器间隔层交换机	百兆、24电口、2光口	台	2	
15	10kV间隔层交换机	百兆、24电口、2光口	台	2	

续表 12-2

序号	设备名称	规格	单位	数量	备注
16	调度专用网络接入设备	每套含路由器 1 台，交换机 2 台，纵向加密认证 2 台	套	2	
17	安全防护装置	防火墙 2 台，正反向隔离装置 2 台，网络安全监测装置 1 台	套	1	
18	尾缆、网线	尾缆 2000m，超五类以太网线、屏蔽双绞线厂家按需提供	套	1	
十二	继电保护及安全自动装置				
1	主变压器保护屏	主后合一双重化配置，共 2 台	面	1	
2	110kV 线路保护测控装置		台	2	
3	110kV 分段保护测控装置		台	1	
4	110kV 备自投装置		台	1	
5	110kV 故障录波及网络分析仪柜	含网络分析仪 1 套，故障录波装置 1 套	面	1	
十三	交直流一体化电源系统				
1	直流充电柜	单充单蓄，充电模块 5×30A	面	1	
2	交流柜	1 面交流进线柜，2 面交流馈线柜	面	3	
3	通信柜	通信 DC/DC，5×30A	面	1	
4	UPS 电源柜	含 1 套 10kVA UPS 装置，1 套 3kVA 逆变电源装置	面	1	
5	蓄电池组	电池为 104 只，每只 2V，容量 400AH	组	1	
6	直流馈电柜		面	2	
十四	电能计量				
1	电能量采集柜	含电能数据采集终端 1 台	面	1	
2	数字电能表	主变压器高压侧 1 块+主变压器低压侧 1 块+110kV 线路 2 块	块	4	
3	智能电能表	10kV 线路 10 块、电容器 2 块、接地变压器 1 块	块	13	
十五	公用系统				
1	变电站智能辅助控制系统	1 套，含一次设备在线监测子系统、安全防卫子系统、动环子系统、智能锁控子系统、智能巡视子系统、火灾报警系统等	套	1	
2	时间同步柜	1 套时间同步系统，主时钟双套配置	面	1	
十六	过程层智能组件				
1	合智一体化装置	主变压器高压侧 2 台+110kV 线路 2 台+分段 1 台	台	5	
2	合智一体化装置	主变压器低压侧	台	2	
3	110kV TV 母线合并单元		台	2	
4	110kV TV 母线智能终端		台	2	
5	主变压器本体智能控制柜	本体合并单元 2 套+本体智能终端 1 套（含非电量保护及调档等功能）	面	1	
6	过程层交换机	22 光口	台	3	
十七	站内通信				
1	语音插座	含模块及底盒	个	3	
2	信息插座	含模块及底盒	个	2	
3	穿线盒		个	6	
4	超五类屏蔽双绞线		m	100	
5	阻燃 PVC 管	$\phi 25$	m	300	

12.3 建筑工程量表

建筑工程量表包括总图、建筑物、构筑物、水工和暖通共五部分。

总图部分包括站区占地面积、站区道路面积、站区围墙长度、站区内建筑物面积、站区电缆隧道长度和特殊构筑物。其中站区占地面积边界以围墙中心线外1m为界。

建筑物部分包括配电装置楼。建筑物分为建筑专业和结构专业两部分。

110kV变电站通用方案HA-110-A3-3建筑工程量表见表12-3。

表12-3　　通用方案HA-110-A3-3建筑工程量表

序号	名称	规格	单位	数量	备注
一	总图部分				
1	站区总占地面积				
1.1	站区围墙内占地面积		hm^2	0.3690	以围墙中心线计
1.2	其他占地面积		hm^2	0.0266	以围墙中心线外1m计
1.3	进站道路占地面积		hm^2	—	本次不涉及
1.4	合计		hm^2	0.3956	
2	站区道路面积	厚度0.67m，混凝土路面	m^2	885	
3	站区围墙长度	围墙高2.30m，装配式围墙	m	258	
4	建筑物				
4.1	配电装置楼；辅助用房；消防泵房	58m×19m；6m×6m；6m×9m	m^2	822	框架结构（按轴线计算）
5	站区沟道				
5.1	电缆沟道	1.4m×1m（最小净空）	m	31.5	过道路段12m
5.2	电缆沟道	1.2m×1.6m（最小净空）	m	22.5	过道路段4m
5.3	电缆沟道	2m×1.2m（最小净空）	m	12	
6	特殊构筑物				
6.1	总事故油池	最小净空	m^3	30	钢筋混凝土结构
6.2	化粪池		座	1	成品
6.3	深井		座	—	本次不涉及
6.4	消防水池	净空体积	m^3	400	
7	大门	5m×2.4m	m	1	实体电动推拉大门
8	站区地坪	100mm厚三七灰土 100mm厚碎石基层	m^2	1600	
二	建筑部分				
1	配电装置楼				
1.1	建筑部分				
1.1.1	建筑面积	58.0m×19.0m，地上一层	m^2	803.4	
1.1.2	建筑体积		m^3	3877	
1.1.3	地面工程				
1.1.3.1	自流平地面	自流平地面	m^2	708.7	110kV GIS室、二次设备间、蓄电池室、电容器室
1.1.3.2	地砖面层	普通地砖	m^2	33.3	其余楼面
1.1.4	屋面保温防水	挤塑聚苯板保温、双层SBS改性沥青防水卷材	m^2	742	
1.1.5	墙体工程				
1.1.5.1	外墙	铝镁锰岩棉夹芯板	m^2	1099.6	

续表 12-3

序号	名称	规格	单位	数量	备注
1.1.5.2	外墙内侧	9mm 厚纤维水泥饰面板	m^2	352.2	
1.1.5.3	外墙内侧（防火墙）	纤维复合板	m^2	550.8	
1.1.5.4	内墙	纤维复合板	m^2	296	
1.1.5.5	外墙装饰	外墙涂料	m^2	100	
1.2	结构部分				
1.2.1	屋面板面积	130mm 厚 C30 钢筋桁架楼承板	m^2	742	以轴线计
1.2.2	钢柱	Q355BH 型钢	t	32.243	
1.2.3	钢梁	Q355BH 型钢	t	50.797	
1.2.4	钢支撑、桁架、墙架	Q355 冷弯型钢	t	9.855	
1.2.5	独立基础	C30 钢筋混凝土	m^3	119.77	
1.2.6	挖方		m^3	—	
2	消防泵房				
2.1	建筑部分				
2.1.1	建筑面积	6.0m×9.0m	m^2	58.3	
2.1.2	建筑体积		m^3	262.35	
2.1.3	地面工程				
2.1.3.1	整体面层	水泥砂浆地面	m^2	54	以轴线计
2.1.4	屋面工程				
2.1.4.1	屋面保温防水	挤塑聚苯板保温、双层 SBS 改性沥青防水卷材	m^2	54	以轴线计
2.1.5	墙体工程				
2.1.5.1	外墙	铝镁锰复合板	m^3	145.65	
2.1.5.2	外墙内侧	9mm 厚水泥纤维饰面板	m^3	138.12	
2.1.5.3	外墙装饰	外墙涂料	m^2	19	
2.1.5.4	天棚抹灰	防火涂料	m^2	54	
2.2	结构部分				
2.2.1	屋面板面积	120mm 厚钢筋桁架楼承板	m^2	54	以轴线计
2.2.2	挖方		m^3	—	
3	辅助用房				
3.1	建筑部分				
3.1.1	建筑面积	6m×6m	m^2	44.9	
3.1.2	建筑体积		m^3	148.17	
3.1.3	地面工程	普通地砖	m^2	36	以轴线计
3.1.4	屋面保温防水	挤塑聚苯板保温、双层 SBS 改性沥青防水卷材	m^2	36	以轴线计
3.1.5	墙体工程				
3.1.5.1	外墙	铝镁锰岩棉夹芯板	m^2	92.9	
3.1.5.2	内墙	双侧水泥纤维饰面板中间+钢龙骨	m^2	60	
3.1.5.3	天棚抹灰	防火涂料	m^2	27	以轴线计
3.1.5.4	天棚吊顶	轻钢龙骨吊顶，铝扣板（烤漆）	m^2	9	以轴线计
3.2	结构部分				
3.2.1	屋面板面积	120mm 厚 C30 钢筋桁架楼承板	m^2	36	
3.2.2	钢柱	Q355BH 型钢	t	2.78	

续表 12-3

序号	名称	规格	单位	数量	备注
3.2.3	钢梁	Q355BH 型钢	t	2.2	
3.2.4	钢支撑、桁架、墙架	Q355 冷弯型钢	t	1.575	
三	构筑物部分				
1	主变压器基础及油坑				
1.1	主变压器基础	C30 钢筋混凝土整版式基础	m^3	32	
1.2	主变压器油坑	净空体积	m^3	63	
2	主变压器构支架				
2.1	10kV 母线桥支架	ϕ273×6 圆形直缝钢管，Q355B	t	0.6t	
四	水工及水防部分				
1	排水管	HDPE 双壁波纹排水管	m	260	
2	污水管	UPVC 排水塑料管 DN200	m	10	
3	消防管道	塑钢管	t	4.061	
4	检查井	钢筋混凝土检查井	个	5	
5	阀门井	ϕ1200mm	个	3	
6	成品塑料雨水井		个	12	
7	成品塑料雨水口		个	12	
8	成品塑料污水井		个	1	
9	消火栓	室外地上，SSF100/65-1.0	套	3	
10	轴流消防泵	Q=30L/s，H=45m，N=22kW	台	2	
11	轴流稳压泵	Q=1.0L/s，H=45m，N=2.2kW	套	2	
12	立式稳压罐	SNL800	个	1	
五	暖通部分				
1	屋顶风机	DWT-1-3，自配室外防雨叶，300m/h^3，72Pa，0.06kW	台	1	蓄电池室
2	屋顶风机	DWT-1-4，自配室外防雨叶，4000m/h^3，142Pa，0.75kW	台	5	10kV 配电装置室
3	屋顶风机	DWT-1-3 轴流式屋顶风机，L=450m^3/h，N=0.37kW，380V，P=72Pa	台	4	电容器室
4	屋顶风机	DWT-1-4 轴流式屋顶风机，L=5200m^3/h，N=0.55kW，380V，P=109Pa，噪声＜67dB	台	1	110kV GIS 室
5	低噪声侧壁风机	XBDZ-B-3.6，L=5200m^3/h，N=0.75kW，380V，P=230Pa，噪声＜67dB	台	1	110kV GIS 室
6	风管式空调	Q_L=12.3kW，Q_R=14.0kW（5P），N=6.0kW，380V，50Hz	台	6	二次设备间、10kV 配电装置
7	空调壁挂机	KFR-35GW-BP（1.5P）	台	1	蓄电池室
8	空调壁挂机	KFR-23GW-BP（1.0P）	台	3	资料室、警卫室、值班室各 1

12.4 概算书

概算投资为静态投资，编制依据为第 4 章要求，概算书附总概算表、安装工程部分汇总概算表、建筑工程部分汇总概算表、其他费用概算表，见表 12-4～表 12-7。

表 12-4　　通用方案 HA-110-A3-3 总概算表　　金额单位：万元

序号	工程或费用名称	建筑工程费	设备购置费	安装工程费	其他费用	合计	各项占静态投资（%）	单位投资（元/kVA）
一	主辅生产工程	737	1370	339		2446	92.06	489.2
1	主要生产工程	583	1370	339		2292	86.26	458.4
2	辅助生产工程	154				154	5.8	30.8
二	与站址有关的单项工程							
	小计	737	1370	339		2446	92.06	489.2
三	编制期价差	105		15		120	4.52	24
四	其他费用				172	172	6.47	34.4
	其中：建设场地征用及清理费							
五	基本预备费				39	39	1.47	7.8
六	特殊项目							
	工程静态投资	737	1370	339	211	2657	100	531.4
	各类费用占静态投资的比例（%）	28	52	13	8	100		

表 12-5　　通用方案 HA-110-A3-3 安装工程部分汇总概算表　　金额单位：元

序号	工程或费用名称	设备购置费	安装工程费			合计	技术经济指标		
			装置性材料	安装	小计		单位	数量	指标
	安装工程	13700203	981131	2407578	3388709	17088912			
一	主要生产工程	13700203	981131	2407578	3388709	17088912			
1	主变压器系统	2736813	69929	88389	158318	2895131	元/kVA		
1.1	110kV 主变压器	2736813	69929	88389	158318	2895131			
2	配电装置	6401599	159364	362245	521609	6923208			
2.1	屋内配电装置	6382265	157300	355255	512555	6894820			
2.1.4	110kV 配电装置	5009925		278774	278774	5288699			
2.1.8	10kV 配电装置	1372340	157300	76482	233782	1606121			
2.2	屋外配电装置	19334	2064	6989	9053	28388			
2.2.6	110kV 配电装置	19334	2064	6989	9053	28388			
3	无功补偿	286189		37970	37970	324159			
3.3	低压电容器	286189		37970	37970	324159	元/kvar		
3.3.5	10kV 低压电容器	286189		37970	37970	324159			
4	控制及直流系统	3592976		371698	371698	3964674	元/kVA		
4.1	计算机监控系统	1558836		231787	231787	1790623			
4.1.1	计算机监控系统	1458136		146065	146065	1604201			
4.1.2	智能设备			75654	75654	75654			
4.1.3	同步时钟	100700		10068	10068	110768			
4.2	继电保护	449928		63360	63360	513287			
4.3	直流系统及 UPS	302100		30081	30081	332181			
4.4	智能辅助控制系统	1208400		40863	40863	1249263			
4.5	在线监测系统	73712		5608	5608	79320			
5	站用电系统	296773	39816	27713	67529	364302	元/kVA		
5.1	站用变压器	285787		8403	8403	294190			

续表 12-5

序号	工程或费用名称	设备购置费	安装工程费			合计	技术经济指标		
			装置性材料	安装	小计		单位	数量	指标
5.2	站用配电装置	10986		1324	1324	12310			
5.3	站区照明		39816	17986	57802	57802			
6	电缆及接地	6415	712023	736388	1448411	1454825			
6.1	全站电缆	6415	617875	539988	1157862	1164277			
6.1.1	电力电缆	6415	365749	170112	535861	542275	元/m		
6.1.2	控制电缆		85273	69754	155028	155028	元/m		
6.1.3	电缆辅助设施		34105	60149	94254	94254			
6.1.4	电缆防火		132748	239973	372720	372720			
6.2	全站接地		94148	196400	290548	290548	元/m		
7	通信及远动系统	379438		51201	51201	430638	元/kVA		
7.2	远动及计费系统	379438		51201	51201	430638			
8	全站调试			731974	731974	731974	元/kVA		
8.1	分系统调试			214496	214496	214496			
8.2	整套启动调试			22294	22294	22294			
8.3	特殊调试			495184	495184	495184			
	合计	13700203	981131	2407578	3388709	17088912			

表 12-6　　通用方案 HA-110-A3-3 建筑工程部分汇总概算表

序号	工程或费用名称	建筑费	设备费	建筑工程费合计	技术经济指标		
					单位	数量	指标
	建筑工程	7089927	275000	7364927			
一	主要生产工程	5564562	264500	5829062			
1	主要生产建筑	3997670	115000	4112670			
1.1	配电装置楼	3997670	115000	4112670	元/m^2（m^3）	803.4	5119.082
1.1.1	一般土建	3783646		3783646			
1.1.3	采暖、通风及空调	120401	105000	225401			
1.1.4	照明	93623	10000	103623			
2	配电装置建筑	763203		763203			
2.1	主变压器系统	380639		380639	元/台		
2.1.1	构支架及基础	41776		41776			
2.1.2	主变压器设备基础	45250		45250	元/m^3		
2.1.3	主变压器油坑及卵石	60457		60457	元/m^3		
2.1.4	防火墙	151283		151283	元/m^3		
2.1.5	30m^3事故油池	81873		81873	元/座		
2.7	110kV 构支架及设备基础	27182		27182			
2.7.1	构架及基础	27182		27182	元/t（m^3）		
2.35	避雷针塔	92700		92700	元/座		
2.36	电缆沟道	262682		262682	元/m		
3	供水系统	10039		10039			
3.1	站区供水管道	10039		10039	元/m		
4	消防系统	793649	149500	943149			

续表 12-6

序号	工程或费用名称	建筑费	设备费	建筑工程费合计	技术经济指标		
					单位	数量	指标
4.3	消防水泵房	350082	149500	499582	元/m²	58.3	8569.164
4.3.1	一般土建	331675		331675			
4.3.2	设备及管道	15701	147000	162701			
4.3.4	照明	2706	2500	5206			
4.5	站区消防管路	61502		61502	元/m	228	269.747
4.6	消防器材	55000		55000			
4.8	消防水池	327065		327065	元/座		
二	辅助生产工程	1525365	10500	1535865			
1	辅助生产建筑	326744	10500	337244			
1.3	辅助用房	326744	10500	337244	元/m²	44.9	7510.993
1.3.1	一般土建	313709		313709			
1.3.2	给排水	4435		4435			
1.3.3	采暖、通风及空调	2215	8000	10215			
1.3.4	照明	6384	2500	8884			
2	站区性建筑	1129018		1129018			
2.2	站区道路及广场	320644		320644	元/m²		
2.3	站区排水	185810		185810			
2.3.1	排水管道	143444		143444	元/m		
2.3.2	排水设施	32367		32367			
2.3.3	污水处理装置	10000		10000			
2.5	围墙及大门	622564		622564	元/m		
5	站区绿化	69604		69604	元/m²		
	合计	7089927	275000	7364927			

表 12-7　　**通用方案 HA-110-A3-3 其他费用概算表**　　金额单位：元

序号	工程或费用名称	编制依据及计算说明	合价
	合计		1723520
2	项目建设管理费		1336517
2.1	项目法人管理费	（建筑工程费+安装工程费）×0.9×3.73%	361000
2.2	招标费	（建筑工程费+安装工程费）×1.37%	147325
2.3	工程监理费	（建筑工程费+安装工程费）×6.15%	661349
2.4	设备材料监造费	监造设备费×0.87%	66835
2.5	施工过程造价咨询及竣工结算审核费	（建筑工程费+安装工程费）×0.88%	94632
2.6	工程保险费	（建筑工程费+安装工程费）×0.05%	5377
3	项目建设技术服务费		270864
3.4	设计文件评审费		230000
3.4.1	可行性研究文件评审费	可行性研究评审费	50000
3.4.2	初步设计文件评审费	初步设计评审费	75000
3.4.3	施工图文件评审费	施工图评审费	105000
3.6	工程建设检测费		30110
3.6.1	电力工程质量检测费	（建筑工程费+安装工程费）×0.28%	30110

续表 12-7

序号	工程或费用名称	编制依据及计算说明	合价
3.7	电力工程技术经济标准编制费	（建筑工程费+安装工程费）×0.1%	10754
4	生产准备费		116139
4.2	工器具及办公家具购置费	（建筑工程费+安装工程费）×0.8×1.35%	116139
	小计		1723520

第 13 章　110kV 变电站通用方案 HA-110-B-1 通用造价

13.1　通用方案

本通用方案技术条件根据《国网河南省电力公司 35～220kV 变电站通用设计施工图实施方案》最新版 HA-110-B-1 方案确定，即主变压器采用 1×50MVA 三相三绕组有载调压变压器，电压等级采用 110/35/10kV，110kV 采用户外 HGIS 设备，35、10kV 为户内开关柜。

本方案技术条件组合在本文件中列表表示，变电站具体设计内容可参见已出版的通用设计配套文件。

13.1.1　主要技术条件

本方案主要技术条件包括变电站电气部分、土建部分等内容，具体见表 13-1。

表 13-1　　通用方案 HA-110-B-1 技术条件

序号	项目名称	工程技术条件
一	电气部分	
1	主变压器	110/35/10kV 三相三绕组有载调压变压器，本期 1 台 50MVA 主变压器，终期 3 台 50MVA 主变压器
2	出线回路数	
2.1	110kV	本期 2 回，终期 4 回，架空出线
2.2	35kV	本期 3 回，终期 6 回，电缆出线
2.3	10kV	本期 8 回，终期 26 回，电缆出线
3	无功补偿装置	10kV 并联电容器，本期 1 组（3600+4800）kvar，终期 3 组（3600+4800）kvar
4	电气主接线	
4.1	110kV	本期单母线接线，终期单母线分段接线
4.2	35kV	本期单母线接线，终期单母线分段接线
4.3	10kV	本期单母线接线，终期单母线三分段接线
5	短路电流水平	110、35、10kV 短路电流水平分别为 40、31.5、40/31.5kA
6	主要设备选型	
6.1	主变压器	户外、油浸、自然油循环自冷型三相三绕组有载调压变压器
6.2	断路器	110kV 采用户外 HGIS 设备
6.3	隔离开关	110kV 进出线间隔采用户外 HGIS 设备，母线 PT 间隔采用户外 AIS 设备
6.4	互感器	110kV 电流互感器采用电磁式，内置于 HGIS 中；110kV 母线电容式电压互感器采用三相电压互感器，110kV 出线电容式电压互感器采用三相电压互感器，采用 AIS 设备外置
6.5	避雷器	110、35、10kV 避雷器采用氧化锌避雷器
6.6	35kV 开关柜	35kV 采用户内配电装置成套开关柜，真空断路器
6.7	10kV 开关柜	10kV 采用户内配电装置成套开关柜，真空断路器
6.8	站用变压器	本期设置 1 台 10kV 接地变压器消弧线圈成套装置
6.9	无功补偿装置	10kV 电容器采用户外框架式电容器补偿装置，串联电抗器电抗率按 5%考虑
7	配电装置	
7.1	110kV 配电装置	110kV 采用户外软母线中型，HGIS 单列布置，采用架空出线和主变压器架空进线方式
7.2	35kV 配电装置	35kV 采用户内开关柜单列离墙布置
7.3	10kV 配电装置	10kV 采用户内开关柜双列离墙布置，电容器组户外单列布置
8	控制及远动	
8.1	计算机监控系统	一套：完成全站监控及远传，实现无人值班
		主机/操作员站 2 套
		Ⅰ区数据通信网关机柜：2 台通信网关机兼图形网关机，组一面柜

续表 13-1

序号	项目名称	工程技术条件
8.1	计算机监控系统	Ⅱ区数据通信网关机柜：2台Ⅱ区通信网关机，组一面柜
		综合应用服务器柜：含1台综合应用服务器
		公用测控柜1面：含智能母线测控2台、公用测控1台
		主变压器测控柜1面：含4台测控装置
		测控装置：35kV保护测控装置3台，10kV保护测控装置11台
		智能防误主机柜：含智能防误主机1套，含电脑钥匙、就地锁具、验电器等
		站控层交换机：5台，集中安装在预制舱网络柜内
		间隔层交换机：8台，分散安装
		过程层交换机：3台，集中安装在预制舱网络柜内
		铠装光缆、尾缆、铠装超五类以太网线、铠装屏蔽双绞线1套
		高级应用软件：实现顺序控制、智能告警及分析决策等高级功能
		一键顺控公用测控柜1面：含公用测控2台
8.2	时间同步系统	含同步时钟主机（双机）、接受天线、光纤、光电转换器、配套机柜2面等
8.3	变电站智能辅助控制系统	1套，含火灾消防子系统、安全防卫子系统、动环子系统、智能锁控子系统及智能巡视子系统等
8.4	状态监测系统	含主变压器状态监测系统、110kV避雷器状态监测装置、110kVHGIS在线监测系统、35kV开关柜监测系统、10kV开关柜监测系统等
8.5	主变压器消防系统	1套
8.6	调度专用网络接入设备	2面，包括调度数据网络设备2套、安全防护设备1套
8.7	电量计费系统	含电能量采集装置1块，0.5级电能表19块
9	交直流一体化电源系统	直流系统为单母线分段接线，采用辐射方式供电；蓄电池布置在蓄电池室内
10	继电保护	各类保护盘柜，不包括安全自动装置
11	过程层设备	合并单元4台；智能终端3台；合并单元/智能终端一体化装置9台
12	预制舱	全站设置一个Ⅱ型二次设备预制舱
13	电缆	
13.1	10kV电力电缆	0.211km
13.2	1kV及以下电力电缆	2.525km
13.3	控制电缆	4.9km，1kV、屏蔽、铜芯
14	接地	热镀锌扁钢，垂直接地极225m，水平接地极3000m，设备接地500m
二	土建部分	
1	基本技术数据	
1.1	地震基本烈度	7度，按设计基本地震加速度值0.15g
1.2	设计风速	27m/s
1.3	地基承载力特征值	f_{ak}=150kPa
1.4	海拔	1000m以下，场地同一标高
1.5	污秽等级	d级
1.6	采暖	非采暖区
1.7	地下水	无影响
2	总平面布置	
2.1	站外道路	本次未涉及
2.2	站内道路	站内道路为4.0m，采用郊区型道路，无路缘石，路面为混凝土
2.3	电缆沟道	总长度182m；采用砖砌电缆沟
2.4	排水方式	站内排水采用有组织集中排放方式

续表 13-1

序号	项目名称	工程技术条件
2.5	站区占地	站区东西方向长 84.5m，南北方向长 53.5m，围墙内占地 0.4521hm²
3	建筑物	配电装置用房 1 座，辅助用房 1 座，全站总建筑面积为 636.82m²
3.1	配电装置用房	
3.1.1	建筑面积与体积	单层，建筑面积为 588.51m²，建筑体积为 2648.3m³
3.1.2	建筑结构	采用装配式钢框架结构
3.1.3	建筑物基础	本次未涉及
3.1.4	建筑装修	（1）外墙：采用铝镁锰复合板+纤维水泥饰面板。 （2）门窗：除部分选用防火门外，其余门均采用成品防盗钢门，窗采用三层玻璃断桥铝合金窗。 （3）屋面：防水等级 I 级。设置两道设防的防水保温屋面。 （4）楼地面：设备房间采用水泥基自流平地面，其他房间采用地砖。 （5）内墙：采用一体化纤维水泥集成墙板，除卫生间和备餐间为瓷砖以外，其他均为纤维水泥饰面板
3.2	辅助用房	
3.2.1	建筑面积与体积	单层，建筑面积 48.31m²，建筑体积为 144.93m³
3.2.2	建筑结构	装配式钢框架结构
3.2.3	建筑物基础	本次未涉及
3.2.4	建筑装修	地面为地砖地面。内墙、顶棚采用乳胶漆涂料，设吊顶。外面装饰材料及风格、色调同配电装置用房。门采用成品防盗钢门，窗采用三层玻璃断桥铝合金窗
4	构筑物	
4.1	110kV 构架	110kV 构架采用圆形钢管，A 字型结构。构架横梁采用三角形钢桁架梁，主材腹杆均采用型钢。采用热镀锌防腐
4.2	主变压器构架	主变压器构架采用圆形钢管，A 字型结构。构架横梁采用三角形钢桁架梁，主材腹杆均采用型钢。采用热镀锌防腐
4.3	构、支架基础及主变压器基础	构、支架基础均采用地脚螺栓重力式基础，主变压器基础采用钢筋混凝土整板式基础
5	其他构筑物	事故油池采用现浇钢筋混凝土结构，化粪池采用成品玻璃钢材质
6	供水	本次未涉及
7	采暖通风	在配电装置用房内 10/35kV 配电装置室、二次设备室、资料室及蓄电池室，辅助用房内值班室、警卫室等房间采用分体冷热空调，在 10/35kV 配电装置室，蓄电池室设通风设备
8	消防	站内不设水消防系统，站内设置不同类型的移动式灭火器，主变压器采用灭火器和消防砂箱

13.1.2 主要电气设备材料表

电气一次部分设备包括主变压器系统、各电压等级装置、无功补偿装置、站用电部分、照明部分、防火材料及其他、接地等部分。其中，主变压器系统主要包括与主变压器相连到架构前的部分设备；照明部分将动力配电箱、检修箱、照明配电箱、户外照明灯具归入本项内；防火材料及其他包括二次控制电缆及 1kV 电力电缆、电缆支架、防火材料等；接地部分包含主接地网、接地引下线、垂直接地极等。电气二次设备包括计算机监控系统、继电保护、直流系统、通信电源、电能计费、端子箱等部分。其中，端子箱划分为断路器端子箱、母线、变压器端子箱、线路端子箱等。110kV 变电站 HA-110-B-1 方案主要电气设备材料表见表 13-2。

表 13-2　　通用方案 HA-110-B-1 主要电气设备材料表

序号	设备名称	规格	单位	数量	备注
一	主变压器部分				
1	主变压器	三相三绕组油浸自冷式有载调压变压器 SSZ20-50000/ 110	台	1	
2	110kV 中性点成套设备		套	1	
3	氧化锌避雷器	YH5W-17/45，附放电计数器	只	3	
4	氧化锌避雷器	YH10W-51/134，附放电计数器	只	3	
5	耐张绝缘子串	11（XWP2-120）	串	6	
6	钢芯铝绞线	JL/G1A-300/25 110kV 单导线 1 跨、引下线 1 组，中性点设备连线，单导线 0.33 组	m	103	

续表 13-2

序号	设备名称	规格	单位	数量	备注
7	主变压器本体智能控制柜		台	1	
8	35kV 进线				
8.1	铜母排	TMY-100×10	m	33	
8.2	热缩管	与 TMY-100×10 配套	m	33	
8.3	铜伸缩节	MST-125×10	个	6	
8.4	母线固定金具	MWP-103	只	24	
8.5	支柱绝缘子	ZSW-40.5/12.5	只	24	
8.6	单芯铜缆	VV-16	m	3	
8.7	35kV 穿墙套管	CWW-40.5/1250A	只	3	
8.8	35kV 穿墙孔板	铝板-2200×900×10	块	1	
8.9	抱箍等附件		套	2	
9	10kV 进线				
9.1	铜母排	TMY-125×10	m	66	
9.2	热缩管	与 TMY-125×10 配套	m	66	
9.3	铜伸缩节	MST-125×12.5	个	12	
9.4	母线固定金具	MWP-204	只	24	
9.5	支柱绝缘子	ZSW-20/12.5	只	24	
9.6	单芯铜缆	VV-16	m	3	
9.7	10kV 穿墙套管	CWW-20/4000A	只	3	
9.8	10kV 穿墙孔板	铝板-1800×900×10	块	1	
9.9	抱箍等附件		套	2	
二	110kV 户外配电装置部分				
1	110kV HGIS 出线间隔	单断路器，3150A，40kA	间隔	2	
2	110kV HGIS 主进间隔	单断路器，3150A，40kA	间隔	1	
3	110kV HGIS 分段间隔	单断路器，3150A，40kA	间隔	1	根据工程实际
4	电压互感器	110kV 电容式	台	15	
5	氧化锌避雷器	HY10W-102/266	台	6	
6	隔离开关	126kV，3150A，40kA	组	2	
7	钢芯铝绞线	JL/G1A-630/45 110kV 母线 2 跨，引下线 2 组	m	270	
8	钢芯铝绞线	JL/G1A-630/45 单导线引下线 4 组	m	120	
9	钢芯铝绞线	JL/G1A-300/25 单导线引下线 4 组	m	150	
10	钢芯铝绞线	JL/G1A-240/30 单导线引下线 2 组，跳线 1 组	m	70	
11	悬垂绝缘子串	11（XWP2-120）	串	30	
12	HGIS 智能汇控柜		面	3	
13	母线设备智能控制柜		面	1	
三	35kV 配电装置部分				
1	高压开关柜	KYN-40.5，1250A～31.5kA	面	1	主变压器进线
2	高压开关柜	KYN-40.5，1250A～31.5kA	面	1	分段隔离

续表 13-2

序号	设备名称	规格	单位	数量	备注
3	高压开关柜	KYN-40.5，1250A～31.5kA	面	1	母线设备
4	高压开关柜	KYN-40.5，1250A～31.5kA	面	3	出线
5	35kV 母线桥	1250A	m	11	
四	10kV 配电装置部分				
1	高压开关柜	KYN28-12，4000A～40kA	面	1	主变压器进线
2	高压开关柜	KYN28-12，4000A	面	1	分段隔离
3	高压开关柜	KYN28-12，1250A～31.5kA	面	1	母线设备
4	高压开关柜	KYN28-12，1250A～31.5kA	面	1	接地变压器
5	高压开关柜	KYN28-12，1250A～31.5kA	面	2	电容器
6	高压开关柜	KYN28-12，1250A～31.5kA	面	8	出线
7	10kV 母线桥	4000A	m	12	
五	无功补偿装置				
1	10kV 框架式成套电容器组	TBB10-4800/200，每套包括电容器组、电抗器 5%、放电线圈、隔离开关、避雷器、支持绝缘子等	套	1	
2	10kV 框架式成套电容器组	TBB10-3600/200，每套包括电容器组、电抗器 5%、放电线圈、隔离开关、避雷器、支持绝缘子等	套	1	
3	10kV 电力电缆	YJV22-10kV-3×240	m	116	
4	10kV 户内冷缩电缆头	配 YJV22-10kV-3×240 电缆用	套	2	
5	10kV 户外冷缩电缆头	配 YJV22-10kV-3×240 电缆用	套	2	
6	电缆保护管	镀锌钢管 DN150	m	12	
六	站用电部分				
1	接地变压器消弧线圈成套装置	DKSC-800kVA/10.5kV-100kVA/0.4	套	1	
2	10kV 电力电缆	YJV22-10kV-3×120	m	95	
3	10kV 户内冷缩电缆头	配 YJV22-10kV-3×120 电缆用	套	1	
4	10kV 户外冷缩电缆头	配 YJV22-10kV-3×120 电缆用	套	1	
5	低压电力电缆	YJV22-1kV-4×95	m	50	
6	电缆保护管	波纹管 DN150	m	10	
7	电缆保护管	镀锌钢管 DN150	m	135	
七	照明部分				
1	检修电源箱	XLW-1-4	个	1	
2	户外照明配电箱		个	1	
3	室内照明配电箱		个	1	
4	事故照明配电箱		个	1	
5	消防应急照明集中控制箱	输入 220V，输出 36V	个	1	
6	插座配电箱		个	1	
7	风机配电箱		个	1	
8	LED 投光灯	2×150W，220V，防水防尘	套	9	含光源
9	LED 投光灯	1×150W，220V，防水防尘	套	3	含光源
10	低压电力电缆	VV22-1kV-4×50	m	55	
11	低压电力电缆	VV22-1kV-4×35	m	170	
12	低压电力电缆	VV22-1kV-3×16	m	20	
13	低压电力电缆	VV22-1kV-3×4	m	460	

续表 13-2

序号	设备名称	规格	单位	数量	备注
14	钢管	DN32	m	300	
15	钢管	DN70	m	6	
八	防雷接地				
1	接地扁钢	—60mm×6mm	m	3000	水平接地、电缆沟支架接地
2	接地扁钢	—60mm×6mm	m	500	设备接地
3	垂直接地极	—50mm×50mm×5mm，*L*=2.5m	根	90	
4	防腐导电涂料		t	0.3	
5	扁钢护管	镀锌钢管 DN80	m	100	
6	临时接地端子		个	10	带盒
7	二次接地铜排	TMY-4×25	m	250	
8	二次铜缆	VV-2×50	m	200	
9	低压支柱绝缘子		个	200	
九	防火材料及其他				
1	无机防火堵料	粉末状固体，无结块，密度≤2×10^{3}kg/m^3；耐火极限≥3h	t	4.6	
2	有机防火堵料	胶泥状，密度≤2×10^{3}kg/m^3；耐火极限≥3h	t	2.72	
3	有机耐火隔板	*t*=10mm；耐火极限≥3h	m2	100	
4	L 型耐火隔板	300mm×80mm×10mm	m	185	
5	L 型耐火隔板	300mm×50mm×10mm	m	185	
6	防火涂料	BXF-D311	t	1.14	
7	花纹钢板	*t* =5mm	m2	50	
8	PVC 管	DN150	m	60	
9	PVC 管	DN100	m	30	
10	电缆支架		t	4.31	
11	预制电缆		km	0.4	
12	电缆连接器		个	32	
13	控制电缆	ZR-KVVP22 各种规格	km	4.5	
14	电力电缆	ZC-YJV/VV-各种规格	km	1.25	
15	电缆钢槽盒	200mm×100mm	m	200	
16	电缆保护管	镀锌钢管　DN50	m	400	
十	计算机监控系统				
1	监控主机柜	每面含监控主机兼操作员站兼工程师站 2 套，系统软件等（含高级应用功能），网络打印机 1 台	面	1	
2	智能防误主机柜	含智能五防系统 1 套，含就地锁具	面	1	
3	综合应用服务器柜	含综合应用服务器 1 套	面	1	
4	数据通信网关机柜	含 I 区数据通信网关机 2 套，II 区数据通信网关机 2 套	面	2	
5	时间同步系统柜	对时装置 2 台\扩展装置 1 台，支持北斗和 GPS 授时信号	面	2	
6	公用测控柜	含公用测控 1 台	面	1	
7	公用测控及母线测控柜	含 110kV 母线测控 2 台、公用测控 1 台	面	1	
8	一键顺控公用测控柜	含公用测控 2 台	面	1	
9	站控层交换机	每台交换机含 2 光口、22 电口（I 区双网含 2 台、II 区双网 2 台、IV 区 1 台）	台	5	

续表 13-2

序号	设备名称	规格	单位	数量	备注
10	35kV TV 测控装置		台	1	
11	10kV TV 测控装置		台	1	
12	1 号变压器测控柜	含 4 台测控装置	面	1	
13	110kV 间隔层交换机	每台交换机含 2 光口、22 电口	台	2	
14	主变压器间隔层交换机	每台交换机含 2 光口、22 电口	台	2	
15	35kV 间隔层交换机	每台交换机含 2 光口、22 电口	台	2	
16	10kV 间隔层交换机	每台交换机含 2 光口、22 电口	台	2	
17	过程层交换机	22 光口（主变压器间隔 1 台、中心交换机 1 台、线路 1 台）	台	3	
18	35kV 线路测控保护装置		台	3	
19	10kV 线路测控保护装置		台	8	
20	10kV 电容器测控保护装置		台	2	
21	10kV 接地变测控保护装置		台	1	
22	35kV 电压并列装置		台	1	
23	10kV 电压并列装置		台	1	
24	铠装光缆、尾缆、网线	预制光缆 1.55m，光缆连接器 42 个	套	1	
十一	继电保护				
1	1 号主变压器保护柜	含主后合一保护装置 2 台	面	1	
2	110kV 线路测控保护柜	含 2 台测控保护（距离零序保护）一体化装置	面	1	
3	110kV 分段保护测控及备自投柜	含 1 台备自投装置	面	1	
4	网络记录分析及故障录波柜	含网络记录分析仪 1 台；故障录波装置 1 台	面	1	
5	消弧线圈控制柜		面	1	
6	二次设备预制舱	II 型二次设备预制舱	套	1	
十二	交直流一体化电源系统				
1	阀控密封铅酸蓄电池	400Ah，2V	只	104	
2	380V 配电柜	含 2 面交流进线柜、1 面交流馈线柜	面	3	
3	直流柜	1 面充电柜，1 面馈线柜，1 面直流分电屏，1 面通信电源柜	面	4	
4	UPS 电源柜	含 1 台 5kVA 的 UPS；含 1 台 3kVA 的逆变电源	面	1	
5	一体化电源监控	IEC 61850 规约	套	1	
十三	电能计费				
1	电能量采集装置		套	1	
2	电能表柜	含 5 块数字式电能表，SV 光口输入	面	1	
3	0.5 级电能表		块	14	
十四	变电站智能辅助控制系统	1 套，含火灾消防子系统、安全防卫子系统、动环子系统、智能锁控子系统及智能巡视子系统等	套	1	
十五	状态监测系统	含主变压器状态监测系统、110kV 避雷器状态监测装置、110kV HGIS 在线监测系统、10kV 开关柜监测系统等	套	1	
十六	过程层设备				
1	110kV 线路合并单元智能终端集成装置		台	2	
2	110kV 分段合并单元智能终端集成装置		台	1	
3	110kV TV 合并单元		台	2	
4	110kV TV 智能终端		台	2	

续表 13-2

序号	设备名称	规格	单位	数量	备注
5	主变压器高压侧合并单元智能终端集成装置		台	2	
6	主变压器本体合并单元		台	2	
7	主变压器本体智能终端		台	1	
8	主变压器中压侧合并单元智能终端集成装置		台	2	
9	主变压器低压侧合并单元智能终端集成装置		台	2	
十七	站内通信				
1	穿线盒		个	4	
2	信息插座		个	3	
3	语音插座		个	6	
4	超五类网线		m	450	
5	管材	DN25，PVC 管	m	180	
6	管材	DN32，镀锌钢管	m	18	

13.1.3 建筑工程量表

建筑工程量表包括总图、建筑物、构筑物、水工和暖通共五部分。

总图部分包括站区占地面积、站区道路面积、站区围墙长度、站区内建筑物面积、站区电缆隧道长度和特殊构筑物。其中站区占地面积边界以围墙中心线外 1m 为界，进站道路面积本次不考虑。

建筑物部分包括配电装置楼、辅助用房和消防泵房共三项。各建筑物分为建筑专业和结构专业两部分。

110kV 变电站通用方案 HA-110-B-1 建筑工程量表见表 13-3。

表 13-3　　通用方案 **HA-110-B-1** 建筑工程量表

序号	名称	规格	单位	数量	备注
一	总图部分				
1	站区总占地面积				
1.1	站区围墙内占地面积		hm^2	0.4521	以围墙中心线计
1.2	其他占地面积		hm^2	0.0278	以围墙中心线外 1m 计
1.3	进站道路占地面积		hm^2	—	本次不涉及
1.4	合计		hm^2	0.4799	
2	站区道路面积	厚度 0.67m，混凝土路面	m^2	565	
3	站区围墙长度	围墙高 2.3m，装配式围墙	m	271	
4	建筑物				
4.1	配电装置用房及辅助用房	49.6m×11.0m；12.0m×3.3m	m^2	585.2	框架结构（按轴线计算）
5	站区电缆沟				
5.1	站区电缆沟	1.4m×1.0m（最小净空容积）	m	15	
5.2	站区电缆沟	1.1m×1.0m（最小净空容积）	m	22	砖砌
5.3	站区电缆沟	0.8m×0.8m（最小净空容积）	m	120	砖砌
5.4	站区电缆沟	0.8m×0.6m（最小净空容积）	m	40	砖砌
6	特殊构筑物				
6.1	总事故油池	最小净空容积	m^3	30	钢筋混凝土结构
6.2	化粪池		座	1	成品
6.3	深井		座	—	本次不涉及

续表 13-3

序号	名称	规格	单位	数量	备注
7	大门		m	5.0m×2.0m	实体电动推拉大门
8	主变压器消防砂箱		座	1	一项
9	独立避雷针		t	3.2	钢材镀锌
10	站区地坪	100mm 厚灰土，100mm 厚碎石	m^2	2779	
二	建筑物部分				
1	配电装置用房				
1.1	建筑部分				
1.1.1	建筑面积	49.6m×11.0m	m^2	545.6	以轴线计
1.1.2	建筑体积		m^3	2455.2	以轴线计
1.1.3	地面工程				
1.1.3.1	地砖	普通地砖	m^2	55.93	防汛器材室、安全工具室、应急操作室
1.1.3.2	复杂地面	环氧砂浆自流平地面	m^2	489.67	10kV 配电室、二次设备室、蓄电池室
1.1.4	屋面工程				
1.1.4.1	屋面保温防水	50mm 厚挤塑聚苯乙烯板，双层 SBS 改性沥青防水卷材防水	m^2	545.6	
1.1.5	墙体工程				
1.1.5.1	外墙	铝镁锰复合板	m^2	642	
1.1.5.2	外墙内侧防火	一体化纤维水泥集成墙板	m^2	224	
1.1.5.3	外墙内侧普通	纤维水泥饰面板	m^2	328	
1.1.5.4	内墙	一体化纤维水泥集成墙板	m^2	185	
1.1.5.5	外墙面装饰	真石漆	m^2	73.2	外墙勒脚
1.2	结构部分				
1.2.1	屋面板面积	120mm 厚 C30 钢筋桁架楼承板	m^2	545.6	以轴线计
1.2.2	钢柱	Q355H	t	18.979	
1.2.3	钢梁	Q355H	t	36.976	
1.2.4	钢支撑、桁架、墙架	Q355H	t	8.179	
1.2.5	基础短柱	C30 钢筋混凝土	m^3	17	基础层
1.2.6	挖方		m^3	—	本次不涉及
1.2.7	基础		m^3	—	本次不涉及
2	辅助用房				
2.1	建筑部分				
2.1.1	建筑面积	12.0m×3.3m	m^2	39.6	以轴线计
2.1.2	建筑体积		m^2	118.8	以轴线计
2.1.3	地面工程				
2.1.3.1	地砖	普通地砖	m^2	39.6	警卫室、保电值班室、卫生间、备餐间
2.1.4	楼面工程				
2.1.4.1	轻钢龙骨吊顶	塑料扣板	m^2	36	警卫室、保电值班室、卫生间、备餐间顶棚
2.1.5	屋面工程				
2.1.5.1	屋面保温防水	50mm 厚挤塑聚苯乙烯板	m^2	70	
2.1.6	墙体工程				

续表 13-3

序号	名称	规格	单位	数量	备注
2.1.6.1	外墙	铝镁锰复合板	m^2	88.105	
2.1.6.2	外墙内侧普通	纤维水泥饰面板	m^2	80.85	
2.1.6.3	内墙	一体化纤维水泥集成墙板	m^2	37.21	
2.1.6.4	外墙面装饰	真石漆	m^2	13.5	外墙勒脚
2.2	结构部分				
2.2.1	屋面板面积	120mm 厚 C30 钢筋桁架楼承板	m^2	70	以轴线计
2.2.2	钢柱	Q355H	t	2.418	
2.2.3	钢梁	Q355H	t	2.151	
2.2.4	钢支撑、桁架、墙架	Q355H	t	1.012	
2.2.5	基础短柱	C30 钢筋混凝土	m^3	5.712	基础层
2.2.6	挖方		m^3	—	本次不涉及
2.2.7	基础		m^3	—	本次不涉及
三	构筑物部分				
1	主变压器基础及油坑				
1.1	主变压器基础	钢筋混凝土整板式基础，C30	m^3	35.52	
1.2	主变压器油坑	最小净空容积	m^3	51	钢筋混凝土结构
1.2.1	池壁	砖砌	m^3	10.55	
1.2.2	压顶	预制压顶	m^3	1.89	
1.2.3	底板	150mm 厚混凝土油池池壁 C25	m^3	12.03	
1.2.4	卵石		m^3	20.05	
2	主变压器构支架				
2.1	构架				
2.1.1	主变压器构架（A 型）	12m 高 ϕ273×6 圆形直缝钢管	t	1.6	Q345B，不含连接件
2.1.2	主变压器构架（端撑柱）	12m 高 ϕ273×6 圆形直缝钢管	t	2.4	Q345B，不含连接件
2.1.3	10、35kV 母线桥支架	ϕ273×6 圆形直缝钢管	t	1.2	Q235B，4 支
2.1.4	主变压器横梁	格构式钢桁架，主材 ϕ95×6	t	1.2	1 榀
2.1.5	主变压器构架爬梯		t	0.125	
2.2	箱体				
2.2.1	智能控制柜	C15 混凝土	m^3	0.8	1 座
3	10kV 部分				
3.1	10kV 电容器组				
3.1.1	电容器组基础	混凝土基础，C30	m^3	12	共 2 组电容器
3.1.2	电容器组围栏基础	C15	m^3	11.6	共 2 组电容器
4	110kV 配电装置				
4.1	110kV 构架部分				
4.1.1	7.5m 钢梁	格构式钢梁 Q345B，主材 ϕ89×6	t	4.83	7 榀
4.1.2	9.0m 钢梁	格构式钢梁 Q345B，主材 ϕ89×6	t	3.08	4 榀
4.1.3	12.0m 高端撑柱带牛腿	ϕ273×6 圆形直缝钢管，Q345B	t	4.8	2 榀
4.1.4	12.0mA 型柱	ϕ273×6 圆形直缝钢管，Q345B	t	8	5 榀
4.1.5	12.0mA 型柱带牛腿	ϕ273×6 圆形直缝钢管，Q345B	t	3.4	2 榀
4.1.6	9.0m 高 A 型柱	ϕ273×6 圆形直缝钢管，Q345B	t	5.2	4 榀
4.1.7	地线柱	ϕ325×8 圆形直缝钢管，Q345B	t	1.15	5 根

续表 13-3

序号	名称	规格	单位	数量	备注
4.1.8	构架避雷针		t	1.2	2 针
4.1.9	爬梯		t	1.265	
4.2	110kV 设备支架				
4.2.1	110kV HGIS 基础	C30	m^3	63	3 组
4.2.2	110kV 避雷器支架	ϕ273×6 圆形直缝钢管，Q235B	t	1.32	2 组
4.2.3	电压互感器支架	ϕ273×6 圆形直缝钢管，Q235B	t	1.76	4 组
4.2.4	支架梁		t	0.88	4 组
4.2.5	检修箱基础	C30	m^3	1	1 座
5	预制舱基础		座	1	
5.1	钢筋混凝土基础	C30	m^3	15.2	
5.2	砖砌		m^3	6.91	
5.3	混凝土面层		m^2	25.76	
四	水工及水防部分				
1	轻型井盖及井座	ϕ700mm	套	9	
2	双壁波纹管（PE 排水管）	DN300，DN200	m	181	
3	雨水检查井	ϕ1000mm	个	7	
4	压力罐给水设备		套	—	本次不涉及
5	排水管	DN100	m	13.5	
6	消防砂箱	$1m^3$	座	1	
7	消防工具箱	消防斧 3 把、消防铁锹 5 把、消防沙桶 10 个	套	1	
五	暖通部分				
1	轴流风机	BT35-11N04-1450-20，通风量 $5000m^3/h$，功率 0.55kW（380V）	台	4	10、35kV 配电装置室
2	玻璃钢防爆轴流风机	NO3.55，n=1450r/min，α=25°，L=$2737m^3/h$，H=71Pa，电机 N=0.09kW，YSF-5624	台	1	蓄电池室
3	分体式单冷柜式空调	制冷量 12kW，制热量 16.5kW，最大电功率 7.8kW，～380V	台	5	10、35kV 配电装置室、二次设备室
4	分体壁挂式防爆单冷空调器	制冷量 3.5kW，制热量 4.6kW，最大电功率 2.0kW，～220V	台	1	蓄电池室
5	分体壁挂式单冷空调器	制冷量 3.5kW，制热量 4.6kW，最大电功率 2.0kW，～220V	台	3	资料室、警卫室、保电值班室
6	卫生间通风器	风量 $400m^3/h$，P=0.15kW，～220V	台	2	
7	进风百叶窗+6 目钢丝网	1200mm×600mm	个	6	电动

13.1.4　概算书

概算投资为静态投资，编制依据为第 4 章要求，概算书附总概算表、安装工程部分汇总概算表、建筑工程部分汇总概算表、其他费用概算表分别见表 13-4～表 13-7。

表 13-4　　**通用方案 HA-110-B-1 总概算表**　　金额单位：万元

序号	工程或费用名称	建筑工程费	设备购置费	安装工程费	其他费用	合计	各项占静态投资（%）	单位投资（元/kVA）
一	主辅生产工程	579	1395	343		2317	92.53	463.4
1	主要生产工程	465	1395	343		2203	87.98	440.6
2	辅助生产工程	114				114	4.55	22.8

续表 13-4

序号	工程或费用名称	建筑工程费	设备购置费	安装工程费	其他费用	合计	各项占静态投资（%）	单位投资（元/kVA）
二	与站址有关的单项工程							
	小计	579	1395	343		2317	92.53	463.4
三	其中：编制基准期价差	83		14		97	3.87	19.4
四	其他费用				150	150	5.99	30
	其中：建设场地征用及清理费							
五	基本预备费				37	37	1.48	7.4
六	特殊项目							
	工程静态投资	579	1395	343	187	2504	100	500.8
	各类费用占静态投资的比例（%）	23	56	14	7	100		

表 13-5　　通用方案 HA-110-B-1 安装工程部分汇总概算表　　金额单位：元

序号	工程或费用名称	设备购置费	安装工程费			合计	技术经济指标		
			装置性材料	安装	小计		单位	数量	指标
	安装工程	13948249	1186088	2241096	3427185	17375434			
一	主要生产工程	13948249	1186088	2241096	3427185	17375434			
1	主变压器系统	3064476	119682	150410	270092	3334567	元/kVA	50000	66.691
1.9	主变压器	3064476	119682	150410	270092	3334567			
2	配电装置	5019912	282541	455598	738138	5758050			
2.1	屋内配电装置	2201108	249795	132940	382735	2583843			
2.1.6	35kV 配电装置	975186	71940	58352	130292	1105478			
2.1.8	10kV 配电装置	1225922	177855	74588	252443	1478365			
2.2	屋外配电装置	2818804	32746	322657	355403	3174208			
2.2.6	110kV 配电装置	2818804	32746	322657	355403	3174208			
3	无功补偿	286189		37970	37970	324159			
3.3	低压电容器	286189		37970	37970	324159	元/kvar	8400	38.59
3.3.1	110kV 低压电容器	286189		37970	37970	324159			
4	控制及直流系统	4898954		267538	267538	5166492	元/kVA	50000	103.33
4.1	计算机监控系统	3283827		223827	223827	3507654			
4.1.1	计算机监控系统	3283827		156178	156178	3440005			
4.1.2	智能设备			67648	67648	67648			
4.2	继电保护	406727				406727			
4.3	直流系统及 UPS			33071	33071	33071			
4.4	智能辅助控制系统	805600		3011	3011	808611			
4.5	在线监测系统	402800		7629	7629	410429			
5	站用电系统	294850	26544	38482	65026	359876	元/kVA	50000	7.198
5.1	站用变压器	285787		11414	11414	297201			
5.3	站区照明	9063	26544	27068	53612	62675			
6	电缆及接地		753115	682304	1435419	1435419			
6.1	全站电缆		684780	465398	1150178	1150178			
6.1.1	电力电缆		276338	66145	342482	342482	元/m	2736	125.176
6.1.2	控制电缆		194162	116793	310954	310954	元/m	4900	63.46

续表 13-5

序号	工程或费用名称	设备购置费	安装工程费			合计	技术经济指标		
			装置性材料	安装	小计		单位	数量	指标
6.1.3	电缆辅助设施		120673	128453	249126	249126			
6.1.4	电缆防火		93608	154007	247615	247615			
6.2	全站接地		68336	216906	285241	285241	元/m	3975	71.759
7	通信及远动系统	383868	4207	58802	63008	446877	元/kVA	50000	8.938
7.1	通信系统	1208	4207	6960	11167	12375			
7.2	远动及计费系统	382660		51841	51841	434501			
8	全站调试			549994	549994	549994	元/kVA	50000	11
8.1	分系统调试			209140	209140	209140			
8.2	整套启动调试			22294	22294	22294			
8.3	特殊调试			318559	318559	318559			
	合计	13948249	1186088	2241096	3427185	17375434			

表 13-6　　通用方案 HA-110-B-1 建筑工程部分汇总概算表　　金额单位：元

序号	工程或费用名称	建筑费	设备费	建筑工程费合计	技术经济指标		
					单位	数量	指标
	建筑工程	5701663	96000	5797663			
一	主要生产工程	4565060	88000	4653060			
1	主要生产建筑	2700272	88000	2788272			
1.1	配电装置用房	2700272	88000	2788272	元/m²	588.51	4737.849
1.1.1	一般土建	2546156		2546156			
1.1.3	采暖、通风及空调	89670	75500	165170			
1.1.4	照明	64446	12500	76946			
2	配电装置建筑	1801510		1801510			
2.1	主变压器系统	305624		305624	元/台	1	305623.814
2.1.1	构支架及基础	125640		125640			
2.1.2	主变压器设备基础	44303		44303	元/m³	35.52	1247.275
2.1.3	主变压器油坑及卵石	43545		43545	元/m³	51	853.818
2.1.5	事故油池	92136		92136	元/座	1	92136.093
2.7	110kV 构支架及设备基础	751284		751284			
2.7.1	构架及基础	582146		582146	元/t	32.925	17680.98
2.7.2	支架及基础	81288		81288	元/m³	3.96	20527.176
2.7.3	设备基础	87850		87850	元/m³	63	1394.446
2.31	低压电容器	53808		53808	元/组	2	26904.099
2.34	站用变压器系统	14435		14435	元/台		
2.34.1	站用变压器设备基础及油坑、卵石	14435		14435	元/m³	9.7	1488.125
2.35	避雷针塔	77235		77235	元/座	2	38617.277
2.36	电缆沟道	298661		298661	元/m	228.5	1307.049
2.37	栏栅及地坪	264245		264245	元/m²	2800	94.373
2.40	二次设备预制舱基础	36219		36219			
3	供水系统	8279		8279			
3.1	站区供水管道	8279		8279	元/m	35	236.552

续表 13-6

序号	工程或费用名称	建筑费	设备费	建筑工程费合计	技术经济指标		
					单位	数量	指标
4	消防系统	55000		55000			
4.6	消防器材	55000		55000			
二	辅助生产工程	1136603	8000	1144603			
1	辅助生产建筑	370698	8000	378698			
1.3	辅助用房	370698	8000	378698	元/m²	48.31	7838.906
1.3.1	一般土建	356127		356127			
1.3.2	给排水	4769		4769			
1.3.3	采暖、通风及空调	3604	8000	11604			
1.3.4	照明	6197		6197			
2	站区性建筑	765905		765905			
2.2	站区道路及广场	183385		183385	元/m²	570	321.729
2.3	站区排水	129742		129742			
2.3.1	排水管道	75495		75495	元/m	195	387.152
2.3.2	排水设施	43347		43347			
2.3.4	污水调节水池	10900		10900			
2.5	围墙及大门	452779		452779	元/m	272	1664.627
	合计	5701663	96000	5797663			

表 13-7　　通用方案 HA-110-B-1 其他费用概算表　　金额单位：元

序号	工程或费用名称	编制依据及计算说明	合价
2	项目建设管理费		1133847
2.1	项目法人管理费	（建筑工程费+安装工程费）×0.9×3.73%	309678
2.2	招标费	（建筑工程费+安装工程费）×1.37%	126380
2.3	工程监理费	（建筑工程费+安装工程费）×6.15%	567328
2.4	设备材料监造费	监造设备费×0.87%	44669
2.5	施工过程造价咨询及竣工结算审核费	（建筑工程费+安装工程费）×0.88%	81179
2.6	工程保险费	（建筑工程费+安装工程费）×0.05%	4612
3	项目建设技术服务费		265054
3.4	设计文件评审费		230000
3.4.1	可行性研究文件评审费	可行性研究评审费	50000
3.4.2	初步设计文件评审费	初步设计评审费	75000
3.4.3	施工图文件评审费	施工图评审费	105000
3.6	工程建设检测费		25830
3.6.1	电力工程质量检测费	（建筑工程费+安装工程费）×0.28%	25830
3.7	电力工程技术经济标准编制费	（建筑工程费+安装工程费）×0.1%	9225
4	生产准备费		99628
4.2	工器具及办公家具购置费	（建筑工程费+安装工程费）×0.8×1.35%	99628
	小计		1498529

13.2　子模块

13.2.1　主要技术条件

HA-110-B-1 通用方案有 4 个子模块，分别为：增加一台主变压器 50MVA（HA-110-B-1-ZB）、增减一回 110kV 架空出线（HA-110-B-1-110）、增减一回 35kV 出线（HA-110-B-1-35），技术条件见表 13-8。

表 13-8　　通用方案 HA-110-B-1 子模块技术条件

序号	子模块名称	子模块技术条件
一	增加一台主变压器 50MVA（HA-110-B-1-ZB）	
1	规模	主变压器 1×50MVA，终期 3×50MVA。 主变压器间隔 110、35、10kV 三侧进线间隔
2	接线	110kV 单母，35kV 单母，10kV 单母
3	短路电流水平	110、35、10kV 短路电流水平分别为 40、31.5、40kA
4	主要设备型式	主变压器：110/35/10kV 三相三绕组变压器，有载调压，油浸式，低损耗，自然油循环风冷。 断路器：110kV 户外 HGIS，35、10kV 户内真空断路器
5	配电装置型式	主变压器：户外布置；35、10kV 采用户内开关柜
6	计算机监控	计算机监控系统软件扩容 1 套。 主变压器测控柜 1 面，每面含测控装置 4 台。 保护及故障信息管理系统软件升级 1 套
7	电能计量	主变压器电能表柜：1 面，含 0.5 级电能表 3 块
8	继电保护	1 套
9	过程层设备	1 套
10	变电站智能辅助控制系统	智能锁控子系统扩建 1 套
11	状态监测系统	含相应的主变压器状态监测系统、110kV HGIS 在线监测系统、35kV 开关柜监测系统、10kV 开关柜监测系统等
12	土建设施	构、支架基础均地脚螺栓重力式基础，主变压器基础钢筋混凝土整板式基础
13	其他	含控制、电力电缆、电缆管沟、配套
二	增减一回 110kV 架空出线（HA-110-B-1-110）	
1	规模	110kV 出线 1 回
2	接线	110kV 单母分段，出线侧相配置三相 TV、配三相避雷器
3	短路电流水平	40kA
4	主要设备型式	断路器：110kV 户外 HGIS
5	配电装置型式	户外软母线中型布置
6	计算机监控	计算机监控系统软件扩容 1 套。 110kV 线路测控装置 1 台。 保护及故障信息管理系统软件升级 1 套
7	电能计量	0.5S 级电能表 1 块
8	继电保护	1 套
9	过程层设备	1 套
10	变电站智能辅助控制系统	智能锁控子系统扩建 1 套
11	状态监测系统	含相应的 110kV HGIS 在线监测系统
12	土建设施	110kV 构架已建，新建设备支架
13	其他	含控制、电力电缆、电缆管沟、接地，母线已建
三	增减一回 35kV 电缆出线（HA-110-B-1-35）	
1	规模	35kV 出线 1 回
2	接线	35kV 单母线分段
3	短路电流水平	31.5kA

续表 13-8

序号	子模块名称	子模块技术条件
4	主要设备型式	断路器：35kV 户内真空断路器
5	配电装置型式	户内开关柜
6	计算机监控	计算机监控系统软件扩容 1 套。 保护及故障信息管理系统软件升级 1 套
7	电能计量	0.5S 级电能表 1 块
8	继电保护	1 套
9	过程层设备	1 套
10	状态监测系统	含相应的 35kV 开关柜监测系统
11	土建设施	室内电缆沟及开关柜基础已建成，无工程量
12	其他	含控制、电力电缆，电缆管沟、接地，母线已建

13.2.2 主要电气设备材料表

110kV 变电站通用方案 HA-110-B-1 子模块主要电气设备材料表见表 13-9。

表 13-9　　通用方案 HA-110-B-1 子模块主要电气设备材料表

一	增加一台主变压器 50MVA（HA-110-B-1-ZB）				
（一）	主变压器部分				
1	有载调压变压器（户外安装）	三相三绕组油浸自冷式有载调压变压器SSZ20-50000/110	台	1	
2	中性点成套设备		套	1	
3	钢芯铝绞线	JL/G1A-300/25 中性点设备连线，单导线 0.33 组	m	4	
4	钢芯铝绞线	JL/G1A-400/35 110kV 单导线 1 跨、引下线 1 组	m	99	
5	耐张绝缘子串	11（XWP2-100）	串	6	
6	35kV 进线				
6.1	铜母排	TMY-100×10	m	33	35kV 主进母排
6.2	热缩管	与 TMY-100×10 配套	m	33	
6.3	铜伸缩节	MST-125×10	个	6	
6.4	母线固定金具	MWP-103	只	24	
6.5	支柱绝缘子	ZSW-40.5/12.5	只	24	
6.6	单芯铜缆	VV-16	m	3	
6.7	35kV 穿墙套管	CWW-40.5/1250A	只	3	
6.8	35kV 穿墙孔板	铝板-2200×900×10	块	1	
6.9	抱箍等附件		套	2	
7	10kV 进线				
7.1	铜母排	TMY-125×10	m	66	10kV 主进母排
7.2	热缩管	与 TMY-125×10 配套	m	66	
7.3	铜伸缩节	MST-125×12.5	个	12	
7.4	母线固定金具	MWP-204	只	24	
7.5	支柱绝缘子	ZSW-20/12.5	只	24	
7.6	单芯铜缆	VV-16	m	3	
7.7	10kV 穿墙套管	CWW-20/4000A	只	3	
7.8	10kV 穿墙孔板	铝板-1800×900×10	块	1	

续表 13-9

7.9	抱箍等附件		套	2	
8	35kV 氧化锌避雷器	YH10W-51/134	只	3	
9	10kV 氧化锌避雷器	YH10W-17/45	只	3	
10	主变压器智能控制柜		面	1	
（二）	配电装置				
1	110kV 户外配电装置				
1.1	110kV HGIS 主进间隔	单断路器，3150A，40kA	间隔	1	
1.2	钢芯铝绞线	JL/G1A-300/25 引下线 2 组	m	50	
1.3	悬垂绝缘子串	11（XWP2-120）	串	3	
1.4	HGIS 汇控柜		面	1	
1.5	电压互感器	110kV 电容式	台	3	
2	35kV 户内配电装置				
2.1	高压开关柜	KYN-40.5，1250A～31.5kA	面	1	主变压器进线
2.2	35kV 母线桥	1250A	m	11	
3	10kV 配电装置				
3.1	高压开关柜	KYN28-12，4000A～40kA	面	1	主变压器进线
3.2	10kV 母线桥	4000A	m	12	
（三）	防雷接地				
1	接地扁钢	—60mm×6mm	m	100	设备接地
2	接地电缆	VV-2×50	m	50	
（四）	防火材料				
1	有机耐火隔板	t=10mm；耐火极限≥3h	m^2	10	
2	防火涂料	BXF-D311	t	0.05	
3	无机防火堵料	粉末状固体，无结块，密度≤2×10^3kg/m^3；耐火极限≥3h	t	0.05	
4	有机防火堵料	胶泥状，密度≤2×10^3kg/m^3；耐火极限≥3h	t	0.05	
5	预制电缆	ZR-KVVP22-4×2.5	m	50	
		ZR-KVVP22-7×2.5	m	125	
6	预制电缆连接器	4×2.5	个	2	
		7×2.5	个	5	
7	控制电缆	ZR-KVVP22-4×2.5	m	470	
		ZR-KVVP22-4×4	m	355	
8	动力电缆	VV22-1kV-3×16+1×10	m	160	
9	电缆保护钢管	DN50	m	100	
（五）	计算机监控系统				
1	计算机监控系统扩容	监控扩容、远动扩容、五防扩容、网分扩容、录波扩容	套	1	
2	1 号变压器测控柜	含 4 台测控装置	面	1	
3	过程层交换机	交换机含 2 光口、22 电口（Ⅰ区 2 台、Ⅱ区 1 台）	台	1	
4	预制光缆		m	745	
5	预制光配		个	16	
（六）	继电保护				
1	主变压器保护屏	含主后合一保护装置 2 台	面	1	
（七）	电能计费				
1	电能表	0.5S 数字输入式电能表	块	3	

续表 13-9

（八）	过程层设备				
1	主变压器高压侧合并单元智能终端集成装置		台	2	
2	主变压器合并单元		台	2	
3	主变压器智能终端		台	1	
4	主变压器中压侧主进智能组件	合并单元智能终端集成装置	台	2	
5	主变压器低压侧主进智能组件	合并单元智能终端集成装置	台	2	
（九）	变电站智能辅助控制系统	智能锁控子系统扩建	套	1	
（十）	状态监测系统	含相应的主变压器状态监测系统、110kV HGIS 在线监测系统、35kV 开关柜监测系统、10kV 开关柜监测系统等	套	1	
二	增减一回 110kV 架空出线（HA-110-B-1-110）				
（一）	110kV 户外配电装置部分				
1	110kV HGIS 出线间隔	单断路器，3150A，40kA	间隔	1	
2	电压互感器	110kV 电容式	台	3	
3	氧化锌避雷器	HY10W-102/266	台	3	
4	钢芯铝绞线	JL/G1A-500/35，单导线引下线 2 组	m	120	
5	HGIS 汇控柜		面	1	
（二）	防雷接地				
1	接地扁钢	—60mm×6mm	m	50	设备接地
2	接地电缆	VV-2×50	m	10	
（三）	防火材料				
1	有机耐火隔板	*t*=10mm；耐火极限≥3h	m^2	5	
2	防火涂料	BXF-D311	t	0.02	
3	无机防火堵料	粉末状固体，无结块，密度≤2×10³kg/m³；耐火极限≥3h	t	0.02	
4	有机防火堵料	胶泥状，密度≤2×10³kg/m³；耐火极限≥3h	t	0.02	
5	控制电缆	ZR-KVVP22-4×2.5	m	110	
		ZR-KVVP22-4×4	m	240	
6	动力电缆	VV22-1kV-3×16+1×10	m	80	
7	电缆保护钢管	DN50	m	20	
（四）	计算机监控系统				
1	计算机监控系统扩容	监控扩容、远动扩容、五防扩容、网分扩容、录波扩容	套	1	
2	主变压器测控柜	含 4 台测控装置	面	1	
3	过程层交换机	交换机含 2 光口、22 电口（Ⅰ区 2 台、Ⅱ区 1 台）	台	1	
4	预制光缆		m	95	
5	预制光配		个	4	
（五）	继电保护				
1	110kV 线路测控保护柜	含 1 台测控保护（距离零序保护）一体化装置	面	1	
（六）	电能计费				
1	电能表	0.5S 级电子式电能表	块	1	
（七）	过程层设备				
1	110kV 线路合并单元智能终端集成装置	含合并单元智能终端集成装置 1 台	台	1	
（八）	变电站智能辅助控制系统	智能锁控子系统扩建	套	1	
（九）	状态监测系统	含相应的 110kV HGIS 在线监测系统	套	1	

续表 13-9

三	增减一回 35kV 出线（HA-110-B-1-35）				
（一）	35kV 户内配电装置部分				
1	高压开关柜	KYN-40.5，1250A～31.5kA	面	1	电缆出线柜
（二）	防雷接地				
1	接地扁钢	—60mm×6mm	m	30	设备接地
（三）	防火材料				
1	有机耐火隔板	t=10mm；耐火极限≥3h	m^2	3	
2	防火涂料	BXF-D311	t	0.02	
3	无机防火堵料	粉末状固体，无结块，密度≤2×10^3kg/m^3；耐火极限≥3h	t	0.02	
4	有机防火堵料	胶泥状，密度≤2×10^3kg/m^3；耐火极限≥3h	t	0.02	
5	控制电缆	ZR-KVVP22-4×2.5	m	100	
		ZR-KVVP22-4×4	m	100	
（四）	计算机监控系统		套	1	
1	计算机监控系统扩容	监控扩容、远动扩容、五防扩容	套	1	
（五）	继电保护				
1	35kV 线路保护测控装置		块	1	
（六）	电能计费				
1	35kV 线路电能表	0.5S 级电子式电能表	块	1	
（七）	状态监测系统	含相应的 35kV 开关柜监测系统	套	1	

13.2.3　建筑工程量表

110kV 变电站通用方案 HA-110-B-1 子模块建筑工程量表见表 13-10。

表 13-10　　通用方案 HA-110-B-1 子模块建筑工程量表

序号	名称	规格	单位	数量	备注
一	增加一台 50MVA 主变压器（HA-110-B-1-ZB）				
1	主变压器基础及油坑				
1.1	主变压器基础	钢筋混凝土整板式基础，C30	m^3	35.52	
1.2	主变压器油坑	最小净空	m^3	51	钢筋混凝土结构
2	主变压器构支架及 10kV 引线架				
2.1	主变压器构架				
2.1.1	主变压器构架（A 型）	12m 高 ϕ273×6 圆形直缝钢管	t	1.6	Q355B，不含连接件
2.1.2	主变压器构架（端撑柱）	12m 高 ϕ273×6 圆形直缝钢管	t	2.4	Q355B，不含连接件
2.1.3	10、35kV 母线桥支架	ϕ273×6 圆形直缝钢管	t	1.2	Q235B，4 支
2.1.4	主变压器横梁	格构式钢桁架，主材 ϕ95×6	t	1.2	1 榀
2.1.5	主变压器构架爬梯		t	0.125	
2.1.6	智能控制柜	C15 混凝土	m^3	0.8	1 座
2.3	110kV 设备支架				
2.3.1	110kV HGIS 基础	C30	m^3	21	1 组
2.3.2	110kV 电容式电压互感器支架	ϕ273×6 圆形直缝钢管，Q235B	t	0.44	3 支
2.3.3	110kV 电容式电压互感器支架梁		t	0.22	

续表 13-10

序号	名称	规格	单位	数量	备注
二	增减一回 110kV 架空出线子模块（HA-110-B-1-110）				
1	110kV 配电装置				
1.1	110kV 设备支架				
1.1.1	110kV HGIS 基础	C30	m^3	21	1 组
1.1.2	110kV 电容式电压互感器支架	ϕ273×6 圆形直缝钢管，Q235B	t	0.44	3 支
1.1.3	110kV 电容式电压互感器支架梁		t	0.22	
1.1.4	110kV 避雷器支架	ϕ273×6 圆形直缝钢管，Q235B	t	0.66	3 支
三	增减一回 35kV 出线（HA-110-B-1-35）				
1	35kV 配电装置	室内电缆沟及开关柜基础已建成			

13.2.4 概算书

110kV 变电站通用方案 HA-110-B-1 子模块总概算表、安装工程部分汇总概算表、建筑工程部分汇总概算表、其他费用概算表分别见表 13-11～表 13-21。

表 13-11　　子模块 HA-110-B-1-ZB 总概算表　　金额单位：万元

序号	工程或费用名称	建筑工程费	设备购置费	安装工程费	其他费用	合计	各项占静态投资（%）	单位投资（元/kVA）
一	主辅生产工程	26	483	105		614	94.46	122.8
1	主要生产工程	26	483	105		614	94.46	122.8
2	辅助生产工程							
二	与站址有关的单项工程							
	小计	26	483	105		614	94.46	122.8
三	其中：编制基准期价差	3		4		7	1.08	1.4
四	其他费用				26	26	4	5.2
五	基本预备费				10	10	1.54	2
六	特殊项目							
	工程静态投资	26	483	105	36	650	100	130
	各类费用占静态投资的比例（%）	4	74	16	6	100		

表 13-12　　子模块 HA-110-B-1-ZB 安装工程部分汇总概算表　　金额单位：元

序号	工程或费用名称	设备购置费	安装工程费			合计	技术经济指标		
			装置性材料	安装	小计		单位	数量	指标
	安装工程	4832771	442861	603829	1046691	5879462			
一	主要生产工程	4832771	442861	603829	1046691	5879462			
1	主变压器系统	3064476	114768	162949	277717	3342193	元/kVA	50000	66.844
1.9	主变压器	3064476	114768	162949	277717	3342193			
2	配电装置	1269730	253005	99639	352643	1622373			
2.1	屋内配电装置	420027	249795	64718	314513	734539			
2.1.6	35kV 配电装置	185597	71940	28438	100378	285975			
2.1.8	10kV 配电装置	234430	177855	36281	214135	448565			
2.2	屋外配电装置	849703	3210	34921	38131	887834			
2.2.6	110kV 配电装置	849703	3210	34921	38131	887834			

续表 13-12

序号	工程或费用名称	设备购置费	安装工程费			合计	技术经济指标		
			装置性材料	安装	小计		单位	数量	指标
4	控制及直流系统	492524		95295	95295	587819	元/kVA	50000	11.756
4.1	计算机监控系统	181260		78536	78536	259796			
4.1.1	计算机监控系统	181260		30618	30618	211878			
4.1.2	智能设备			47919	47919	47919			
4.2	继电保护	162731		10618	10618	173349			
4.4	智能辅助控制系统	20140				20140			
4.5	在线监测系统	128393		6142	6142	134534			
6	电缆及接地		75088	41045	116134	116134			
6.1	全站电缆		75088	41045	116134	116134			
6.1.1	电力电缆		10099	4795	14895	14895	元/m	210	70.927
6.1.2	控制电缆		58974	29738	88712	88712	元/m	1000	88.712
6.1.3	电缆辅助设施		3242	678	3920	3920			
6.1.4	电缆防火		2773	5834	8607	8607			
7	通信及远动系统	6042				6042	元/kVA		
7.2	远动及计费系统	6042				6042			
8	全站调试			204901	204901	204901	元/kVA	50000	4.098
8.1	分系统调试			44597	44597	44597			
8.2	整套启动调试			13239	13239	13239			
8.3	特殊调试			147065	147065	147065			
	合计	4832771	442861	603829	1046691	5879462			

表 13-13　　子模块 HA-110-B-1-ZB 建筑工程部分汇总概算表　　金额单位：元

序号	工程或费用名称	建筑费	设备费	建筑工程费合计	技术经济指标		
					单位	数量	指标
	建筑工程	256195		256195			
一	主要生产工程	256195		256195			
2	配电装置建筑	256195		256195			
2.1	主变压器系统	212358		212358	元/台	1	212358.12
2.1.1	构支架及基础	120219		120219			
2.1.2	主变压器设备基础	45732		45732	元/m³	35.52	1287.512
2.1.3	主变压器油坑及卵石	46406		46406	元/m³	51	909.927
2.7	110kV 构支架及设备基础	43837		43837			
2.7.1	构架及基础	12790		12790	元/t（m³）	0.66	19378.856
2.7.2	支架及基础	31047		31047	元/m³	21	1478.443
	合计	256195		256195			

表 13-14　　子模块 HA-110-B-1-ZB 其他费用概算表　　金额单位：元

序号	工程或费用名称	编制依据及计算说明	合价
2	项目建设管理费		183347
2.1	项目法人管理费	（建筑工程费+安装工程费）×0.9×0.9×3.73%	39364
2.2	招标费	（建筑工程费+安装工程费）×1.37%	17850

续表 13-14

序号	工程或费用名称	编制依据及计算说明	合价
2.3	工程监理费	（建筑工程费+安装工程费）×6.15%	80127
2.4	设备材料监造费	监造设备费×0.87%	33889
2.5	施工过程造价咨询及竣工结算审核费	（建筑工程费+安装工程费）×0.88%	11465
2.6	工程保险费	（建筑工程费+安装工程费）×0.05%	651
3	项目建设技术服务费		63951
3.4	设计文件评审费		59000
3.4.1	可行性研究文件评审费		14000
3.4.2	初步设计文件评审费		20000
3.4.3	施工图文件评审费		25000
3.6	工程建设检测费		3648
3.6.1	电力工程质量检测费	（建筑工程费+安装工程费）×0.28%	3648
3.7	电力工程技术经济标准编制费	（建筑工程费+安装工程费）×0.1%	1303
4	生产准备费		11882
4.2	工器具及办公家具购置费	（建筑工程费+安装工程费）×0.8×1.14%	11882
	小计		259181

表 13-15　　子模块 HA-110-B-1-110 总概算表　　金额单位：万元

序号	工程或费用名称	建筑工程费	设备购置费	安装工程费	其他费用	合计	各项占静态投资（%）	单位投资（元/kVA）
一	主辅生产工程	6	102	20		128	94.12	
1	主要生产工程	6	102	20		128	94.12	
2	辅助生产工程							
二	与站址有关的单项工程							
	小计	6	102	20		128	94.12	
三	其中：编制基准期价差	1		1		2	1.47	
四	其他费用				6	6	4.41	
五	基本预备费				2	2	1.47	
六	特殊项目							
	工程静态投资	6	102	20	8	136	100	
	各类费用占静态投资的比例（%）	4	75	15	6	100		

表 13-16　　子模块 HA-110-B-1-110 安装工程部分汇总概算表　　金额单位：元

序号	工程或费用名称	设备购置费	安装工程费			合计	技术经济指标		
			装置性材料	安装	小计		单位	数量	指标
	安装工程	1018033	20522	177342	197864	1215898			
一	主要生产工程	1018033	20522	177342	197864	1215898			
2	配电装置	862452	2064	39766	41830	904282			
2.2	屋外配电装置	862452	2064	39766	41830	904282			
2.2.6	110kV 配电装置	862452	2064	39766	41830	904282			
4	控制及直流系统	153568		34908	34908	188475	元/kVA		
4.1	计算机监控系统	40280		21801	21801	62081			
4.1.1	计算机监控系统	40280		11682	11682	51962			
4.1.2	智能设备			10119	10119	10119			

续表 13-16

序号	工程或费用名称	设备购置费	安装工程费			合计	技术经济指标		
			装置性材料	安装	小计		单位	数量	指标
4.2	继电保护	65455		11158	11158	76613			
4.4	智能辅助控制系统	5035				5035			
4.5	在线监测系统	42798		1949	1949	44747			
6	电缆及接地		18458	13131	31589	31589			
6.1	全站电缆		18458	13131	31589	31589			
6.1.1	电力电缆		4248	2079	6327	6327	元/m	90	70.295
6.1.2	控制电缆		12308	8165	20473	20473	元/m	350	58.493
6.1.3	电缆辅助设施		647	140	788	788			
6.1.4	电缆防火		1255	2747	4003	4003			
7	通信及远动系统	2014				2014	元/kVA		
7.2	远动及计费系统	2014				2014			
8	全站调试			89537	89537	89537	元/kVA		
8.1	分系统调试			7354	7354	7354			
8.2	整套启动调试			8361	8361	8361			
8.3	特殊调试			73822	73822	73822			
	合计	1018033	20522	177342	197864	1215898			

表 13-17　　子模块 HA-110-B-1-110 建筑工程部分汇总概算表　　金额单位：元

序号	工程或费用名称	建筑费	设备费	建筑工程费合计	技术经济指标		
					单位	数量	指标
	建筑工程	59624		59624			
一	主要生产工程	59624		59624			
2	配电装置建筑	59624		59624			
2.7	110kV 构支架及设备基础	59624		59624			
2.7.2	支架及基础	27902		27902	元/t（m^3）	1.32	21137.804
2.7.3	设备基础	31722		31722	元/m^3	21	1510.581
	合计	59624		59624			

表 13-18　　子模块 HA-110-B-1-110 其他费用概算表　　金额单位：元

序号	工程或费用名称	编制依据及计算说明	合价
2	项目建设管理费		36273
2.1	项目法人管理费	（建筑工程费+安装工程费）×0.9×0.9×3.73%	7780
2.2	招标费	（建筑工程费+安装工程费）×1.37%	3528
2.3	工程监理费	（建筑工程费+安装工程费）×6.15%	15836
2.4	设备材料监造费	监造设备费×0.87%	6529
2.5	施工过程造价咨询及竣工结算审核费	（建筑工程费+安装工程费）×0.88%	2473
2.6	工程保险费	（建筑工程费+安装工程费）×0.05%	129
3	项目建设技术服务费		24978
3.4	设计文件评审费		24000
3.4.1	可行性研究文件评审费		6000
3.4.2	初步设计文件评审费		8000

续表 13-18

序号	工程或费用名称	编制依据及计算说明	合价
3.4.3	施工图文件评审费		10000
3.6	工程建设检测费		721
3.6.1	电力工程质量检测费	（建筑工程费+安装工程费）×0.28%	721
3.7	电力工程技术经济标准编制费	（建筑工程费+安装工程费）×0.1%	257
4	生产准备费		2348
4.2	工器具及办公家具购置费	（建筑工程费+安装工程费）×0.8×1.14%	2348
	小计		63600

表 13-19　子模块 HA-110-B-1-35 总概算表　金额单位：万元

序号	工程或费用名称	建筑工程费	设备购置费	安装工程费	其他费用	合计	各项占静态投资（%）	单位投资（元/kVA 或元/kW）
一	主辅生产工程		23	5		28	93.33	
（一）	主要生产工程		23	5		28	93.33	
（二）	辅助生产工程							
二	与站址有关的单项工程							
	小计		23	5		28	93.33	
三	其中：编制基准期价差							
四	其他费用				2	2	6.67	
五	基本预备费							
六	特殊项目							
	工程静态投资（一～六项合计）		23	5	2	30	100	
	各项占静态投资的比例（%）		77	17	7	100		

表 13-20　子模块 HA-110-B-1-35 安装工程部分汇总概算表　金额单位：元

序号	工程或费用名称	设备购置费	安装工程费			合计	技术经济指标		
			装置性材料	安装	小计		单位	数量	指标
	安装工程	226374	4522	42710	47232	273606			
一	主要生产工程	226374	4522	42710	47232	273606			
2	配电装置	179045		8732	8732	187777			
2.1	屋内配电装置	179045		8732	8732	187777			
2.1.6	35kV 配电装置	179045		8732	8732	187777			
4	控制及直流系统	45315		12933	12933	58248	元/kVA		
4.1	计算机监控系统	35245		12933	12933	48178			
4.1.1	计算机监控系统	35245		12933	12933	48178			
4.5	在线监测系统	10070				10070			
6	电缆及接地		4522	5329	9851	9851			
6.1	全站电缆		4522	5329	9851	9851			
6.1.2	控制电缆		3559	3161	6720	6720	元/m	200	33.6
6.1.4	电缆防火		963	2168	3131	3131			
7	通信及远动系统	2014				2014	元/kVA		
7.2	远动及计费系统	2014				2014			
8	全站调试			15716	15716	15716	元/kVA		

续表 13-20

序号	工程或费用名称	设备购置费	安装工程费			合计	技术经济指标		
			装置性材料	安装	小计		单位	数量	指标
8.1	分系统调试			7354	7354	7354			
8.2	整套启动调试			8361	8361	8361			
	合计	226374	4522	42710	47232	273606			

表 13-21　　子模块 HA-110-B-1-35 其他费用概算表　　金额单位：元

序号	工程或费用名称	编制依据及计算说明	合价
2	项目建设管理费		5725
2.1	项目法人管理费	（建筑工程费+安装工程费）×0.9×0.9×3.73%	1427
2.2	招标费	（建筑工程费+安装工程费）×1.37%	647
2.3	工程监理费	（建筑工程费+安装工程费）×6.15%	2905
2.4	设备材料监造费	监造设备费×0.87%	307
2.5	施工过程造价咨询及竣工结算审核费	（建筑工程费+安装工程费）×0.88%	416
2.6	工程保险费	（建筑工程费+安装工程费）×0.05%	24
3	项目建设技术服务费		15679
3.4	设计文件评审费		15500
3.4.1	可行性研究文件评审费		3500
3.4.2	初步设计文件评审费		5000
3.4.3	施工图文件评审费		7000
3.6	工程建设检测费		132
3.6.1	电力工程质量检测费	（建筑工程费+安装工程费）×0.28%	132
3.7	电力工程技术经济标准编制费	（建筑工程费+安装工程费）×0.1%	47
4	生产准备费		431
4.2	工器具及办公家具购置费	（建筑工程费+安装工程费）×0.8×1.14%	431
	小计		21835

第14章　110kV变电站通用方案HA-110-B-3通用造价

14.1　通用方案

本通用方案技术条件根据《国网河南省电力公司35～220kV变电站通用设计施工图实施方案》最新版HA-110-B-3方案确定，即主变压器采用1×50MVA三相双绕组有载调压变压器，电压等级采用110/10kV，110kV采用户外HGIS设备，10kV为户内开关柜。

本方案技术条件组合在本文件中列表表示，变电站具体设计内容可参见已出版的通用设计配套文件。

14.1.1　主要技术条件

本方案主要技术条件包括变电站电气部分、土建部分等内容，具体见表14-1。

表14-1　通用方案HA-110-B-3技术条件

序号	项目名称	工程技术条件
一	电气部分	
1	主变压器	110/10kV三相双绕组有载调压变压器，本期1台50MVA主变压器，终期3台50MVA主变压器
2	出线回路数	
2.1	110kV	本期2回，终期4回，架空出线
2.2	10kV	本期10回，终期30回，电缆出线
3	无功补偿装置	10kV并联电容器，本期1组（3600+4800）kvar，终期3组（3600+4800）kvar
4	电气主接线	
4.1	110kV	本期单母线接线，终期单母线分段接线
4.2	10kV	本期单母线接线，终期单母线三分段接线
5	短路电流水平	110、10kV短路电流水平分别为40、40/31.5kA
6	主要设备选型	
6.1	主变压器	110/10kV，户外、油浸、自然油循环自冷型三相双绕组有载调压高效节能型变压器，主变压器能效不低于2级
6.2	断路器	110kV采用户外HGIS设备
6.3	隔离开关	双柱水平旋转式，双接地
6.4	互感器	110kV电流互感器采用电磁式，内置于HGIS中；110kV母线电容式电压互感器采用三相电压互感器，110kV出线电容式电压互感器采用三相电压互感器，采用AIS设备外置
6.5	避雷器	110、10kV避雷器采用氧化锌避雷器
6.6	10kV开关柜	10kV采用户内配电装置成套开关柜，真空断路器
6.7	站用变压器	本期设置1台10kV接地变压器消弧线圈成套装置
6.8	无功补偿装置	10kV电容器采用户外框架式电容器补偿装置，串联电抗器电抗率按5%考虑
7	配电装置	
7.1	110kV配电装置	户外软母线中型，HGIS单列布置，采用架空出线和主变压器架空进线方式
7.2	10kV配电装置	10kV采用户内开关柜双列离墙布置，电容器组户外单列布置
8	控制及远动	
8.1	计算机监控系统	一套：完成全站监控及远传，实现无人值班和一键顺控
		主机/操作员站2套，组一面柜
		Ⅰ区数据通信网关机柜：2台通信网关机兼图形网关机、2套防火墙，组一面柜
		Ⅱ区数据通信网关机柜：2台Ⅱ区通信网关机，组一面柜
		综合应用服务器柜：含1台综合应用服务器，组一面柜

续表 14-1

序号	项目名称	工程技术条件
8.1	计算机监控系统	智能防误主机柜：含 1 台智能防误主机，组一面柜
		公用测控柜：含公用测控 1 台，组一面柜
		公用测控及母线测控柜：含 110kV 母线测控 2 台、公用测控 1 台，组一面柜
		一键顺控公用测控柜：含公用测控 2 台，组一面柜
		主变压器测控柜：含 3 台测控装置，组一面柜
		测控装置：10kV 保护测控装置 13 台、10kV 电压并列装置 1 台、10kV TV 测控装置 1 台
		站控层交换机：5 台，集中安装在公用测控柜内
		间隔层交换机：6 台，分散安装于预制舱和 10kV 开关柜内
		过程层交换机：3 台，分散安装在预制舱保护柜内
		含尾缆、超五类屏蔽双绞线、屏蔽双绞线等配套
		高级应用软件：实现顺序控制、智能告警及分析决策等高级功能
8.2	时间同步系统	含同步时钟主机（双机）、接收天线、光纤、光电转换器、扩展装置 1 台、配套机柜 2 面等
8.3	智能辅助控制系统	1 套，含智能巡视子系统、安全防卫子系统、动环监视子系统、智能锁控子系统、火灾自动报警子系统等
8.4	状态监测系统	1 套，一次设备状态监测子系统
8.5	调度专用网络接入设备	含调度专网屏（含设备）2 面、二次安全防护设备 2 套、网络安全监测装置 1 套
8.6	电量计费系统	非关口电能量采集装置柜 1 面、电能表柜（含 4 块 0.5 级数字式电能表）1 面、0.5 级电能表 13 块
9	交直流一体化电源系统	直流系统为单母线分段接线，采用辐射方式供电；蓄电池布置在蓄电池室内
10	继电保护	各类保护盘柜
11	过程层设备	合并单元 3 台；智能终端 2 台；合并单元智能终端一体化装置 6 台
12	预制舱	全站设置一个Ⅱ型二次设备预制舱
13	电缆	
13.1	10kV 电力电缆	0.13km
13.2	1kV 及以下电力电缆	一次设备用电力电缆 0.785km，二次设备用电力电缆 1.5km
13.3	控制电缆	4.8km
14	光缆	预制光缆 1.4km
15	接地	热镀锌扁钢，垂直接地极 90 根，水平接地 2600m，设备接地 900m
二	土建部分	
1	基本技术数据	
1.1	地震基本烈度	7 度，按设计基本地震加速度值 0.1g
1.2	设计风速	30m/s
1.3	地基承载力特征值	f_{ak}=150kPa
1.4	海拔	1000m 以下，场地同一标高
1.5	污秽等级	d 级
1.6	采暖	非采暖区
1.7	地下水	无影响
2	总平面布置	
2.1	站外道路	本次未涉及
2.2	站内道路	站内道路为 4.0m，采用郊区型道路，路缘石，路面为混凝土
2.3	电缆沟道	总长度 213.5m；采用混凝土电缆沟
2.4	排水方式	站内排水采用有组织集中排放方式
2.5	站区占地	站区东西方向长 81m，南北方向长 51m，围墙内占地 0.4131hm^2

续表 14-1

序号	项目名称	工程技术条件
2.6	围墙	采用装配式围墙
3	建筑物	配电装置用房 1 座，辅助用房 1 座，全站总建筑面积为 475.91m^2
3.1	配电装置用房	
3.1.1	建筑面积与体积	单层，建筑面积为 437.47m^2，建筑体积为 1750m^3
3.1.2	建筑结构	采用装配式钢框架结构
3.1.3	建筑物基础	本次未涉及
3.1.4	建筑装修	（1）外墙：采用铝镁锰复合板+纤维水泥饰面板。 （2）门窗：选用防火门、成品木门、成品防盗钢门，窗采用三层玻璃中间层为夹胶玻璃断桥铝合金窗。 （3）屋面：防水等级 I 级。设置两道设防的防水保温屋面。 （4）楼地面：设备房间采用水泥基自流平地面，其他房间采用地砖。 （5）内墙：采用一体化纤维水泥集成墙板，除卫生间和备餐间为瓷砖以外，其他均为纤维水泥饰面板
3.2	辅助用房	
3.2.1	建筑面积与体积	单层，建筑面积 38.44m^2，建筑体积为 134.54m^3
3.2.2	建筑结构	装配式钢框架结构
3.2.3	建筑物基础	本次未涉及
3.2.4	建筑装修	地面为地砖地面。内墙采用一体化纤维水泥集成墙板，设吊顶。外面装饰材料及风格、色调同配电装置用房。门采用成品木门、成品防盗钢门，窗采用三层玻璃中间层为夹胶玻璃断桥铝合金窗
4	构筑物	
4.1	110kV 构架	110kV 构架采用圆形钢管，A 字型结构。构架横梁采用三角形钢桁架梁，主材采用圆形钢管，腹杆采用型钢。采用热镀锌防腐，按远景规模一次建设
4.2	主变压器构架	主变压器构架采用圆形钢管，A 字型结构。构架横梁采用三角形钢桁架梁，主材采用圆形钢管，腹杆采用型钢。采用热镀锌防腐，按本期规模建设
4.3	构、支架基础及主变压器基础	构、支架基础均采用地脚螺栓重力式基础；主变压器基础采用钢筋混凝土整板式基础，按本期规模建设
5	其他构筑物	事故油池采用现浇钢筋混凝土结构，化粪池采用成品玻璃钢材质
6	供水	本次未涉及
7	采暖通风	在配电装置用房内 10kV 配电装置室、二次设备室、资料室及蓄电池室，辅助用房内值班室、警卫室等房间采用分体冷热空调，在 10kV 配电装置室，蓄电池室设通风设备
8	消防	站内不设水消防系统，站内设置不同类型的移动式灭火器，主变压器采用灭火器和消防砂箱

14.1.2 主要电气设备材料表

电气一次部分设备包括主变压器系统、各电压等级装置、无功补偿装置、站用电部分、照明部分、防火材料及其他、接地等部分。其中，主变压器系统主要包括与主变压器相连到架构前的部分设备；站用电部分包括 1kV 电力电缆；照明部分将检修电源箱、照明配电箱、户外照明灯具归入本项内；防火材料及其他包括电缆支架、防火材料、二次控制电缆等；接地部分包含主接地网、接地引下线、垂直接地极等。电气二次设备包括计算机监控系统、继电保护、直流系统、通信电源、电能计费、检修箱、智能汇控柜等部分。110kV 变电站通用方案 HA-110-B-3 主要电气设备材料表见表 14-2。

表 14-2　　通用方案 HA-110-B-3 主要电气设备材料表

序号	设备名称	型号及规范	单位	数量	备注
一	主变压器部分				
1	110kV 主变压器	三相双绕组油浸自冷式有载调压变压器 SZ20-50000/110	台	1	
2	110kV 中性点成套设备		套	1	
3	10kV 氧化锌避雷器	17/45，附放电计数器	台	3	
4	铜排	TMY-30×4	m	3	避雷器引下线

续表 14-2

序号	设备名称	型号及规范	单位	数量	备注
5	耐张绝缘子串	11（XWP2-100）	串	6	
6	钢芯铝绞线	JL/G1A-300/25	m	105	110kV 单导线 1 跨、引下线 1 组
7	钢芯铝绞线	JL/G1A-240/30	m	10	中性点设备连线，单导线 0.33 组
8	10kV 铜母排	2（TMY-125×10）	m	66	单片长（每相二片安装）
9	母排绝缘热缩保护套管	MPG-125×10	m	66	单片长
10	户外棒式支柱绝缘子	ZSW1-20kV/12.5kN	只	21	非磁性
11	矩形母线固定金具	MWP-204	件	21	
12	铜母线伸缩节	MST-125×10	件	12	全铜型
13	户外检修箱	XLW-1	台	1	
14	主变压器本体智能汇控柜		面	1	
二	110kV 户外配电装置部分				
1	110kV HGIS 出线间隔	单断路器 3150A，40kA	间隔	2	
2	110kV HGIS 主进间隔	单断路器 3150A，40kA	间隔	1	
3	110kV 电压互感器	电容式	台	12	
4	110kV 氧化锌避雷器	102/266，附放电计数器	台	6	
5	隔离开关	126kV，3150A，40kA，双柱水平旋转双接地	组	1	
6	钢芯铝绞线	JL/G1A-630/45	m	120	出线间隔引下线 4 组
7	钢芯铝绞线	JL/G1A-240/30	m	70	出线间隔避雷器、电压互感器用引下线 4 组
8	钢芯铝绞线	JL/G1A-300/25	m	69	进线间隔引下线 3 组，跳线 1 组
9	钢芯铝绞线	JL/G1A-630/55	m	250	3 跨，跳线 4 组
10	钢芯铝绞线	JL/G1A-240/30	m	50	母线设备间隔设备连线 1 组，引下线 1 组，跳线 1 组
11	悬垂绝缘子串	11（XWP2-100）	串	12	
12	耐张绝缘子串	11（XWP2-100）	串	18	
13	HGIS 智能汇控柜		面	3	
14	母线设备智能控制柜		面	1	
15	无尘室安装		套	1	
三	10kV 配电装置部分	所有柜均含 4000A 主母线、微动开关			
1	高压开关柜	KYN28-12，4000A，40kA	面	1	主变压器进线
2	高压开关柜	KYN28-12，4000A	面	1	分段隔离
3	高压开关柜	KYN28-12，1250A，无开关	面	1	母线设备
4	高压开关柜	KYN28-12，1250A，31.5kA	面	1	接地变压器
5	高压开关柜	KYN28-12，1250A，31.5kA	面	2	电容器
6	高压开关柜	KYN28-12，1250A，31.5kA	面	10	电缆出线
7	10kV 封闭母线桥（进线）	桥内母线 4000A，L=4000mm	套	1	含母线及金具
8	10kV 封闭母线桥（联络）	桥内母线 4000A，L=7000mm	套	1	含母线及金具
9	铝合金封墙板	1700×700mm，厚 10mm	块	3	2 块暂不开孔
10	穿墙套管	CWW-24/4000-4	只	3	

续表 14-2

序号	设备名称	型号及规范	单位	数量	备注
四	无功补偿装置				
1	10kV 框架式成套电容器组	TBB10-4800/200，每套包括电容器组、电抗器 5%、放电线圈、隔离接地开关、避雷器、支柱绝缘子、围栏等	套	1	厂家成套
2	10kV 框架式成套电容器组	TBB10-3600/200，每套包括电容器组、电抗器 5%、放电线圈、隔离接地开关、避雷器、支柱绝缘子、围栏等	套	1	厂家成套
3	10kV 电力电缆	YJV22-10kV-3×240	km	0.074	
4	10kV 户内冷缩电缆终端	配 YJV22-10kV-3×240 电缆用	套	2	
5	10kV 户外冷缩电缆终端	配 YJV22-10kV-3×240 电缆用	套	2	
6	电缆保护管	镀锌钢管，DN150	m	18	
7	铜铝过渡板	MG-80×8	件	6	
五	站用电部分				
1	接地变压器消弧线圈成套装置	DKSC-800kVA/10.5kV-200kVA/0.4kV	套	1	
2	10kV 电力电缆	YJV22-10kV-3×150	km	0.056	
3	10kV 户内冷缩电缆终端	配 YJV22-10kV-3×150 电缆用	套	1	
4	10kV 户外冷缩电缆终端	配 YJV22-10kV-3×150 电缆用	套	1	
5	低压电力电缆	YJV22-1kV-3×185+1×95	km	0.035	
6	电缆保护管	镀锌钢管，DN150	m	25	
7	电力电缆	1kV 各种型号	km	1.2	二次设备电缆
六	照明部分				
1	户内检修电源箱		台	1	
2	照明配电箱		台	3	2 个户内，1 个户外
3	事故照明配电箱		台	1	
4	电动百叶窗配电箱		台	1	
5	暖通配电箱		台	2	
6	消防照明配电箱		台	1	
7	LED 投光灯	2×150W，220V	套	9	含光源、灯杆
8	LED 投光灯	1×150W，220V	套	3	含光源、灯杆
9	门垛灯	45W，220V	套	2	
10	防潮灯	户外吸顶式 26W，220V	套	6	
11	低压电力电缆	ZC-VV22-1kV-3×6	km	0.52	屋外照明
12	电缆保护管	镀锌钢管，DN50	m	400	屋外
七	防雷接地				
1	接地扁钢	—60mm×6mm，热镀锌	m	2600	水平接地、电缆沟、支架等接地
2	接地扁钢	—60mm×6mm，热镀锌	m	900	设备接地
3	热镀锌角钢	—50mm×50mm×5mm，L=2500mm	根	90	垂直接地极
4	接地铜缆	VV22-1kV-2×50	km	0.23	主控楼电缆沟
5	接地铜排	TMY-40×5	m	100	设备底座引线
6	接地铜排	TMY-25×4	m	180	主控楼电缆沟
7	支持绝缘子	WX-1	只	200	接地铜排用
8	接地铜缆	VV22-1kV-2×50	km	0.2	二次设备电缆
9	接地铜缆	VV22-1kV-1×50	km	0.1	二次设备电缆

续表 14-2

序号	设备名称	型号及规范	单位	数量	备注
10	接地铜质软导线	$4mm^2$	km	0.5	
八	防火材料及其他				
1	无机耐火隔板	WBT 型，δ=10mm	m^2	180	
2	有机防火堵料		t	2	
3	无机防火堵料		t	2.6	
4	防火涂料		t	1.14	
5	防火包		m^3	2.5	
6	花纹钢板	δ=6mm	m^2	50	
7	电缆支架	—50mm×50mm×5mm	t	4.5	
8	控制电缆	各种型号	km	4.4	
9	预制电缆	各种型号	km	0.4	
10	电缆连接器	单端预制	个	16	
11	电缆钢槽盒	200mm×100mm	m	220	带盖板（含通信用）
12	电缆保护管	镀锌钢管，DN50	m	400	二次（含通信用 100m）
九	计算机监控系统				
1	监控主机柜	含监控主机兼操作员站兼工程师站 2 套，系统软件等（含高级应用功能），网络打印机 1 台	面	1	
2	智能防误主机柜	含智能五防系统 1 套，含就地锁具等	面	1	
3	综合应用服务器柜	含综合应用服务器 1 套	面	1	
4	数据通信网关机柜 I	含 I 区数据通信网关机 2 套，2 套防火墙	面	1	
5	数据通信网关机柜 II	含 II 区数据通信网关机 2 套	面	1	
6	时间同步系统柜	对时装置 2 台，扩展装置 1 台，支持北斗和 GPS 授时信号	面	2	扩展柜安装于预制舱
7	公用测控柜	含公用测控 1 台	面	1	
8	一键顺控公用测控柜	含公用测控 2 台及一键顺控	面	1	
9	站控层交换机柜	2 光口 22 电口（I 区双网 2 台、II 区双网 2 台、IV区 1 台）	台	5	
10	1 号变压器测控柜	含 3 台测控装置	面	1	
11	公用测控及母线测控柜	含 110kV 母线测控 2 台、公用测控 1 台	面	1	
12	110kV 间隔层交换机	2 光口 22 电口	台	2	安装于预制舱公用测控柜
13	主变压器间隔层交换机	2 光口 22 电口	台	2	安装于预制舱公用测控柜
14	10kV 间隔层交换机	2 光口 22 电口	台	2	安装于 10kV 高压柜内
15	10kV TV 测控装置		台	1	
16	10kV 线路测控保护装置		台	10	
17	10kV 电容器测控保护装置		台	2	
18	10kV 接地变压器测控保护装置		台	1	
19	10kV 电压并列装置		台	1	
20	过程层交换机	22 光口（主变压器间隔 1 台、中心交换机 1 台、线路 1 台）	台	3	安装于预制舱保护屏柜
21	铠装光缆、尾缆、网线	预制光缆 1.4km，预制光配 40 个，厂供阻燃尾缆 0.8km，厂供屏蔽双绞线 0.5km，厂供超五类屏蔽双绞线 1km	套	1	

续表 14-2

序号	设备名称	型号及规范	单位	数量	备注
十	继电保护				
1	1号主变压器保护柜	含主后合一保护装置2台	面	1	安装于预制舱
2	110kV线路测控保护柜	含2台测控保护一体化装置	面	1	安装于预制舱
3	110kV备自投柜	含1台备自投装置	面	1	安装于预制舱
4	消弧线圈控制柜		面	1	仅计列安装费
5	二次设备预制舱	Ⅱ型二次设备预制舱（含光纤集中接线柜及配套舱内照明、通风、空调等设备）	套	1	
6	网络记录分析及故障录波柜	含网络记录分析仪1台；故障录波装置1台	面	1	安装于预制舱
十一	交直流一体化电源系统				
1	一体化电源监控	数字接口型装置，通信规约IEC 61850	套	1	
2	交流电源屏		面	3	
3	UPS电源屏	含1台10kVA的UPS、1台3kVA的逆变电源	面	1	
4	直流充电柜	充电柜含5×30A高频开关	面	1	
5	直流馈线柜		面	1	
6	直流分电屏		面	1	安装于预制舱
7	蓄电池	400Ah，2V，103只	套	1	
8	通信电源屏	5×30A的DC/DC变换器	面	1	
十二	电能计费				
1	非关口电能量采集装置柜		面	1	安装于预制舱
2	电能表柜	含4块0.5级数字式电能表，SV光口输入	面	1	安装于预制舱
3	0.5级电能表		块	13	
十三	智能辅助控制系统		套	1	
1	智能巡视子系统	含边缘巡视主机1台，球型摄像机13个，高清固定摄像机3个、红外热成像摄像机3个、声纹监测装置1台，全景摄像机1台，含柜体1面等	套	1	
2	安全防卫子系统	含红外对射1套，电子围栏1套，门禁2套、声光报警器1套、紧急按钮1套及安装附件等	套	1	
3	动环监视子系统	含动环监控终端1台、空调控制器7个、照明控制器4个、风机控制器3个、水泵控制器3个、温湿度传感器7个、微气象传感器1个、水浸传感器5个、水位传感器3个、绝缘气体监测传感器10个等	套	1	
4	智能锁控子系统	含锁控监控终端1台、电子钥匙2把、锁具35个等	套	1	
5	火灾自动报警子系统	含火灾报警控制器（壁挂安装），火灾探测器、电缆感温装置、手动报警装置及相应设备材料等	套	1	
十四	在线监测系统	含变压器监测终端、HGIS监测终端、避雷器监测终端、开关柜监测终端、数字化表计监测终端、氢气浓度监测子系统等	套	1	
十五	过程层设备				
1	110kV线路合并单元智能终端集成装置		台	2	
2	110kV TV合并单元		台	1	
3	110kV TV智能终端		台	1	

续表 14-2

序号	设备名称	型号及规范	单位	数量	备注
4	主变压器高压侧合并单元智能终端集成装置		台	2	
5	主变压器本体合并单元		台	2	
6	主变压器本体智能终端		台	1	
7	主变压器低压侧合并单元智能终端集成装置		台	2	
十六	远动部分				
1	调度专网屏	每面含 1 台路由器、2 台交换机	面	2	
2	二次安全防护设备	每套含 2 台纵向加密认证装置	套	2	
3	网络安全监测装置		台	1	
4	电力电缆	VV22-1kV-4×4	km	0.2	
5	2M 同轴电缆		km	0.2	
6	控制电缆	ZR-KVVP22-500V-7×1.5	km	0.2	
7	监控系统安全防护评估		项	1	等保测评
十七	站内通信				
1	电话机	HA868（Ⅲ）　P/TD	部	3	
2	IAD	8 口	台	3	
3	穿线盒		个	4	
4	信息插座		个	4	
5	语音插座		个	6	
6	超五类网线		km	0.3	
7	普通电话线		km	0.3	
8	PVC 管	DN25	m	200	
9	电缆保护管	镀锌钢管，DN32	m	20	

14.1.3 建筑工程量表

建筑工程量表包括总图、建筑物、构筑物、水工和暖通共五部分。

总图部分包括站区占地面积、站区道路面积、站区围墙长度、站区内建筑物面积、站区电缆隧道长度和特殊构筑物。其中站区占地面积边界以围墙中心线外 1m 为界。

建筑物部分包括配电装置楼、辅助用房共两项。各建筑物分为建筑专业和结构专业两部分。

110kV 变电站通用方案 HA-110-B-3 建筑工程量表见表 14-3。

表 14-3　　通用方案 HA-110-B-3 建筑工程量表

序号	名称	规格	单位	数量	备注
一	总图部分				
1	站区总占地面积				
1.1	站区围墙内占地面积		hm^2	0.4131	以围墙中心线计
1.2	其他占地面积		hm^2	0.0268	以围墙中心线外 1m 计
1.3	进站道路占地面积		hm^2	—	本次未涉及
1.4	合计		hm^2	0.4399	
2	站区道路面积	厚度 0.7m，混凝土路面	m^2	560	
3	站区围墙长度	围墙高 2.30m，装配式围墙	m	260	
4	建筑物				
4.1	配电装置用房	44.4m×9.0m（轴线尺寸）	m^2	437.47	框架结构

续表 14-3

序号	名称	规格	单位	数量	备注
4.2	辅助用房	12.2m×2.9m（轴线尺寸）	m^2	38.44	框架结构
5	站区电缆沟				
5.1	站区电缆沟	1.4m×1m（最小净空容积）	m	13.5	
5.2	站区电缆沟	1.0m×1.0m（最小净空容积）	m	32	含过道路段 6m
5.3	站区电缆沟	0.8m×0.8m（最小净空容积）	m	100	含过道路段 6m
5.4	站区电缆沟	0.8m×0.6m（最小净空容积）	m	68	含过道路段 6m
6	特殊构筑物				
6.1	总事故油池	最小净空容积	m^3	30	钢筋混凝土结构
6.2	化粪池		座	1	成品
6.3	深井		座	—	本次未涉及
7	大门	5.0m×2.1m	m^2	10.5	实体电动推拉大门
8	独立避雷针	2 根	t	3.2	钢材镀锌
9	碎石地坪	200mm 厚灰土，100mm 厚碎石	m^2	2800	
二	建筑物部分				
1	配电装置用房				
1.1	建筑部分				
1.1.1	建筑面积	44.4m×9.0m（轴线尺寸）	m^2	437.47	
1.1.2	建筑体积		m^3	1750	
1.1.3	地面工程				
1.1.3.1	复杂地面	环氧砂浆自流平地面	m^2	354.96	10kV 配电室、二次设备室、蓄电池室
1.1.3.2	地砖	普通地砖	m^2	44.64	其余地面
1.1.4	屋面工程				
1.1.4.1	屋面保温防水	挤塑聚苯板保温、双层橡胶防水卷材	m^2	421.12	
1.1.5	墙体工程				
1.1.5.1	外墙	铝镁锰复合板	m^2	516.89	
1.1.5.2	外墙内侧	纤维水泥饰面板	m^2	211.94	
1.1.5.3	外墙内侧	一体化纤维水泥集成墙板	m^2	190.55	用于防火侧
1.1.5.4	内墙	一体化纤维水泥集成墙板	m^2	157.2	
1.2	结构部分				
1.2.1	屋面板面积	120mm 厚 C30 钢筋桁架楼承板	m^2	421.12	以轴线计
1.2.2	钢柱	Q355H	t	17.11	
1.2.3	钢梁	Q355H	t	18.57	
1.2.4	钢支撑、桁架、墙架	Q355H	t	8.57	
1.2.5	挖方		m^3	—	本次未涉及
1.2.6	基础		m^3	—	本次未涉及
1.2.7	沉降观测		套	8	
2	辅助用房				
2.1	建筑部分				
2.1.1	建筑面积	12.2m×2.9m（轴线尺寸）	m^2	38.44	
2.1.2	建筑体积		m^3	134.54	
2.1.3	地面工程				

续表 14-3

序号	名称	规格	单位	数量	备注
2.1.3.1	地砖	普通地砖	m^2	28.8	
2.1.4	楼面工程				
2.1.4.1	轻钢龙骨吊顶	塑料扣板	m^2	28.8	
2.1.5	屋面工程				
2.1.5.1	屋面保温防水	挤塑聚苯板保温、双层聚氨酯防水	m^2	53.6	
2.1.6	墙体工程				
2.1.6.1	外墙	铝镁锰复合板	m^2	67.464	
2.1.6.2	外墙内侧	纤维水泥饰面板	m^2	67.464	
2.1.6.3	内墙	一体化纤维水泥集成墙板	m^2	21.6	
2.2	结构部分				
2.2.1	屋面板面积	120mm 厚 C30 钢筋桁架楼承板	m^2	53.6	以轴线计
2.2.2	钢柱	Q355H	t	1.872	
2.2.3	钢梁	Q355H	t	1.712	
2.2.4	其他钢结构（檩条镀锌方钢）	Q355H	t	0.648	
2.2.5	挖方		m^3	—	本次未涉及
2.2.6	基础		m^3	—	本次未涉及
三	构筑物部分				
1	主变压器基础及油坑				
1.1	主变压器基础	钢筋混凝土整板式基础（5m×4.2m×0.8m），C30	m^3	35.52	
1.2	主变压器油坑	最小净空容积	m^3	59	钢筋混凝土结构
2	主变压器构支架				
2.1	构支架				
2.1.1	主变压器构架（A 型）	12m 高 ϕ273×6，圆形直缝钢管，Q355B	t	1.6	
2.1.2	主变压器构架（带端撑 A 型）	12m 高 ϕ273×6，圆形直缝钢管，Q355B	t	2.4	
2.1.3	10kV 母线桥支架	ϕ273×6，圆形直缝钢管，Q235B	t	0.6	2 支
2.1.4	主变压器横梁	格构式钢桁架，主材 ϕ89×6	t	1.2	1 榀
2.1.5	主变压器构架爬梯		t	0.125	
2.2	箱体				
2.2.1	智能控制柜	C25	m^3	3.2	4 座
3	10kV 部分				
3.1	10kV 电容器组				共 2 组电容器
3.1.1	电容器组基础	C30	m^3	10.8	
3.1.2	电容器组围栏基础	C25	m^3	11.6	
3.2	10kV 站用变基础		m^3	9.7	
4	110kV 配电装置				
4.1	110kV 构架部分				
4.1.1	7.5m 钢梁	格构式钢梁 Q355B，主材 ϕ89×6	t	4.83	7 榀
4.1.2	9m 钢梁	格构式钢梁 Q355B，主材 ϕ89×6	t	3.08	4 榀
4.1.3	12.0m 高带端撑带牛腿	ϕ273×6 圆形直缝钢管，Q355B	t	4.8	2 榀
4.1.4	12.0m 高 A 型柱	ϕ273×6 圆形直缝钢管，Q355B	t	8	5 榀
4.1.5	12.0m 高 A 型柱带牛腿	ϕ273×6 圆形直缝钢管，Q355B	t	3.4	2 榀

续表 14-3

序号	名称	规格	单位	数量	备注
4.1.6	9.0m 高 A 型柱	ϕ273×6 圆形直缝钢管，Q355B	t	5.2	4 榀
4.1.7	地线柱	ϕ325×8 圆形直缝钢管，Q355B	t	1.15	5 根
4.1.8	构架避雷针		t	1.2	2 针
4.1.9	爬梯		t	1.265	14 组
4.2	110kV 设备支架				
4.2.1	110kV HGIS 基础	C30	m^3	63	3 组
4.2.2	110kV 避雷器支架	ϕ273×6 圆形直缝钢管，Q235B	t	1.32	6 根
4.2.3	电压互感器支架	ϕ273×6 圆形直缝钢管，Q235B	t	1.76	8 根
4.2.4	电压互感器钢梁		t	0.88	
4.2.5	检修箱基础	C25	m^3	0.8	1 座
5	预制舱基础		m^3	27.95	
四	水工部分				
1	轻型井盖及井座		套	13	
2	双壁波纹管（HDPE 排水管）	DN200、DN300、DN400	m	218	
3	雨水口		个	10	
4	压力罐给水设备		套	—	本次未涉及
5	污水管道	UPVC 管 DN200	m	20	
6	消防砂箱	$1m^3$	座	1	
7	消防器材设备	消防斧 3 把、消防铁锹 5 把、消防沙桶 10 个	套	1	
8	消防器材小间	预制成品	个	1	
五	暖通部分				
1	低噪声屋顶风机	DWT-1，NO.4，通风量 $3000m^3/h$，功率 0.75kW	台	3	10kV 配电装置室
2	超低噪声屋顶风机	DWT-1，NO.3，通风量 $800m^3/h$，功率 0.37kW	台	1	蓄电池室
3	风管吊挂式空调	配电装置室 2 台，制冷量 12kW；二次设备室 2 台，制冷量 10kW	台	4	10kV 配电装置室、二次设备室
4	防爆壁挂式空调	KFR-50GW	台	1	蓄电池室
5	壁挂式空调	KFR-35GW	台	3	资料室、警卫室、值班室各 1
6	卫生间通风器	BPT18-44A	台	2	
7	进风铝合金百叶窗+6 目钢丝网	1500mm×600mm	个	4	电动

14.1.4 概算书

概算投资为静态投资，编制依据为第 4 章要求，概算书附总概算表、安装工程部分汇总概算表、建筑工程部分汇总概算表、其他费用概算表分别见表 14-4～表 14-7。

表 14-4　通用方案 HA-110-B-3 总概算表　金额单位：万元

序号	工程或费用名称	建筑工程费	设备购置费	安装工程费	其他费用	合计	各项占静态投资（%）	单位投资（元/kVA）
一	主辅生产工程	515	1277	304		2096	92.54	419.2
（一）	主要生产工程	397	1277	304		1978	87.33	395.6
（二）	辅助生产工程	118				118	5.21	23.6
二	与站址有关的单项工程							
	小计	515	1277	304		2096	92.54	419.2

续表 14-4

序号	工程或费用名称	建筑工程费	设备购置费	安装工程费	其他费用	合计	各项占静态投资（%）	单位投资（元/kVA）
三	其中：编制基准期价差	70		12		82	3.62	16.4
五	其他费用				136	136	6	27.2
1	其中：建设场地征用及清理费							
五	基本预备费				33	33	1.46	6.6
六	特殊项目							
	工程静态投资（一～六项合计）	515	1277	304	169	2265	100	453
	各项占静态投资的比例（%）	23	56	13	7	100		

表 14-5　　通用方案 HA-110-B-3 安装工程部分汇总概算表　　金额单位：元

序号	工程或费用名称	设备购置费	安装工程费			合计	技术经济指标		
			装置性材料	安装	小计		单位	数量	指标
	安装工程	12768630	948457	2087530	3035987	15804617			
一	主要生产工程	12768630	948457	2087530	3035987	15804617			
1	主变压器系统	2736813	85541	93718	179259	2916072	元/kVA	50000	58.321
1.6	110kV 主变压器	2736813	85541	93718	179259	2916072			
2	配电装置	4191144	199132	397635	596767	4787911			
2.1	屋内配电装置	1372340	164724	79113	243837	1616177			
2.1.8	10kV 配电装置	1372340	164724	79113	243837	1616177			
2.2	屋外配电装置	2818804	34408	318522	352930	3171734			
2.2.6	110kV 配电装置	2818804	34408	318522	352930	3171734			
3	无功补偿	286189		37970	37970	324159			
3.3	低压电容器	286189		37970	37970	324159	元/kvar	8400	38.59
3.3.5	10kV 低压电容器	286189		37970	37970	324159			
4	控制及直流系统	4848604		290408	290408	5139012	元/kVA	50000	102.78
4.1	计算机监控系统	3283827		208945	208945	3492772			
4.1.1	计算机监控系统	3283827		150214	150214	3434041			
4.1.2	智能设备			58731	58731	58731			
4.2	继电保护	356377				356377			
4.3	直流系统及 UPS			32971	32971	32971			
4.4	智能辅助控制系统	805600		40863	40863	846463			
4.5	在线监测系统	402800		7629	7629	410429			
5	站用电系统	290318	33384	50558	83942	374260	元/kVA	800	467.825
5.1	站用变压器	285787		11414	11414	297201			
5.3	站区照明	4532	33384	39144	72528	77059			
6	电缆及接地		619258	608822	1228080	1228080			
6.1	全站电缆		557659	423040	980699	980699			
6.1.1	电力电缆		165593	51969	217563	217563	元/m	2285	95.213
6.1.2	控制电缆		216000	114342	330343	330343	元/m	4800	68.821
6.1.3	电缆辅助设施		58714	71470	130185	130185			
6.1.4	电缆防火		117351	185258	302609	302609			
6.2	全站接地		61599	185782	247381	247381	元/m	2600	95.147
7	通信及远动系统	415561	11142	70124	81266	496827	元/kVA	50000	9.937

续表 14-5

序号	工程或费用名称	设备购置费	安装工程费			合计	技术经济指标		
			装置性材料	安装	小计		单位	数量	指标
7.1	通信系统	67944	5199	10687	15886	83830			
7.2	远动及计费系统	347616	5943	59438	65380	412997			
8	全站调试			538294	538294	538294	元/kVA	50000	10.766
8.1	分系统调试			197441	197441	197441			
8.2	整套启动调试			22294	22294	22294			
8.3	特殊调试			318559	318559	318559			
	合计	12768630	948457	2087530	3035987	15804617			

表 14-6　　通用方案 HA-110-B-3 建筑工程部分汇总概算表　　金额单位：元

序号	工程或费用名称	建筑费	设备费	建筑工程费合计	技术经济指标		
					单位	数量	指标
	建筑工程	5062334	92900	5155234			
一	主要生产工程	3887563	84500	3972063			
1	主要生产建筑	2124511	84500	2209011			
1.1	主控通信楼	2124511	84500	2209011	元/m^2	437.47	5049.514
1.1.1	一般土建	2015352		2015352			
1.1.3	采暖、通风及空调	64700	62000	126700			
1.1.4	照明	44458	22500	66958			
2	配电装置建筑	1686035		1686035			
2.1	主变压器系统	302402		302402	元/台	1	302402.333
2.1.1	构支架及基础	113359		113359			
2.1.2	主变压器设备基础	44452		44452	元/m^3	35.52	1251.466
2.1.3	主变压器油坑及卵石	49836		49836	元/m^3	59	844.683
2.1.5	30m^{3}事故油池	94755		94755	元/座	1	94755.247
2.7	110kV 构支架及设备基础	752811		752811			
2.7.1	构架及基础	582858		582858	元/t（m^3）	32.925	17702.61
2.7.2	支架及基础	81988		81988	元/t（m^3）	3.96	20703.966
2.7.3	设备基础	87965		87965	元/m^3	63	1396.269
2.31	低压电容器	53856		53856	元/组	2	26928.046
2.34	站用变压器系统	14448		14448	元/台	1	14447.68
2.34.1	站用变压器设备基础及油坑、卵石	14448		14448	元/m^3	9.7	1489.452
2.35	避雷针塔	77396		77396	元/座	2	38697.964
2.36	电缆沟道	295416		295416	元/m	195.5	1511.077
2.38	配电装置区域地面封闭	153443		153443	元/m^2	2800	54.801
2.40	二次设备预制舱	36263		36263			
3	供水系统	22018		22018			
3.1	站区供水管道	22018		22018	元/m	65	338.736
4	消防系统	55000		55000			
4.6	消防器材	55000		55000			

续表 14-6

序号	工程或费用名称	建筑费	设备费	建筑工程费合计	技术经济指标		
					单位	数量	指标
二	辅助生产工程	1174770	8400	1183170			
1	辅助生产建筑	269360	8400	277760			
1.3	警卫室（辅助用房）	269360	8400	277760	元/m^2	38.44	7225.813
1.3.1	一般土建	258593		258593			
1.3.2	给排水	3797		3797			
1.3.3	采暖、通风及空调	2038	8400	10438			
1.3.4	照明	4931		4931			
2	站区性建筑	905410		905410			
2.2	站区道路及广场	199885		199885	元/m^2	560	356.937
2.3	站区排水	206561		206561			
2.3.1	排水管道	118896		118896	元/m	238	499.564
2.3.2	排水设施	72660		72660			
2.3.3	污水处理装置	15005		15005			
2.5	围墙及大门	498964		498964	元/m	260	1919.093
	合计	5062334	92900	5155234			

表 14-7　　通用方案 HA-110-B-3 其他费用概算表　　金额单位：元

序号	工程或费用名称	编制依据及计算说明	合价
	合计		1359423
2	项目建设管理费		1009831
2.1	项目法人管理费	（建筑工程费+安装工程费）×0.9×3.73%	274979
2.2	招标费	（建筑工程费+安装工程费）×1.37%	112220
2.3	工程监理费	（建筑工程费+安装工程费）×6.15%	503760
2.4	设备材料监造费	监造设备费×0.87%	42694
2.5	施工过程造价咨询及竣工结算审核费	（建筑工程费+安装工程费）×0.88%	72083
2.6	工程保险费	（建筑工程费+安装工程费）×0.05%	4096
3	项目建设技术服务费		261127
3.4	设计文件评审费		230000
3.4.1	可行性研究文件评审费	可行性研究评审费	50000
3.4.2	初步设计文件评审费	初步设计评审费	75000
3.4.3	施工图文件评审费	施工图评审费	105000
3.6	工程建设检测费		22935
3.6.1	电力工程质量检测费	（建筑工程费+安装工程费）×0.28%	22935
3.7	电力工程技术经济标准编制费	（建筑工程费+安装工程费）×0.1%	8191
4	生产准备费		88465
4.2	工器具及办公家具购置费	（建筑工程费+安装工程费）×0.8×1.35%	88465
	小计		1359423

14.2 子模块

14.2.1 主要技术条件

HA-110-B-3通用方案HA-110-B-3-ZB子模块，增加一台主变压器50MVA，技术条件见表14-8。

表14-8　HA-110-B-3-ZB子模块技术条件

序号	子模块名称	子模块技术条件
	增加一台主变压器50MVA（双绕组）	
1	规模	主变压器1×50MVA 主变压器间隔110、10kV侧进线间隔
2	接线	单母线接线
3	短路电流水平	110、10kV短路电流水平分别为40、40kA
4	主要设备型式	
4.1	主变压器	110/10kV，户外、油浸、自然油循环自冷型三相双绕组有载调压高效节能型变压器，主变压器能效不低于2级
4.2	断路器	110kV采用户外HGIS设备
4.3	10kV开关柜	10kV采用户内配电装置成套开关柜，真空断路器
5	计算机监控	计算机监控系统软件扩容1套； 主变压器测控柜1面，每面含测控装置3台； 智能锁控子系统扩建、在线监测系统
6	电能计量	0.5级电能表2块
7	继电保护	主变压器保护柜1面
8	过程层设备	合并单元2台；智能终端1台；合并单元智能终端一体化装置4台
9	土建设施	构、支架基础均地脚螺栓重力式基础，主变压器基础钢筋混凝土整板式基础
10	其他	含控制电缆、电力电缆、电缆管沟、电缆防火等配套

14.2.2 主要电气设备材料表

HA-110-B-3通用方案HA-110-B-3-ZB子模块主要电气设备材料表见表14-9。

表14-9　HA-110-B-3-ZB子模块主要电气设备材料表

序号	设备名称	规格	单位	数量	备注
	增加一台主变压器50MVA（双绕组）				
一	主变压器部分				
1	主变压器	三相双绕组油浸自冷式有载调压变压器SZ20-50000/110	台	1	
2	110kV中性点成套设备		套	1	
3	10kV氧化锌避雷器	17/45，附放电计数器	台	3	
4	铜排	TMY-30×4	m	3	避雷器引下线
5	耐张绝缘子串	11（XWP2-100）	串	6	
6	钢芯铝绞线	JL/G1A-300/25	m	105	110kV单导线1跨、引下线1组
7	钢芯铝绞线	JL/G1A-240/30	m	10	中性点设备连线，单导线0.33组
8	10kV铜母排	2（TMY-125×10）	m	66	单片长（每相二片安装）
9	母排绝缘热缩保护套管	MPG-125×10	m	66	单片长
10	户外棒式支柱绝缘子	ZSW1-20kV/12.5kN	只	21	非磁性
11	矩形母线固定金具	MWP-204	件	21	
12	铜母线伸缩节	MST-125×10	件	12	全铜型
13	主变压器智能控制柜		面	1	

续表 14-9

序号	设备名称	规格	单位	数量	备注
二	配电装置				
2.1	110kV 户外配电装置				
2.1.1	110kV HGIS 主进间隔	单断路器，3150A，40kA	间隔	1	
2.1.2	电压互感器	110kV 电容式	台	3	
2.1.3	悬垂绝缘子串	11（XWP2-100）	串	3	
2.1.4	钢芯铝绞线	JL/G1A-300/25	m	69	引下线 3 组，跳线 1 组
2.1.5	HGIS 汇控柜		面	1	
2.2	10kV 配电装置				
2.2.1	高压开关柜	KYN28-12，4000A，40kA	面	1	主变压器进线
2.2.2	10kV 封闭母线桥（进线）	桥内母线 4000A，L=4000mm	套	1	含母线及金具
2.2.3	穿墙套管	CWW-24/4000-4	只	3	
三	防雷接地				
1	接地扁钢	—60mm×6mm	m	100	设备接地
2	接地电缆	VV22-1kV-2×50	km	0.05	
3	接地铜缆	VV22-1kV-2×50	km	0.1	二次设备电缆
4	接地铜缆	VV22-1kV-1×50	km	0.1	二次设备电缆
5	接地铜质软导线	4mm^2	km	0.3	
四	防火材料				
1	无机耐火隔板	WBT 型 δ=10mm	m^2	10	
2	防火堵料		t	0.1	
3	防火涂料		t	0.05	
4	控制电缆	各种型号	km	1.4	
5	预制电缆		km	0.3	
6	预制电缆连接器		个	12	
7	电力电缆	1kV 各种型号	km	0.3	二次设备电缆
8	电缆保护管	镀锌钢管，DN50	m	200	
五	计算机监控系统				
1	计算机监控系统扩容	监控扩容、五防扩容、网分扩容、录波扩容等	套	1	
2	主变压器测控柜	含 3 台测控装置	面	1	
3	预制光缆	12 芯 0.2km、成端 4 个；24 芯 0.8km、成端 16 个	km	1	
4	预制光配	双端预制，12 芯 4 个；24 芯 16 个	个	20	
六	继电保护				
1	主变压器保护屏	含主后合一保护装置 2 台	面	1	
七	电能计费				
1	电能表	0.5S 数字输入式电能表	块	2	
八	过程层设备				
1	主变压器高压侧合并单元智能终端集成装置		台	2	
2	主变压器合并单元		台	2	
3	主变压器智能终端		台	1	
4	主变压器低压侧合并单元智能终端集成装置		台	2	
九	智能辅助控制系统	智能锁控子系统扩建	项	1	
十	状态监测系统	含变压器监测终端、HGIS 监测终端、开关柜监测终端、数字化表计监测终端等	项	1	

14.2.3 建筑工程量表

HA-110-B-3 通用方案 HA-110-B-3-ZB 子模块建筑工程量表见表 14-10。

表 14-10　　HA-110-B-3-ZB 子模块建筑工程量表

序号	名称	规格	单位	数量	备注
一	增加一台 50MVA 主变压器（双绕组）				
1	主变压器基础及油坑				
1.1	主变压器基础	钢筋混凝土整板式基础（5m×4.2m×0.8m），C30	m^3	35.52	
1.2	主变压器油坑	最小净空容积	m^3	59	钢筋混凝土结构
2	构支架				
2.1	主变压器构支架				
2.1.1	主变压器构架（A 型）	12m 高 ϕ273×6 圆形直缝钢管，Q355B	t	1.6	
2.1.2	主变压器构架（带端撑 A 型）	12m 高 ϕ273×6 圆形直缝钢管，Q355B	t	2.4	
2.1.3	10kV 母线桥支架	ϕ273×6 圆形直缝钢管，Q235B	t	0.6	2 支
2.1.4	主变压器横梁	格构式钢桁架，主材 ϕ89×6	t	1.2	1 榀
2.1.5	主变压器构架爬梯		t	0.125	
2.1.6	智能控制柜	C25	m^3	3.2	4 座
2.2	110kV 设备支架				
2.2.1	110kV HGIS 基础	C30	m^3	21	1 组
2.2.2	电压互感器支架	ϕ273×6 圆形直缝钢管，Q235B	t	0.44	2 支
2.2.3	电压互感器钢梁		t	0.22	

14.2.4 概算书

HA-110-B-3 通用方案 HA-110-B-3-ZB 子模块总概算表、安装工程部分汇总概算表、建筑工程部分汇总概算表、其他费用概算表分别见表 14-11～表 14-14。

表 14-11　　子模块 HA-110-B-3-ZB 总概算表　　金额单位：万元

序号	工程或费用名称	建筑工程费	设备购置费	安装工程费	其他费用	合计	各项占静态投资（%）	单位投资（元/kVA）
一	主辅生产工程	26	430	82		538	94.55	107.6
（一）	主要生产工程	26	430	82		538	94.55	107.6
（二）	辅助生产工程							
二	与站址有关的单项工程							
	小计	26	430	82		538	94.55	107.6
三	其中：编制基准期价差	3		4		7	1.23	1.4
五	其他费用				23	23	4.04	4.6
1	其中：建设场地征用及清理费							
五	基本预备费				8	8	1.41	1.6
六	特殊项目							
	工程静态投资（一～六项合计）	26	430	82	31	569	100	113.8
	各项占静态投资的比例（%）	5	76	14	5	100		

表 14-12　　子模块 HA-110-B-3-ZB 安装工程部分汇总概算表　　金额单位：元

序号	工程或费用名称	设备购置费	安装工程费			合计	技术经济指标		
			装置性材料	安装	小计		单位	数量	指标
	安装工程	4301285	292241	527108	819349	5120634			
一	主要生产工程	4301285	292241	527108	819349	5120634			
1	主变压器系统	2727750	85541	105971	191512	2919262	元/kVA	50000	58.385
1.6	110kV 主变压器	2727750	85541	105971	191512	2919262			
2	配电装置	1084133	67834	51635	119469	1203602			
2.1	屋内配电装置	234430	64624	16714	81339	315768			
2.1.8	10kV 配电装置	234430	64624	16714	81339	315768			
2.2	屋外配电装置	849703	3210	34921	38131	887834			
2.2.6	110kV 配电装置	849703	3210	34921	38131	887834			
4	控制及直流系统	489402		85427	85427	574829	元/kVA	50000	11.497
4.1	计算机监控系统	104728		68667	68667	173395			
4.1.1	计算机监控系统	104728		30764	30764	135492			
4.1.2	智能设备			37903	37903	37903			
4.2	继电保护	173204		10618	10618	183822			
4.4	智能辅助控制系统	20140				20140			
4.5	在线监测系统	191330		6142	6142	197472			
6	电缆及接地		138866	82342	221208	221208			
6.1	全站电缆		138866	82342	221208	221208			
6.1.1	电力电缆		23092	12764	35856	35856	元/m	550	65.193
6.1.2	控制电缆		107026	62494	169519	169519	元/m	1700	99.717
6.1.3	电缆辅助设施		5975	1250	7226	7226			
6.1.4	电缆防火		2773	5834	8607	8607			
8	全站调试			201733	201733	201733	元/kVA	50000	4.035
8.1	分系统调试			39201	39201	39201			
8.2	整套启动调试			13239	13239	13239			
8.3	特殊调试			149293	149293	149293			
	合计	4301285	292241	527108	819349	5120634			

表 14-13　　子模块 HA-110-B-3-ZB 建筑工程部分汇总概算表　　金额单位：元

序号	工程或费用名称	建筑费	设备费	建筑工程费合计	技术经济指标		
					单位	数量	指标
	建筑工程	264893		264893			
一	主要生产工程	264893		264893			
2	配电装置建筑	264893		264893			
2.1	主变压器系统	221011		221011	元/台	1	221011.44
2.1.1	构支架及基础	120408		120408			
2.1.2	主变压器设备基础	47465		47465	元/m^3	35.52	1336.295
2.1.3	主变压器油坑及卵石	53138		53138	元/m^3	59	900.64
2.7	110kV 构支架及设备基础	43881		43881			
2.7.2	支架及基础	12799		12799	元/t（m^3）	0.66	19391.846
2.7.3	设备基础	31083		31083	元/m^3	21	1480.126
	合计	264893		264893			

表 14-14　　子模块 HA-110-B-3-ZB 其他费用概算表　　金额单位：元

序号	工程或费用名称	编制依据及计算说明	合价
	合计		226812
2	项目建设管理费		153804
2.1	项目法人管理费	（建筑工程费+安装工程费）×0.9×0.9×3.73%	32758
2.2	招标费	（建筑工程费+安装工程费）×1.37%	14854
2.3	工程监理费	（建筑工程费+安装工程费）×6.15%	66681
2.4	设备材料监造费	监造设备费×0.87%	29427
2.5	施工过程造价咨询及竣工结算审核费	（建筑工程费+安装工程费）×0.88%	9541
2.6	工程保险费	（建筑工程费+安装工程费）×0.05%	542
3	项目建设技术服务费		63120
3.4	设计文件评审费		59000
3.4.1	可行性研究文件评审费	可行性研究评审费	14000
3.4.2	初步设计文件评审费	初步设计评审费	20000
3.4.3	施工图文件评审费	施工图评审费	25000
3.6	工程建设检测费		3036
3.6.1	电力工程质量检测费	（建筑工程费+安装工程费）×0.28%	3036
3.7	电力工程技术经济标准编制费	（建筑工程费+安装工程费）×0.1%	1084
4	生产准备费		9888
4.2	工器具及办公家具购置费	（建筑工程费+安装工程费）×0.8×1.14%	9888
	小计		226812

第 15 章 35kV 变电站通用方案 HA-35-E3-1 通用造价

15.1 通用方案

本通用方案技术条件根据《国网河南省电力公司 35～220kV 变电站通用设计施工图实施方案》最新版中方案 HA-35-E3-1 确定，即主变压器采用 1×10MVA 三相双绕组有载调压变压器，电压等级采用 35/10kV，35、10kV 均为户内开关柜。

本方案技术条件组合在本文件中列表表示，变电站具体设计内容可参见已出版的通用设计配套文件。

15.1.1 主要技术条件

本方案主要技术条件包括变电站电气部分、土建部分等内容，具体见表 15-1。

表 15-1 通用方案 HA-35-E3-1 技术条件

序号	项目名称	工程技术条件
一	电气部分	
1	主变压器	35/10kV 三相双绕组有载调压变压器，本期 1 台 10MVA 变压器，终期 2 台 20MVA 变压器
2	出线回路数	
2.1	35kV	本期 2 回，终期 4 回，电缆出线
2.2	10kV	本期 6 回，终期 16 回，电缆出线
3	无功补偿装置	10kV 并联电容器，本期 2 组 1000kvar，终期 2 组（1000+2000）kvar
4	电气主接线	
4.1	35kV	本期单母线分段接线，终期单母线分段接线
4.2	10kV	本期单母线接线，终期单母线分段接线
5	短路电流水平	35、10kV 短路电流水平分别为 25、31.5/40kA
6	主要设备选型	
6.1	主变压器	户外、油浸、低损耗、自冷型三相双绕组有载调压变压器
6.2	35kV 开关柜	35kV 采用户内配电装置成套开关柜，真空断路器
6.3	10kV 开关柜	10kV 采用户内配电装置成套开关柜，真空断路器
6.4	避雷器	35、10kV 避雷器采用氧化锌避雷器
6.5	站用变压器	10kV 站用变压器采用户外油浸式变压器
6.6	无功补偿装置	10kV 电容器采用户外框架式电容器补偿装置，串联电抗器电抗率按 5%考虑
7	配电装置	35、10kV 布置于同一配电室内
7.1	35kV 配电装置	35kV 采用户内开关柜单列布置
7.2	10kV 配电装置	10kV 采用户内开关柜双列布置，主变压器进线采用铜排，电容器组户外单列布置
8	控制及远动	
8.1	计算机监控系统	1 套：完成全站监控及远传，实现无人值班
		监控主机柜：含主机/操作员站 1 套
		数据通信网关机柜：含 I 区数据通信网关机 2 台、II 区数据通信网关机 1 台、智能接口装置 1 台
		公用测控柜：公用测控 1 台
		测控装置：35kV 保护测控装置 3 台，35kV 母线测控装置 1 台，35kV 电压并列装置 1 台；10kV 保护测控装置 9 台，10kV 母线测控装置 1 台，10kV 电压并列装置 1 台
		智能防误主机 1 套，含包括防误系统软件、五防锁具、电脑钥匙、智能防误模块等
		站控层和间隔层交换机：各 2 台
		正向隔离装置、反向隔离装置、防火墙、网络安全监测装置各 1 套

续表 15-1

序号	项目名称	工程技术条件
8.2	时间同步系统	支持GPS+北斗对时系统
8.3	变电站智能辅助控制系统	1套，含火灾消防子系统、安全防卫子系统、动环子系统、智能锁控子系统及智能巡视子系统等
8.4	状态监测系统	1套，含主变压器在线监测终端1台， 接收主变压器数字化远传表计信息
8.5	调度专用网络接入设备	2面，包括调度数据网络设备2套、安全防护设备1套
8.6	电量计费系统	含电能量采集装置1块，0.5S级电能表13块
9	交直流一体化电源系统	直流系统为单母线接线，采用辐射方式供电。蓄电池组柜布置在二次设备室内
10	继电保护	各类保护盘柜，不包括安全自动装置
11	电缆	6.482km
11.1	35kV电力电缆	0.18km
11.2	10kV电力电缆	0.14km
11.3	1kV及以下电力电缆	3.37km
11.4	控制电缆	2.885km，1kV、屏蔽、铜芯
12	接地	热镀锌扁钢，垂直接地极70根，水平接地网1270m
二	土建部分	
1	基本技术数据	
1.1	地震基本烈度	7度，按设计基本地震加速度值0.10*g*
1.2	设计风速	27m/s
1.3	地基承载力特征值	f_{ak}=150kPa
1.4	海拔	1000m以下，场地同一标高
1.5	污秽等级	d级
1.6	采暖	非采暖区
1.7	地下水	无影响
2	总平面布置	
2.1	站外道路	未涉及
2.2	站内道路	道路宽取4m，采用郊区型道路，无路缘石，路面为混凝土
2.3	电缆沟道	总长度11m；采用素混凝土结构
2.4	排水方式	采用有组织集中排放方式
2.5	站区占地	站区东西方向长57m，南北方向长34m，围墙内占地0.1938hm^2
2.6	围墙	采用装配式围墙
3	建筑物	配电装置用房1座，全站总建筑面积为408m^2（轴线面积）
3.1	配电装置用房	
3.1.1	建筑面积与体积	单层，建筑面积为408m^2（轴线面积），建筑体积为1792m^3
3.1.2	建筑结构	装配式钢框架结构，不设电缆夹层
3.1.3	建筑物基础	采用钢筋混凝土独立基础
3.1.4	建筑装修	（1）外墙：采用铝镁锰复合板+纤维水泥饰面板。 （2）门窗：除部分选用木门外，其余门均采用防火门，窗采用断桥铝合金窗。 （3）屋面：防水等级I级，采用中级防水卷材。 （4）楼地面：配电装置房间自流平地面，其余均采用地砖。 （5）内隔墙：采用一体化纤维水泥集成墙板，除卫生间和备餐间为瓷砖以外，其他均为纤维水泥饰面板
4	构筑物	
4.1	支架基础及主变压器基础	无构架，设备支架基础均采用地脚螺栓重力式基础。主变压器基础采用钢筋混凝土基础
5	其他构筑物	事故油池等地下构筑物均采用现浇钢筋混凝土结构
6	供水	不涉及

续表 15-1

序号	项目名称	工程技术条件
7	采暖通风	在配电装置室、二次设备室等房间采用分体冷热空调及通风设备
8	消防	站内不设水消防系统，站内设置不同类型的移动式灭火器

15.1.2　主要电气设备材料表

电气一次部分设备包括主变压器系统、各电压等级装置、无功补偿装置、站用电部分、照明部分、防火材料及其他、接地等部分。其中，主变压器系统主要包括与主变压器相连到架构前的部分设备；站用变压器及站用电部分系统中，将动力配电箱、检修箱、照明配电箱、户外照明灯具归入本项内；防火材料及其他包括二次控制电缆及 1kV 电力电缆、电缆支架、防火材料等；接地部分包含主接地网、接地引下线、垂直接地极等。电气二次设备包括计算机监控系统、继电保护、直流系统、通信电源、电能计费等。35kV 变电站通用方案 HA-35-E3-1 主要电气设备材料表见表 15-2。

表 15-2　　通用方案 HA-35-E3-1 主要电气设备材料表

序号	设备名称	规格	单位	数量	备注
一	主变压器系统				
1	主变压器	三相双绕组油浸自冷式有载调压变压器 SZ-10000/35	台	1	
2	氧化锌避雷器	YH5WZ-51/134，配在线监测仪	台	3	
3	支柱绝缘子	ZSW-35/12.5	支	3	
4	电缆接地保护箱		台	1	
5	钢芯铝绞线	JL/G1A-300/25，引下线 1 组	m	12	
6	35kV 电力电缆	YJV-26/35-1×300	m	180	
7	35kV 户外冷缩电缆终端	配 YJV-26/35-1×300 电缆用	套	3	
8	35kV 户内冷缩电缆终端	配 YJV-26/35-1×300 电缆用	套	3	
9	接地电缆	YJV-8.7/10-1×150	m	12	
10	铜排	TMY-100×10	m	36	
11	伸缩节	MST-100×10	套	6	
12	热缩绝缘护套	配 TMY-100×10	m	36	
13	热缩绝缘接头盒	配 TMY-100×10	只	12	
14	支柱绝缘子	ZSW-24/12.5	支	25	
15	避雷器	YH5WZ-17/45，配计数器 JS-8（S）	台	3	
16	铜排	TMY-30×4	m	3	配热缩绝缘护套
二	35kV 配电装置				
1	高压开关柜	KYN-40.5，1250A～25kA	台	1	主进
2	高压开关柜	KYN-40.5，1250A～25kA	台	1	分段断路器
3	高压开关柜	KYN-40.5，1250A	台	1	隔离
4	高压开关柜	KYN-40.5，1250A	台	2	母线设备
5	高压开关柜	KYN-40.5，1250A～25kA	台	2	出线
三	10kV 配电装置				
1	高压开关柜	KYN-12，3150A～40kA	台	1	主进
2	高压开关柜	KYN-12，3150A	台	1	隔离
3	高压开关柜	KYN-12，1250A～31.5kA	台	6	出线
4	高压开关柜	KYN-12，1250A～31.5kA	台	2	电容器
5	高压开关柜	KYN-12，1250A～31.5kA	台	1	接地变压器
6	高压开关柜	KYN-12，1250A	台	1	母线设备
7	10kV 封闭母线桥	10kV，3150A	m	3.5	主进母线桥

续表 15-2

序号	设备名称	规格	单位	数量	备注
8	10kV 封闭母线桥	10kV，3150A	m	9.5	联络母线桥
9	穿墙套管	CWW-24/2500	支	3	
四	10kV 无功补偿装置				
1	10kV 电容器	TBB10-1000/334-AKW	套	2	
2	10kV 电力电缆	YJV22-8.7/15-3×120	m	100	
3	10kV 户外冷缩电缆终端	配 YJV22-8.7/15-3×120 电缆用	套	2	
4	10kV 户内冷缩电缆终端	配 YJV22-8.7/15-3×120 电缆用	套	2	
五	380/220V 站用电部分				
1	站用变压器	S13-100/10	台	1	
2	10kV 电力电缆	YJV22-8.7/15-3×120	m	40	
3	10kV 户外冷缩电缆终端	配 YJV22-8.7/15-3×120 电缆用	套	1	
4	10kV 户内冷缩电缆终端	配 YJV22-8.7/15-3×120 电缆用	套	1	
5	低压电力电缆	YJV22-0.6/1-4×70	m	40	
6	低压电力电缆	YJV22-0.6/1-4×70	m	70	
六	照明部分				
1	照明配电箱 ZM	PZ-30	台	1	
2	动力配电箱 DL	PZ-30	台	1	
3	空调配电箱 KT（1#）	PZ-30	台	1	
4	空调配电箱 KT（2#）	PZ-30	台	1	
5	户外检修电源箱	12 回路，落地式	台	2	
6	户内检修电源箱	PZ-30	台	1	
7	风机控制箱 KZ1	PZ-30	台	1	
8	备用照明配电箱	PZ-30	台	1	
9	A 型应急照明配电箱	内置电压转换装置，600VA	台	1	
10	按钮盒	LA10-2H	个	1	配防尘、防潮保护盒
11	投光灯	AC 220V，150W，LED 灯具	套	6	女儿墙布置
12	投光灯	AC 220V，150W，LED 灯具	套	2	配 1.5m 不锈钢灯杆
13	门柱灯	AC 220V，60W，LED 灯具	套	2	
14	吊杆式三管 LED 灯	AC 220V，3×18W	套	7	
15	吊杆式双管 LED 灯	AC 220V，2×18W	套	31	卫生间、走廊、雨棚
16	吸顶式天棚灯	AC 220V，30W，LED 灯具	套	9	
17	三联暗装双控开关	250V，10A	个	2	
18	双联暗装双控开关	250V，10A	个	2	
19	暗装单极开关	250V，10A	个	4	
20	暗装单极开关	250V，10A	个	6	户外需配防尘、防潮护罩
21	暗装三相塑壳断路器	380V，32A，带漏电保护，配箱体	套	6	柜式空调，安装高度 0.3m
22	壁挂空调插座	250V，25A	个	2	壁挂空调用，安装高度 2.5m
23	暗装单相五孔插座	250V，25A	个	33	安装高度 0.5m

续表 15-2

序号	设备名称	规格	单位	数量	备注
24	暗装单相五孔插座	250V，25A，卫生间用	个	2	安装高度 1.3m，并配护罩
25	吊杆工厂灯	DC 220V，30W，直流 LED 灯	套	10	备用照明用
26	应急照明灯	应急时间＞2h，带安全出口标志	套	10	A 型消防应急灯具 DC 36V
27	疏散方向指示灯（左向）	中型标志灯，应急时间＞2h	套	8	A 型消防应急灯具 DC 36V
28	疏散方向指示灯（右向）	中型标志灯，应急时间＞2h	套	10	A 型消防应急灯具 DC 36V
29	疏散方向指示灯（双向）	中型标志灯，应急时间＞2h	套	1	A 型消防应急灯具 DC 36V
30	低压电力电缆	ZC-YJV22-1.0-4×35	m	160	
31	低压电力电缆	ZC-YJV22-1.0-5×6	m	230	
32	低压电力电缆	ZC-VV22-1.0-2×4	m	300	
33	铜芯绝缘铜线	ZC-BV-1.0-4	m	880	
34	铜芯绝缘铜线	ZC-BV-1.0-2.5	m	600	
35	低压电力电缆	NH-VV22-1.0-4×4	m	60	
36	低压电力电缆	NH-VV22-1.0-2×4	m	120	
37	阻燃耐火绝缘铜线	WDZN-BYJ-1.0-4	m	1770	
38	阻燃耐火绝缘铜线	WDZN-BYJ-1.0-2.5	m	220	
39	热镀锌钢管	ϕ50	m	60	
40	热镀锌钢管	ϕ32	m	220	
41	热镀锌钢管	ϕ25	m	830	
42	PVC 管	ϕ32	m	50	
43	PVC 管	ϕ25	m	800	
44	分线盒		个	足量	
七	防雷接地				
1	独立避雷针	30m	基	1	列入土建卷册
2	热镀锌扁钢	—60mm×6mm	m	1600	
3	热镀锌角钢	∠50mm×5mm，L=2500mm	根	70	
4	不锈钢膨胀螺栓	M8×60	个	180	
5	临时接地端子	带保护盒	个	10	
6	热镀锌钢管	ϕ80×4	m	20	
7	绝缘铜线	BVR-50	m	10	
8	铜线鼻	配 BVR-50	个	32	
9	绝缘铜线	BVR-4	m	20	金属门等接地
10	铜线鼻	配 BVR-4	个	60	
11	接地铜缆	VV-1×50	m	20	
12	接地铜缆	VV-1×120	m	40	
13	接地铜排	TMY-25×4	m	60	
14	低压支柱绝缘子		个	75	
八	防火材料及其他				
1	无机防火砖		m^3	4	
2	有机防火堵料		kg	500	
3	防火隔板	FGW-C，10mm	m^2	70	

续表 15-2

序号	设备名称	规格	单位	数量	备注
4	层间防火隔板	1600×300×100，翻边 80mm	m	70	
5	层间防火隔板	1600×300×100，翻边 50mm	m	50	
6	防火涂料		kg	400	
7	热镀锌角钢	∠50mm×5mm	m	100	
8	花纹钢板	花纹钢板，5mm	t	1.5	
9	电缆支架		t	2.424	
10	CPVC 管	DN100	m	30	
11	热镀锌钢管	DN125	m	16	
12	热镀锌钢管	DN100	m	23	
13	热镀锌钢管	DN80	m	12	
14	热镀锌钢管	DN50	m	30	
15	控制电缆		m	2885	
15.1	控制电缆	ZR-KVVP2-22-10×4	m	75	
15.2	控制电缆	ZR-KVVP2-22-7×4	m	345	
15.3	控制电缆	ZR-KVVP2-22-4×4	m	1510	
15.4	控制电缆	ZR-KVVP2-22-4×2.5	m	510	
15.5	控制电缆	ZR-KVVP2-22-7×2.5	m	200	
15.6	控制电缆	ZR-KVVP2-22-10×2.5	m	185	
15.7	控制电缆	ZR-KVVP2-22-14×2.5	m	60	
16	屏蔽双绞线		m	600	监控厂家供
17	超五类以太网线		m	500	监控厂家供
18	接地线	BVR-4mm² 黄绿线	m	300	
19	热镀锌钢管	DN40	m	24	二次埋管
20	热镀锌钢管	DN80	m	8	二次埋管
九	计算机监控系统				
1	监控主机柜	含监控主机 1 台兼操作员站、工程师站（含数据服务器功能），显示器及系统软件、网络打印机等	面	1	
2	智能防误主机	包括防误系统软件、五防锁具、电脑钥匙、智能防误模块等	套	1	
3	综合应用服务器柜		面	1	
3	数据通信网关机柜	含Ⅰ区数据通信网关机 2 台、Ⅱ区数据通信网关机 1 台、智能接口装置 1 台	面	1	
4	站控层交换机	Ⅰ/Ⅱ区各 1 台（百兆 24 电，4 光）	台	2	
5	间隔层交换机	35/10kV 电压等级（百兆 24 电，2 光）	台	2	
6	公用测控柜	含公用测控装置 1 套，屏内相关附件等	面	1	
7	正向隔离装置		套	1	
8	反向隔离装置		套	1	
9	防火墙		套	1	
10	时间同步系统	支持 GPS+北斗对时系统	套	1	
11	调度数据网接入柜	每面含路由器 1 台，接入交换机 2 台，纵向加密装置 2 套	面	2	
12	网络安全监测装置		台	2	
十	继电保护				
1	主变压器保护测控柜	含主变压器差动保护装置 1 套、主变压器高后备保护测控装置 1 套、主变压器低后备保护测控装置 1 套、主变压器本体保护装置 1 套，主变压器综合测控装置 1 套，预留温度显示仪及有载调压控制器安装位置及接线	面	1	

续表 15-2

序号	设备名称	规格	单位	数量	备注
2	35kV 线路保护测控装置		套	2	
3	35kV 分段保护测控装置		套	1	
4	35kV 备用电源自动投切装置		套	1	
5	35kV 母线测控装置		套	2	
6	35kV 电压并列装置		套	1	
7	10kV 线路保护测控装置	含保护、测控功能	套	6	
8	10kV 电容器保护测控装置	含保护、测控功能	套	2	
9	10kV 站用变压器保护测控装置	含保护、测控功能	套	1	
10	10kV 母线测控装置		套	1	
11	10kV 电压并列装置		套	1	
十一	一体化电源系统				
1	交流电源柜	含 ATS 开关 1 套，控制单元 1 套及馈线空气开关等	面	1	
2	交流不停电电源 UPS	5kVA	套	1	
3	直流充电柜	含 20A 充电模块 4 个	面	1	
4	直流馈线柜	含直流馈线空开等	面	1	
5	一体化电源监控装置		套	1	
6	通信电源柜	含 DC/DC 模块（20A）5 套及馈线空气开关等	面	1	
7	蓄电池	12V，104 只，容量 200Ah	面	2	
十二	电能计费				
1	电能表柜	含 0.5S 多功能电能表 2 块（主变压器各电压侧）	面	1	
2	电量采集终端		台	1	
3	35kV 线路电能表	0.5S 多功能电能表	块	2	
4	10kV 电能表	0.5S 多功能电能表	块	9	
十三	智能辅助控制系统	含火灾消防子系统、安全防卫子系统、动环子系统、智能锁控子系统及智能巡视子系统等	套	1	
十四	状态监测系统	含主变压器在线监测终端 1 台，接收主变压器数字化远传表计信息	套	1	
十五	其他				
1	公用信息接入费		套	1	
2	变电站监控系统网络安全风险评估费		套	1	

15.1.3　建筑工程量表

建筑工程量表包括总图、建筑物、构筑物、水工和暖通共五部分。

总图部分包括站区占地面积、站区道路面积、站区围墙长度、站区内建筑物面积、站区电缆隧道长度和特殊构筑物。其中站区占地面积边界以围墙中心线外 1m 为界。

建筑物部分包括配电装置楼。建筑物分为建筑专业和结构专业两部分。

35kV 变电站通用方案 HA-35-E3-1 建筑工程量表见表 15-3。

表 15-3　　通用方案 HA-35-E3-1 建筑工程量表

序号	名称	规格	单位	数量	备注
一	总图部分				
1	站区总占地面积				
1.1	站区围墙内占地面积		hm^2	0.1938	以围墙中心线计

续表 15-3

序号	名称	规格	单位	数量	备注
1.2	其他占地面积		hm^2	—	
1.3	进站道路占地面积		hm^2	—	不涉及
1.4	合计		hm^2	0.1938	
2	站区道路面积	厚度 0.67m，混凝土路面	m^2	368	
3	站区围墙长度	围墙高 2.3m，装配式围墙	m	177	
4	建筑物				
4.1	35kV 配电装置楼	33m×16m（L 型）	m^2	408	装配式钢框架结构（按轴线计算）
5	站区电缆沟	1.4m×1m（最小净空）	m	11	
6	特殊构筑物				
6.1	总事故油池	最小净空容积	m^3	15	钢筋混凝土结构
6.2	化粪池	整体玻璃钢化粪池	座	1	成品
7	大门		m	5m×2.3m	实体平开大门
8	消防砂池		个	1	成品
9	独立避雷针		t	2.356	
10	站区地坪	100mm 厚碎石+100mm 厚灰土	m^2	761.8	
二	建筑物部分				
1	35kV 配电装置楼				
1.1	建筑部分				
1.1.1	建筑面积	33m×16m（L 型）	m^2	408	以轴线计
1.1.2	建筑体积		m^3	1632	以轴线计
1.1.3	地面工程				
1.1.3.1	复杂地面	环氧砂浆自流平地面	m^2	340.5	配电装置室、二次室
1.1.3.2	普通地面	地砖地面	m^2	67.5	其余地面
1.1.4	屋面工程				
1.1.4.1	屋面防水保温	橡胶卷材防水+细石混凝土刚性防水	m^2	408	
1.1.4.2	屋面有组织外排水		m^2	408	
1.1.5	墙体工程				
1.1.5.1	外墙	铝镁锰复合板	m^2	457.3	
1.1.5.2	外墙内侧	纤维水泥饰面板	m^2	256.66	
1.1.5.3	外墙内侧	一体化纤维水泥集成墙板	m^2	94.56	用于防火侧
1.1.5.4	女儿墙	150mm 厚 C30 钢筋混凝土	m^3	14.7	
1.1.5.5	外墙装饰	真石漆	m^2	42.62	外墙勒脚
1.1.5.6	内隔墙	一体化纤维水泥集成墙板	m^2	162.8	
1.2	结构部分				
1.2.1	钢柱	H 型钢综合	t	23.243	
1.2.2	钢梁	H 型钢综合	t	22.873	
1.2.3	钢支撑桁架		t	2.853	
1.2.4	屋面板面积	TD-90	m^2	408	以轴线计
1.2.5	基础柱	C30 钢筋混凝土	m^3	20.74	基础层

续表 15-3

序号	名称	规格	单位	数量	备注
1.2.6	基础梁	C30 钢筋混凝土	m^3	28.51	基础层
1.2.7	独立基础	C30 钢筋混凝土	m^3	111.37	基础层
1.2.8	条形基础	砖基础	m^3	72.89	基础层
1.2.9	挖方		m^3	1289.08	
三	构筑物部分				
1	主变压器基础及油坑				
1.1	主变压器基础	C30 钢筋混凝土（3.54m×3.3m×0.65m）	m^3	12.13	
1.2	主变压器油坑	最小净空容积	m^3	24.38	钢筋混凝土结构
2	主变压器构支架				
2.1	支架				
2.1.1	母线桥支架	ϕ273×6 圆形直缝钢管	t	0.334	
2.1.2	电缆支架	ϕ273×6 圆形直缝钢管	t	0.357	
2.2	箱体				
2.2.1	端子箱	C25 混凝土	m^3	0.27	1 座
2.2.2	动力箱	C25 混凝土	m^3	0.27	1 座
3	10kV 部分				
3.1	10kV 电容器组				
3.1.1	电容器组基础	C30	m^3	8.54	
3.2	站用变压器				
3.2.1	站用变压器基础		m^3	3.07	
四	水工部分				
1	砖砌雨水口	$V\leqslant10m^3$	个	4	
2	砖砌雨水检查井	$V\leqslant10m^3$	个	9	
3	砖砌水封井	$V\leqslant10m^3$	个	1	
4	U-PVC 排水管	ϕ300mm	m	10	
5	钢筋混凝土排水管	DN70mm	m	25	
6	钢筋混凝土排水管	DN300mm	m	126	
7	钢筋混凝土排水管	DN200mm	m	30	
8	推车式干粉灭火器	MFT/ABC50	具	2	
9	消防砂池		个	1	成品
10	手提式干粉灭火器	MF/ABC4	具	20	
11	消防铲		把	4	
12	消防铅桶		个	5	
13	消防斧		把	2	
14	消防小间		座	1	成品
五	暖通部分				
1	屋顶玻璃钢轴流风机	DWT-I-#5，n=960r/min，L=6700m/h，H=122Pa，N=0.37kW，380V	台	3	35/10kV 配电室屋顶出口设防雨百叶
2	柜式空调	风冷分体柜式空调，KFR-120LW	台	6	35/10kV 配电室、二次室
3	壁挂空调	壁挂式分体空调，KFR-32GW/Y-Z	台	1	工具间
4	钢制百叶窗	1500mm×600mm	套	4	
5	壁挂空调	壁挂式分体空调，KFR-32GW/Y-Z	台	1	保电值班室

15.1.4 概算书

概算投资为静态投资，编制依据按第 4 章要求，概算书附总概算表、安装工程部分汇总概算表、建筑工程部分汇总概算表、其他费用概算表，分别见表 15-4～表 15-7。

表 15-4 通用方案 HA-35-E3-1 总概算表 金额单位：万元

序号	工程或费用名称	建筑工程费	设备购置费	安装工程费	其他费用	合计	各项占静态投资（%）	单位投资（元/kVA）
一	主辅生产工程	340	524	138		1002	91.26	1002
1	主要生产工程	278	524	138		940	85.61	940
2	辅助生产工程	62				62	5.65	62
二	与站址有关的单项工程							
	小计	340	524	138		1002	91.26	1002
三	其中：编制期价差	45		4		49	4.46	49
四	其他费用				80	80	7.29	80
	其中：建设场地征用及清理费							
五	基本预备费				16	16	1.46	16
六	特殊项目							
	工程静态投资	340	524	138	96	1098	100	1098
	各类费用占静态投资的比例（%）	31	48	13	9	100		

表 15-5 通用方案 HA-35-E3-1 安装工程部分汇总概算表 金额单位：元

序号	工程或费用名称	设备购置费	安装工程费			合计	技术经济指标		
			装置性材料	安装	小计		单位	数量	指标
	安装工程	5238791	547213	837646	1384859	6623650			
一	主要生产工程	5238791	547213	837646	1384859	6623650			
1	主变压器系统	834877	78594	51966	130560	965437	元/kVA	10000	96.544
1.8	35kV 主变压器	834877	78594	51966	130560	965437			
2	配电装置	2182068	140478	109256	249735	2431803			
2.1	户内配电装置	2182068	140478	109256	249735	2431803			
2.1.6	35kV 配电装置	1126632		46414	46414	1173046			
2.1.8	10kV 配电装置	1055437	140478	62842	203321	1258757			
3	无功补偿	162530		29413	29413	191943			
3.3	低压电容器	162530		29413	29413	191943	元/kvar	2000	95.972
3.3.5	10kV 低压电容器	162530		29413	29413	191943			
4	控制及直流系统	1732745		100849	100849	1833594	元/kVA	10000	183.359
4.1	计算机监控系统	625045		53517	53517	678561			
4.1.1	计算机监控系统	604905		53517	53517	658421			
4.1.3	同步时钟	20140				20140			
4.3	直流系统及 UPS	151050		25563	25563	176613			
4.4	智能辅助控制系统	956650		21770	21770	978420			
5	站用电系统	94356	19409	24412	43821	138177	元/kVA	10000	13.818
5.1	站用变压器	76230		2168	2168	78398			
5.2	站用配电装置	18126		1324	1324	19450			
5.3	站区照明		19409	20920	40329	40329			

续表 15-5

序号	工程或费用名称	设备购置费	安装工程费			合计	技术经济指标		
			装置性材料	安装	小计		单位	数量	指标
6	电缆及接地	3535	305524	364286	669811	673345			
6.1	全站电缆	3535	274605	251645	526249	529784			
6.1.1	电力电缆	3535	156240	118812	275052	278587	元/m	3750	74.29
6.1.2	控制电缆		33859	47897	81756	81756	元/m	2885	28.338
6.1.3	电缆辅助设施		43258	40738	83996	83996			
6.1.4	电缆防火		41247	44197	85445	85445			
6.2	全站接地		30920	112642	143561	143561	元/m	1270	113.04
7	通信及远动系统	228681	3208	30679	33887	262567	元/kVA	10000	26.257
7.2	远动及计费系统	1099	3208	2972	6180	7279			
8	全站调试	227582		27707	27707	255289			
8.1	分系统调试			126784	126784	126784	元/kVA	10000	12.678
8.2	整套启动调试			79746	79746	79746			
8.3	特殊调试			15414	15414	15414			
	合计			31624	31624	31624			

表 15-6　　通用方案 HA-35-E3-1 建筑工程部分汇总概算表　　金额单位：元

序号	工程或费用名称	建筑费	设备费	建筑工程费合计	技术经济指标		
					单位	数量	指标
	建筑工程	3298662	98500	3397162			
一	主要生产工程	2683170	98500	2781670			
1	主要生产建筑	2370955	98500	2469455			
1.1	主控通信楼	2370955	98500	2469455	元/m²	448	5512.177
1.1.1	一般土建	2245486		2245486			
1.1.2	给排水	20122		20122			
1.1.3	采暖、通风及空调	60707	78500	139207			
1.1.4	照明	44640	20000	64640			
2	配电装置建筑	282215		282215			
2.1	主变压器系统	94463		94463	元/台	1	94462.524
2.1.1	构支架及基础	17575		17575			
2.1.2	主变压器设备基础	12728		12728	元/m³	12.13	1049.303
2.1.3	主变压器油坑及卵石	19159		19159	元/m³	24.38	785.829
2.1.5	15m³事故油池	45001		45001	元/座	1	45000.809
2.31	低压电容器	43870		43870	元/组	2	21935.03
2.34	站用变压器系统	13664		13664	元/台	1	13663.737
2.34.1	站用变压器设备基础及油坑、卵石	2467		2467	元/m³	3.07	803.609
2.34.2	防火墙	11197		11197	元/m³		
2.35	避雷针塔	60195		60195	元/座	1	60195.157
2.36	电缆沟道	25575		25575	元/m	11	2324.973
2.37	栏栅及地坪	44449		44449	元/m²	761.8	58.347
4	消防系统	30000		30000			
4.6	消防器材	30000		30000			

续表 15-6

序号	工程或费用名称	建筑费	设备费	建筑工程费合计	技术经济指标		
					单位	数量	指标
二	辅助生产工程	615492		615492			
2	站区性建筑	615492		615492			
2.2	站区道路及广场	128244		128244	元/m²	368	348.489
2.3	站区排水	100988		100988			
2.3.1	排水管道	70103		70103	元/m	191	367.031
2.3.2	排水设施	16897		16897			
2.3.4	污水调节水池	13987		13987			
2.5	围墙及大门	386260		386260	元/m	182	2122.31
	合计	3298662	98500	3397162			

表 15-7　　通用方案 HA-35-E3-1 其他费用概算表　　金额单位：元

序号	工程或费用名称	编制依据及计算说明	合价
2	项目建设管理费		645938
2.1	项目法人管理费	（建筑工程费+安装工程费）×0.9×3.73%	160532
2.2	招标费	（建筑工程费+安装工程费）×1.37%	65514
2.3	工程监理费	（建筑工程费+安装工程费）×7.75%	370607
2.4	设备材料监造费	监造设备费×0.87%	7204
2.5	施工过程造价咨询及竣工结算审核费	（建筑工程费+安装工程费）×0.88%	42082
3	项目建设技术服务费		100390
3.4	设计文件评审费		87000
3.4.1	可行性研究文件评审费		17000
3.4.2	初步设计文件评审费		30000
3.4.3	施工图文件评审费		40000
3.6	工程建设检测费		13390
3.6.1	电力工程质量检测费	（建筑工程费+安装工程费）×0.28%	13390
4	生产准备费		51646
4.2	工器具及办公家具购置费	（建筑工程费+安装工程费）×0.8×1.35%	51646
	小计		797974

15.2 子模块

15.2.1 主要技术条件

HA-35-E3-1 通用方案 HA-35-E3-1-ZB 子模块：增加一台主变压器 10MVA，技术条件见表 15-8。

表 15-8　　HA-35-E3-1-ZB 子模块技术条件

序号	子模块名称	子模块技术条件
一	增加一台主变压器 10MVA（HA-35-E3-1-ZB）	
1	规模	主变压器 1×10MVA，终期 2×20MVA； 主变压器间隔 35kV、10kV 侧进线间隔
2	接线	35kV：本期单母线分段接线，终期单母线分段接线； 10kV：本期单母线接线，终期单母线分段接线
3	短路电流水平	35、10kV 短路电流水平分别为 40、40kA

续表 15-8

序号	子模块名称	子模块技术条件
4	主要设备型式	主变压器：户外、油浸、低损耗、自冷型三相双绕组有载调压变压器； 35kV 开关柜：35kV 采用户内配电装置成套开关柜，真空断路器； 10kV 开关柜：10kV 采用户内配电装置成套开关柜，真空断路器
5	配电装置型式	35、10kV 布置于同一配电室内
6	计算机监控	计算机监控系统软件扩容 1 套； 主变压器测控柜 1 面，每面含测控装置 3 台； 保护及故障信息管理系统软件升级 1 套
7	电能计量	主变压器电能表柜：1 面，含 0.5 级电能表 2 块
8	继电保护	1 套
9	土建设施	构、支架基础均地脚螺栓重力式基础，主变压器基础采用钢筋混凝土整板式基础
10	其他	含控制、电力电缆、电缆管沟、配套

15.2.2　主要电气设备材料表

HA-35-E3-1 通用方案 HA-35-E3-1-ZB 子模块主要电气设备材料表见表 15-9。

表 15-9　　HA-35-E3-1-ZB 子模块主要电气设备材料表

序号	设备名称	规格	单位	数量	备注
一	主变压器系统				
1	主变压器	三相双绕组油浸自冷式有载调压变压器 SZ-10000/35	台	1	
2	氧化锌避雷器	YH5WZ-51/134，配在线监测仪	台	3	
3	支柱绝缘子	ZSW-35/12.5	支	3	
4	电缆接地保护箱		台	1	
5	钢芯铝绞线	JL/G1A-300/25，引下线 1 组	m	12	
6	35kV 电力电缆	YJV-26/35-1×300	m	180	
7	35kV 户外冷缩电缆终端	配 YJV-26/35-1×300 电缆用	套	3	
8	35kV 户内冷缩电缆终端	配 YJV-26/35-1×300 电缆用	套	3	
9	接地电缆	YJV-8.7/10-1×150	m	12	
10	铜排	TMY-100×10	m	36	
11	伸缩节	MST-100×10	套	6	
12	热缩绝缘护套	配 TMY-100×10	m	36	
13	热缩绝缘接头盒	配 TMY-100×10	只	12	
14	支柱绝缘子	ZSW-24/12.5	支	25	
15	避雷器	YH5WZ-17/45，配计数器 JS-8（S）	台	3	
16	铜排	TMY-30×4	m	3	配热缩绝缘护套
二	35kV 配电装置				
1	高压开关柜	KYN-40.5，1250A～31.5kA	台	1	主进
三	10kV 配电装置				
1	高压开关柜	KYN-12，3150A～40kA	台	1	主进
7	10kV 封闭母线桥	10kV，3150A	m	3.5	主进母线桥
8	10kV 封闭母线桥	10kV，3150A	m	9.5	联络母线桥
9	穿墙套管	CWW-24/2500	支	3	
四	防火材料及其他				
3	防火隔板		m^2	20	
2	防火堵料		kg	100	

续表 15-9

序号	设备名称	规格	单位	数量	备注
6	防火涂料		kg	50	
12	电缆保护管	C-PVC100	m	27	
13	热镀锌钢管	DN80	m	20	
15	控制电缆		m	1230	
16	屏蔽双绞线		m	100	监控厂家供
17	超五类以太网线		m	100	监控厂家供
18	接地线	BVR-4mm² 黄绿线	m	300	
20	热镀锌钢管	DN80	m	20	二次埋管
九	计算机监控系统				
2	微机五防锁具	五防扩容	套	1	
十	继电保护				
1	主变压器保护测控柜	含主变压器差动保护装置 1 套、主变压器高后备保护测控装置 1 套、主变压器低后备保护测控装置 1 套、主变压器本体保护装置 1 套，主变压器综合测控装置 1 套，预留温度显示仪及有载调压控制器安装位置及接线	面	1	
十二	电能计费				
1	电能表	含 0.5S 多功能电能表	块	2	
十五	其他				
1	公用信息接入费		套	1	

15.2.3 建筑工程量表

HA-35-E3-1 通用方案 HA-35-E3-1-ZB 子模块建筑工程量表见表 15-10。

表 15-10　　HA-35-E3-1-ZB 子模块建筑工程量表

序号	名称	规格	单位	数量	备注
一	增加一台 10MVA 主变压器（HA-35-E3-1-ZB）				
1	主变压器基础及油坑				
1.1	主变压器基础	C30 钢筋混凝土（3.54m×3.3m×0.65m）	m³	12.13	
1.2	主变压器油坑	最小净空容积	m³	24.38	钢筋混凝土结构
2	主变压器构支架				
2.1	支架				支架
2.1.1	母线桥支架	ϕ273×6 圆形直缝钢管	t	0.334	母线桥支架
2.1.2	电缆支架	ϕ273×6 圆形直缝钢管	t	0.357	电缆支架

15.2.4 概算书

HA-35-E3-1 通用方案 HA-35-E3-1-ZB 子模块总概算表、安装工程部分汇总概算表、建筑工程部分汇总概算表、其他费用概算表分别见表 15-11～表 15-14。

表 15-11　　子模块 HA-35-E3-1-ZB 总概算表　　金额单位：万元

序号	工程或费用名称	建筑工程费	设备购置费	安装工程费	其他费用	合计	各项占静态投资（%）	单位投资（元/kVA）
一	主辅生产工程	7	138	56		201	92.2	201
1	主要生产工程	7	138	56		201	92.2	201

续表 15-11

序号	工程或费用名称	建筑工程费	设备购置费	安装工程费	其他费用	合计	各项占静态投资（%）	单位投资（元/kVA）
2	辅助生产工程							
二	与站址有关的单项工程							
	小计	7	138	56		201	92.2	201
三	其中：编制期价差	1		1		2	0.92	2
四	其他费用				14	14	6.42	14
五	基本预备费				3	3	1.38	3
六	特殊项目							
	工程静态投资	7	138	56	17	218	100	218
	各类费用占静态投资的比例（%）	3	63	26	8	100		

表 15-12　　子模块 HA-35-E3-1-ZB 安装工程部分汇总概算表　　金额单位：元

序号	工程或费用名称	设备购置费	安装工程费			合计	技术经济指标		
			装置性材料	安装	小计		单位	数量	指标
	安装工程	1382393	298804	265111	563915	1946308			
一	主要生产工程	1382393	298804	265111	563915	1946308			
1	主变压器系统	834877	72825	58926	131750	966628	元/kVA	10000	96.663
1.8	主变压器	834877	72825	58926	131750	966628			
2	配电装置	416797	140478	41115	181593	598390			
2.1	户内配电装置	416797	140478	41115	181593	598390			
2.1.6	35kV 配电装置	182368		8367	8367	190735			
2.1.8	10kV 配电装置	234430	140478	32747	173226	407655			
4	控制及直流系统	123156		15954	15954	139110	元/kVA	10000	13.911
4.1	计算机监控系统	123156		15954	15954	139110			
4.1.1	计算机监控系统	123156		15954	15954	139110			
6	电缆及接地	3535	85501	82319	167821	171355			
6.1	全站电缆	3535	85501	82319	167821	171355			
6.1.1	电力电缆	3535	57537	68126	125663	129197	元/m	180	717.763
6.1.2	控制电缆		21956	5219	27175	27175	元/m	1230	22.094
6.1.3	电缆辅助设施		1775	380	2156	2156			
6.1.4	电缆防火		4233	8594	12827	12827			
7	通信及远动系统	4028				4028	元/kVA	10000	0.403
7.2	远动及计费系统	4028				4028			
8	全站调试			66797	66797	66797	元/kVA	10000	6.68
8.1	分系统调试			17996	17996	17996			
8.2	整套启动调试			12049	12049	12049			
8.3	特殊调试			36751	36751	36751			
	合计	1382393	298804	265111	563915	1946308			

表 15-13 子模块 HA-35-E3-1-ZB 建筑工程部分汇总概算表 金额单位：元

序号	工程或费用名称	建筑工程费	设备费	建筑工程费合计	技术经济指标		
					单位	数量	指标
	建筑工程	77439		77439			
一	主要生产工程	74932		74932			
2	配电装置建筑	69932		69932			
2.1	主变压器系统	69932		69932	元/台	1	69931.571
2.1.1	构支架及基础	18667		18667			
2.1.2	主变压器设备基础	13067		13067	元/m³	12.13	1077.248
2.1.3	主变压器油坑及卵石	20314		20314	元/m³	24.38	833.226
2.1.5	事故油池	17884		17884	元/座	1	17883.979
4	消防系统	5000		5000			
4.6	消防器材	5000		5000			
二	辅助生产工程	2508		2508			
2	站区性建筑	2508		2508			
2.3	站区排水	2508		2508			
2.3.2	排水设施	2508		2508			
	合计	77439		77439			

表 15-14 子模块 HA-35-E3-1-ZB 其他费用概算表 金额单位：元

序号	工程或费用名称	编制依据及计算说明	合价
2	项目建设管理费		90734
2.1	项目法人管理费	（建筑工程费+安装工程费）×0.9×3.36%	19395
2.2	招标费	（建筑工程费+安装工程费）×1.37%	8787
2.3	工程监理费	（建筑工程费+安装工程费）×7.75%	49705
2.4	设备材料监造费	监造设备费×0.87%	7204
2.5	施工过程造价咨询及竣工结算审核费	（建筑工程费+安装工程费）×0.88%	5644
3	项目建设技术服务费		43796
3.4	设计文件评审费		42000
3.4.1	可行性研究文件评审费		7000
3.4.2	初步设计文件评审费		15000
3.4.3	施工图文件评审费		20000
3.6	工程建设检测费		1796
3.6.1	电力工程质量检测费	（建筑工程费+安装工程费）×0.28%	1796
4	生产准备费		5849
4.2	工器具及办公家具购置费	（建筑工程费+安装工程费）×0.8×1.14%	5849
	小计		140379